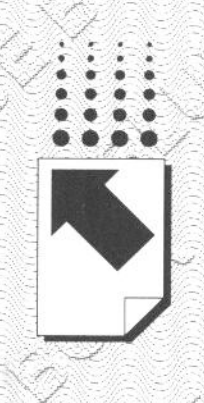

权威·前沿·原创

皮书系列为
“十二五”国家重点图书出版规划项目

低碳发展蓝皮书

BLUE BOOK OF
LOW-CARBON DEVELOPMENT

中国低碳发展报告（2015~2016）

ANNUAL REVIEW OF LOW-CARBON DEVELOPMENT IN CHINA (2015-2016)

《中国低碳发展报告》编写组
主　编／齐　晔　张希良

社会科学文献出版社
SOCIAL SCIENCES ACADEMIC PRESS (CHINA)

图书在版编目（CIP）数据

中国低碳发展报告. 2015～2016/齐晔，张希良主编. —北京：社会科学文献出版社，2016. 3
（低碳发展蓝皮书）
ISBN 978－7－5097－8795－3

Ⅰ. ①中… Ⅱ. ①齐… ②张… Ⅲ. ①二氧化碳－排气－研究报告－中国－2015～2016 Ⅳ. ①X511 ②F120

中国版本图书馆 CIP 数据核字（2016）第 035008 号

低碳发展蓝皮书
中国低碳发展报告（2015～2016）

编　　者／《中国低碳发展报告》编写组
主　　编／齐　晔　张希良

出 版 人／谢寿光
项目统筹／恽　薇
责任编辑／王玉山

出　　版／社会科学文献出版社・经济与管理出版分社（010）59367226
地址：北京市北三环中路甲 29 号院华龙大厦　邮编：100029
网址：www. ssap. com. cn
发　　行／市场营销中心（010）59367081　59367018
印　　装／三河市东方印刷有限公司

规　　格／开 本：787mm × 1092mm　1/16
印 张：24　字 数：360 千字
版　　次／2016 年 3 月第 1 版　2016 年 3 月第 1 次印刷
书　　号／ISBN 978－7－5097－8795－3
定　　价／98. 00 元

皮书序列号／B－2011－196

本书如有印装质量问题，请与读者服务中心（010－59367028）联系

编写单位说明

本书是在编委会指导下，由《中国低碳发展报告》编写组集体研究并撰写出版，主要成员和两位主编分别来自清华－布鲁金斯公共政策研究中心和清华大学能源环境经济研究所。清华－布鲁金斯公共政策研究中心由清华大学和美国布鲁金斯学会于2006年联合创办，挂靠清华大学公共管理学院，研究中心以独立、高质量及有影响力的政策研究服务中国经济社会发展及维系良好的中美关系。清华大学能源环境经济研究所创建于1980年，是清华大学校级跨学科研究机构，也是中国高校中最早开展能源与应对气候变化系统分析的研究单位，拥有管理科学与工程博士点和博士后流动站。

感谢清华大学、国家发展和改革委员会能源研究所、国家发展和改革委员会应对气候变化司、国家应对气候变化战略研究和合作中心对本研究的支持、指导和帮助。

低碳发展蓝皮书编辑委员会

研究编写组及评审专家

研究编写组（按姓氏拼音排序）

主　　编　齐　晔　张希良

副 主 编　董文娟

成　　员　程　思　戴彦德　董文娟　何建坤　何晓宜
柯蔚蓝　李惠民　芦佳琪　齐绍洲　齐　晔
宋祺佼　王海林　王宇飞　邬　亮　杨　秀
张焕波　张声远　张希良　赵小凡　朱梦曳

特约评审专家（按姓氏拼音排序）

常世彦　戴彦德　欧训民　王庆一　熊华文

主要编撰者简介

何建坤　清华大学低碳经济研究院院长、国家气候变化专家委员会副主任。曾担任清华大学常务副校长、校务委员会副主任、低碳能源实验室主任，并曾兼任清华大学经济管理学院院长等职务。主要研究领域包括能源系统分析与模型、全球气候变化应对战略、资源管理与可持续发展等。

齐　晔　清华大学公共管理学院教授、清华－布鲁金斯公共政策研究中心主任。2001 年入选教育部与李嘉诚基金会"长江学者"特聘教授，2004 年入选清华大学"百人计划"特聘教授。曾执教于美国加州大学伯克利分校和北京师范大学。主要研究领域包括资源环境政策与管理、气候变化与可持续发展治理理论与方法。

张希良　清华大学核能与新能源技术研究院教授、清华大学能源环境经济研究所所长、中国能源研究会常务理事兼新能源专业委员会秘书长、中国可持续发展研究会理事、中国农业工程学会理事。主要研究领域包括能源经济学、新能源技术创新、能源经济系统建模、绿色低碳发展政策与机制设计等。

摘　要

本报告共分为六篇：第一篇为低碳发展热点篇，重点关注全球气候治理和经济发展新常态对我国低碳发展的影响。第二篇主题为能源消费革命，分析论证了能源消费革命将对我国能源消费和碳排放产生的影响。第三篇延续了往年对节能和可再生能源的研究，重点关注工业企业节能量计算与目标考核方法的改进，以及可再生能源投融资及产业发展机制。第四篇为低碳发展案例，介绍了低碳城市试点和碳排放权交易试点的政策实践效果。第五篇为低碳发展协同治理，讨论了我国实施空气污染和气候变化双控策略的必要性，并比较了中美两国 2020 年后的减排目标。第六篇为数据指标篇，包含了主要低碳发展指标及国际比较，并附有详细的计算方法与数据来源。

第一篇　低碳发展热点

2015 年底巴黎气候大会通过《巴黎协定》，确定了 2020 年以后全球应对气候变化的制度框架，成为全球应对气候变化的新起点和里程碑，将极大推进世界各国自愿行动和合作进程。《巴黎协定》的达成体现了各方合作应对气候变化威胁的共同政治意愿：第一，对气候变化的科学事实、成因、影响及损害已形成空前共识，各方合作应对气候变化的政治意愿强烈；第二，会前各方分别提出有力度的国家自主贡献（INDC）目标，《巴黎协定》中各国减排以此为基础，并增强透明度和定期对全球减排的集体盘点，体现了各方的政治互信；第三，各主要国家会前以及会上对谈判进程的积极推动、积极沟通对话，体现出建设性、灵活性的合作态度，凝聚共识、聚同化异，寻求契合点。因此，《巴黎协定》也是气候谈判开始体现“共和博弈”新思维、全球合作应对建设人类命运共同体的转折点，是从“零和博弈”趋向“共和博弈”的合作共赢。中国政府为促进巴黎气候大会成功发挥了重要作用，《中美气候变化联合声明》和《中法气候变化联合声明》对达成《巴黎协定》发挥了历史性和基础性的作用。中国政府在会前提出了有雄心的国家自主贡献目标，获得国际社会好评。此外，习主席在开幕式上的讲话受到广泛关注。

《巴黎协定》提出了紧迫的全球低碳排放目标，其实施仍面临严峻挑战，全球实现控制温升2℃（甚至1.5℃）目标的核心是能源体系的革命性变革、推动先进能源技术创新和产业化发展。实施《巴黎协定》将加速全球经济低碳转型，而我国经济转型的任务将更加紧迫和更为艰巨。中国政府应继续积极参与全球气候治理，实现国家经济低碳转型，以国家自主贡献目标统筹应对气候变化和国内经济转型的双赢目标，将积极应对气候变化国家战略和地区战略纳入国家总体发展战略和规划，加快推进能源生产和消费革命、建立清洁低碳和安全高效的能源供应体系和消费体系，适应全球21世纪下半叶实现净零排放的低碳化目标，并加强应对气候变化制度和政策保障体系的建设。

从国内形势来看，“十二五”以来，中国经济进入新常态，中国低碳发展迎来深刻变革的新阶段。经济新常态的特点、内涵、发展趋向和发展理念可以用“三大特点”、“四大转向”、“九大特征”和“五大理念”来概括。低碳发展与经济发展新常态并行不悖，低碳发展既是经济发展新常态的必然要求，也是经济发展新常态的重要内容。新常态下，中高速经济增长下的二氧化碳排放增长率将逐步降低，经济结构调整将向高端低碳产业发展，创新驱动将全面推动碳强度下降。低碳也将成为经济新常态下衡量发展的核心指标。中国应积极主动实施低碳转型促经济新常态发展，主要包括：实现可持续的经济增长，从“高碳经济发展方式”转向“低碳经济发展方式”；建立安全、高效、清洁、低碳的能源供应与消费体系；实现经济、能源与环境的协同治理。

“十二五”时期是我国低碳转型加速期。这一时期，经济发展迎来新常态，碳排放增长趋势明显放缓，能耗强度持续下降，可再生能源实现了跨越式发展，2014 年煤炭消费量较 2013 年下降 2.9%，中国煤炭消费的峰值或许已经到来。此外，这一时期低碳发展的制度基础不断稳固，开启了低碳发展的新时代。展望未来，“十三五”时期将是我国经济发展的重要时期，也是兑现国内和国际承诺、实现低碳转型的关键时期。未来五年内包括单位 GDP 二氧化碳排放、单位 GDP 能耗、非化石能源占比、森林蓄积量在内的低碳发展指标非常明确，而国际气候变化和国内环境污染治理的双重压力将促使我国逐步推广煤炭消费和碳排放总量控制目标，我国也将采取措施促使能源结构多元化发展。“十三五”将是一个机遇与挑战并存的时期，经济发展新常态既带来了前所未有的产业和能源转型、新技术发展、体制改革和制度完善的机遇，也使这些领域面临前所未有的挑战。

第二篇 走向能源消费革命

20 世纪中期以来消费主义的盛行试图表明物质消费与生活幸福成正比，然而消费的增长果真会带来幸福吗？保罗·萨缪尔森的幸福方程式告诉我们，幸福不仅取决于消费的丰俭，还取决于欲望的多寡。那么，我们到底需要消费多少就可以满足需求呢？为维持这一消费水平，又需要消耗多少能源和产生多少碳排放呢？

《重塑能源消费：走向绿色低碳社会》从需求侧入手，将社会总能耗划分为六类需求，分四种情景探讨技术进步、消费需求、进出口贸易对我国中长期的能源消耗与碳排放的影响，为我国实现经济低碳转型提供借鉴。研究发现，单纯依靠技术进步可在 2050 年实现 11 亿吨标准煤的节能量，而通过需求转型实现适度消费可在 2050 年实现 28 亿吨标准煤的节能量。另外，进出口贸易使我国的能源消耗和碳排放增加约 15%，通过出口贸易结构升级亦可大幅减少能源需求。因此，中国需要从技术进步、调整消费需求、升级出口贸易结构三方面入手来控制能源需求与碳排放，且调整消费需求的节能减排潜力远远大于技术进步和出口贸易升级的节能减排潜力，是实现中国低碳发展的关键。

《建设生态文明必须重塑能源生产和消费体系》则从理论层面论证了我国重塑能源生产和消费体系的必要性，指出传统能源的生产和消费方式是引起生态环境恶化的重要源头，推进生态文明建设必须重塑能源。当前，我国巨大的能源消费总量及长期以煤为主的高碳能源利用模式导致生态环境不断恶化，严重制约了经济社会的可持续发展。未来要实现“两个百年”的既定经济发展目标，经济仍要持续发展，对能源的需求还将持续增长，如延续过去的高碳能源利用模式，将给生态环境带来更大压力。因此，保护生态环境，推进生态文明建设已是迫在眉睫。未来必须重塑能源生产和消费体系，从源头上减少环境污染与温室气体排放。重塑能源，提高效率和控制能源消费总量是关键，发展清洁低碳能源是根本，转变发展方式是前提，引导消费模式是基础。

第三篇　节能与可再生能源

自“十一五”开始，中国政府对高耗能工业企业设定了约束性的节能量目标作为考核其节能效果的主要量化指标。《工业企业节能量计算与目标考核》通过对10家案例企业的深入调查，探索工业企业对节能量目标的执行情况，讨论节能量目标的合理性，探寻未来中国企业节能考核指标的改进方向。研究表明，用节能量作为考核指标存在三大问题：（1）10家案例企业上报的节能量共分为四类：定比法产品节能量、环比法产品节能量、定比法产值节能量以及环比法产值节能量。采用不同方法计算、不同类别的节能量并不具有可比性。（2）案例企业通过产量扩张完成了部分节能量目标，而这部分节能量实际是企业应对市场需求的结果，而非节能行动所致，因此无法对企业的节能行为产生强大的激励作用。（3）由于节能量类别及计算方法多样，且计算步骤相对复杂，因此政府部门对节能量的核查难度超过能耗总量以及能耗强度等其他常见的节能量化指标。鉴于节能量指标缺乏企业间可比性、无法剔除产量扩张引起的节能效应，且核查难度大，建议尽快以能耗总量和能耗强度的“双控”指标替代现有的节能量指标。

2014年中国继续领跑全球可再生能源融资，那么其背后的融资机制是怎样的呢?《可再生能源投融资2014》追溯了2013年进入中国可再生能源领域的资金及其流动情况。研究发现，2013年中国可再生能源融资总额和投资额比2012年分别增加了0.8%和5.9%。具体来看，2013年中国可再生能源投融资主要呈现以下变化：（1）投资侧财政补贴减少，政策支持重点、对象和范围均发生变化；（2）融资渠道减少，可再生能源融资严重依赖于银行贷款，中小型分布式光伏发电项目融资模式亟待突破；（3）可再生能源发电领域投资减少，非发电领域可再生能源应用投资增幅较大；（4）可再生能源开发利用能源替代和减碳效果显著。在可再生能源投融资总量继续保持增长的同时，可再生能源领域急需融资渠道和融资模式的变革和创新。

清洁能源在其发展初期面对传统能源在成本、规模和市场乃至政策方面的巨大竞争优势，仅仅靠企业自身依靠技术创新和市场培育的“自然增长”难以在短期内见效。此时，政府通过政策扶持就显得特别重要。过去十年间，中国清洁能源产业发展经历了从无到有，蓬勃增长并领先世界的快速发展，除了企业自身因素外，政府的政策和行动发挥了关键的支撑作用。在此过程中形成了政府与企业之间特殊的公私合作（PPP）模式。之所以特殊，是因为这种模式是清洁能源这样一种新兴产业在中国特殊的政商环境中，经历了探索、磨合、震荡乃至分分合合而逐渐形成的一种行之有效的模式。有效性意味着在短期内实现了清洁能源的经济供给。但毋庸置疑，这种模式也有其不足甚至弊端。《中国清洁能源产业发展中的政府行为与PPP模式》根据对典型案例的细致研究，试图概括、总结中国清洁能源产业发展中特殊的PPP模式，助益本行业健康发展，也希望对相关行业的PPP发展有所借鉴。

第四篇　低碳发展案例

低碳城市试点和碳排放权交易试点是影响最为深远的两个自下而上的低碳政策实践。为了解低碳试点政策的实施情况，各试点省市的政策和实践创新，以及城市低碳转型中面临的问题和困难，研究组于2014年9月对浙江省的两个试点——杭州市和宁波市进行了调研。调研中发现，两市在城市发展低碳转型方面均进行了积极的探索，完成了碳排放清单编制、初步判定了城市碳排放达峰年份；建立了低碳相关政策体系；实施了严格的工业节能措施；积极进行低碳的建筑和交通体系实践。此外，杭州市将低碳试点工作与其他试点工作相结合，在创造试点协同效应方面提供了有益的启示。但是，两个城市在低碳实践中也面临着多重挑战与困难：作为重工业城市的宁波，面临着保持较高经济增长速度和低碳转型的选择困境；两地相关部门都认为现有统计制度难以为碳排放管理和考核提供支撑，建筑和交通领域已成为城市低碳转型的重点和难点，亟须构建市场化的绿色融资渠道和培育低碳产业链。此外，行政命令手段依然是地方政府推进碳减排和能源消费总量控制的主要方式。

在国际减排承诺和国内资源环境双重压力之下，中国于2011年底启动了“两省五市”碳排放权交易试点，并计划在试点经验的基础上于2017年启动全国碳市场。《中国碳排放权交易试点比较研究》通过对七个试点的法规政策和机构设置，制度设计中覆盖范围、配额总量和结构、配额分配机制和抵消机制，以及市场运行和履约情况的分析，总结其共性特征及差异性，为全国碳市场的建设提出政策建议。总体上看，七个试点的制度设计体现出了发展中国家和地区不完全市场条件下ETS的广泛性、多样性、差异性和灵活性，从而与欧美等发达国家的ETS相比形成自己的特色，但也为今后与发达国家ETS的连接带来了困难。

由于七个试点横跨了中国东、中、西部地区，区域经济差异较大，制度设计体现了一定的区域特征。深圳的制度设计以市场化为导向；湖北注重市场流动性；北京和上海注重履约管理；广东重视一级市场，但政策缺乏连续性；重庆实行企业配额自主申报的配发模式，使配额严重过量，造成了碳市场交易冷淡。全国碳市场的构建，需要充分考虑我国的经济发展阶段、经济结构、能源结构、减排目标、减排成本以及我国区域与行业差异大等国情，充分借鉴七试点碳市场建设的经验和教训。

第五篇 低碳发展协同治理

中国现行的改善空气质量和应对气候变化的政策以严格控制煤炭使用为核心，其中许多政策都要求企业降低能耗强度（或二氧化碳排放强度）和安装污染控制设备。《空气污染和气候变化的双控策略》一文表明治理空气污染在短期内可以同时减少部分二氧化碳排放，反之亦然，然而随着时间推移，当减排要求更加严格时，协同效应将越来越有限。对于中国来说，近期内大幅削减煤炭使用能够同时减少大气污染物和二氧化碳的排放，但当要把煤炭挤出能源系统时，替代能源的边际成本将会逐渐上升。因此，需要进一步对大气污染物和二氧化碳进行有效的减排，分别设置空气污染治理和温室气体减排目标，并通过碳价政策来最有效率地实现空气污染和二氧化碳减排的协同治理。与其他方式相比，治理空气污染和二氧化碳减排双管齐下最为有效。这样的政策思路将保证中国以最低成本实现2030年的达峰目标，同时为空气质量改善带来显著的协同效益。

针对《中美气候变化联合声明》中公布的各自2020年后减排目标，《中美两国2020年后减排目标的比较》通过情景分析的方法，测算了中美两国实现各自目标所需要采取的行动和努力，比较了两国在GDP碳排放强度下降、新能源和可再生能源发展规模、CO_2排放达峰时间及其所处发展阶段以及电力部门减排四个方面的努力程度和效果。通过比较可以看到，在中美两国分别实现各自既定目标的情况下，中国单位GDP碳强度年下降率将达4%，其幅度高于美国在2025年减排28%目标下的年下降率（3.59%）；中国的新能源和可再生能源发展也更为迅速，年均增速高达约8%，2030年

非化石能源总供应量可达 11.6 亿吨标准煤，约为届时美国非化石能源总供应量的 2 倍；在 CO_2 排放达峰方面，中国实现 CO_2 排放峰值时所处的发展阶段要早于美国达峰时的经济社会发展阶段，中国在强化低碳发展情景目标下可在 2030 年左右实现碳排放达峰，且达峰时人均 CO_2 排放约 8 吨，低于美国 CO_2 排放达峰时的人均排放 19.5 吨的水平。电力部门减排方面，中国在未来比较高的电力需求背景下，2030 年可实现比 2011 年单位千瓦时的 CO_2 强度下降 35%，而美国同期则只需下降约 20% 即可实现其电力部门的减排目标。通过上述几项指标的比较可以看出，中国 2020 年后的减排目标是非常宏伟且极具挑战的。在实现 2030 年减排目标的行动中，中国政府还需要进一步强化和细化新能源和可再生能源的发展目标，进一步分解和落实全国及各省区市的减排目标和减排行动，持续推进节能与加强新能源技术的创新，在经济高速发展的同时协调好经济、能源和环境的问题，早日实现低碳发展和生态文明。

Abstract

This report consists of six parts. Part I analyzes two hot themes in low-carbon development: global climate governance and the impact of China's economic "new normal" on low-carbon development. Part II uses both theoretical deduction and empirical analysis to demonstrate how an energy consumption revolution could potentially change China's trajectories of energy consumption and carbon emissions. Part III continues the tradition of Annul Review of Low - Carbon Development in China by keeping track of China's development in energy efficiency and renewable energy, with a particular focus on an assessment of the quantitative indicator used to evaluate industrial enterprises' energy-saving performance and renewable energy investment and financing. Part IV takes a close look at two case studies of low-carbon development in China: one case about low-carbon cities, and the other on carbon emission trading scheme pilot programs. Part V discusses the necessity of co-control of air pollution and climate change and compares post - 2020 emissions reduction targets of the United States versus China. The last part of the report, Part VI, presents primary low-carbon development indicators in China as well as international comparisons of these indicators. Detailed calculation methodology and data sources are also provided for your reference.

Part I Hot Themes in Low - Carbon Development

In December 2015, the world gathered in Paris to secure a global climate change agreement with greenhouse emissions reduction commitments from all countries for the first time in human history. The Paris Agreement established the institutional framework for post - 2020 climate governance, marking a new

beginning and a key milestone in the history of global climate change governance. The signing of the Paris Agreement shows the common political will among all countries that combating climate change is in the interest of every party. First, scientific facts, causes, impacts as well as harms of climate change have become a world-wide consensus. the political will for joint efforts to combat climate change has never been stronger. Second, prior to the Paris Conference, many parties proposed ambitious Intended Nationally Determined Contributions (INDCs) . Based on these INDCs, The Paris Agreement improves the transparency of emissions tracking and periodically evaluates global progress towards carbon emissions reduction goals, which demonstrates the political trust among all parties. Third, active participation and facilitation of the primary parties and close communication among all parties, both prior to and during the conference, demonstrate a constructive and flexible attitude towards cooperation. Despite their differences, all parties aim to find a common ground in climate change governance and have gradually accepted the view that human beings share a community of common destiny. As a result, the Paris Agreement can be viewed as a turning point in climate negotiations, shifting climate governance from a zero-sum game to a win-win cooperation. The Chinese government played a critical role in the success of the Paris Conference. The *U. S. – China Joint Announcement on Climate Change and* the *Joint Presidential Statement on Climate Change* between China and France both significantly contributed to the Paris Agreement. The Chinese government proposed its ambitious INDC prior to the Paris Conference, which was highly acclaimed by the international community. In addition, President Xi Jinping's speech at the opening ceremony attracted wide attention.

The Paris Agreement proposed ambitious global carbon emissions reduction targets in light of the urgency of climate change governance. However, achieving these targets is expected to be very challenging. Controlling temperature rise below 2℃ or even 1.5℃ requires fundamental reforms of the energy system and innovations and industrialization of advanced energy technological innovations. Implementation of the Paris Agreement will accelerate the low-carbon transition of the global economy. As the largest carbon emitter in the world, China faces the strongest imperatives and strictures for a structural transition of its economy. Therefore, the Chinese government should take an active role in global climate governance and achieve the low-carbon transition of its economy, thus creating a win-win situation for climate governance and domestic economic development. In addition, China should incorporate the national and regional strategies for climate change into the overall development strategy and planning for the whole country, accelerate energy production and consumption revolutions, establish a clean, low-carbon, secure, highly-efficient energy supply and energy consumption system, and strengthen the establishment of the institutional and policy framework for climate change so as to accommodate the goal of achieving zero global carbon emissions by the second half of this century.

Since the 12th Five-Year-Plan (FYP) period (2011 - 2015), China's economy has moved into a new phase known as the "new normal". With the advent of this economic "new normal" comes a new phase for low-carbon development. The economic "new normal" can be characterized by "three features," "four transitions" and "nine characteristics" and "five concepts". Low-carbon development and the economic "new normal" can go hand in hand: low-carbon development is a prerequisite of and a key component of the economic "new normal". Under the economic "new normal", carbon emissions growth rate will gradually decrease as the economic growth rate drops from a very high level to a medium-to-high level. Economic structure will lean towards high-end low-carbon industries. An innovation-driven economy will facilitate the decrease of climate intensity. Low-carbon development will become a key indicator used to evaluate social development under the economic "new normal". China should actively pursue low-carbon transition to facilitate economic development under the "new normal". by achieving sustainable economic growth, shifting from a high-carbon economic development pattern to a low-carbon pattern, create a secure, high-efficiency, clean, low-carbon energy supply and consumption system, and strike a balance among economy, energy, and the environment.

The 12th FYP period has witnessed accelerated low-carbon transition of the Chinese economy. During this period, economic development has reached a "new normal"; carbon emissions growth has dramatically slowed down; energy intensity has continued to drop; and renewable energy has taken a huge leap forward. In

2014, coal consumption decreased by 2.9% compared to 2013 level, signaling that China's coal consumption might have already peaked. The institutional foundation of low-carbon development has been greatly strengthened in this period. Looking into the next five years, the 13th FYP period will be a key period for China's economic development and for fulfilling its promise regarding its low-carbon transition. China has set specific targets for a wide range of low-carbon indicators for the next five years, including carbon dioxide emissions per unit of GDP, energy consumption per unit of GDP, the share of non-fossil-fuels in total energy consumption, and forest stock volume. International pressures for combatting climate change and domestic pressures for addressing environmental pollution will facilitate a cap on coal consumption as well as a cap on carbon emissions on a wider scale. Meanwhile, China will take stronger measures to ensure a more diversified energy mix in the future. In summary, in the 13th FYP period, the economic "new normal" will bring about unprecedented opportunities and challenges for industrial and energy transformation, new technological development, as well as institutional reform and improvement.

Part II Towards an Energy Consumption Revolution

The prevalence of consumerism since the middle of the 20th century seems to suggest that material consumption is proportional to happiness. However, is it true that growth in consumption always leads to more happiness? Paul Samuelson's happiness formula tells us that happiness not only depends on consumption, but also on one's desire. How much do we need to consume in order to meet our demand? How much energy is needed and how much carbon will be emitted to maintain such a level of consumption?

Chapter 3, entitled "Reshaping energy consumption: towards greener, low-carbon consumption," attempts to analyze the impact of technological advancement, consumption demand, and international trade on medium-to-long term energy consumption and carbon emissions in China from a demand-side point of view. The authors divide total societal energy consumption into six categories based on the specific type of demand that it tries to meet and discuss the energy and carbon impact of consumption in four distinct scenarios. This scenario analysis draws the following key conclusions. Technological advancement and transformation of consumption demand can achieve energy savings of 1.1 billion tons of coal equivalent (tce) and 2.8 billion tce, respectively, in 2050. On the other hand, international trade will increase the national energy consumption and carbon emissions by approximately 15%. Structural upgrade of export trade can thus dramatically bring down energy demand. As a result, China should control its energy demand and carbon emissions through technological advancement, transformation of consumption demand, and structural upgrade of export trade. Compared to technological advancement or structural upgrade of export trade, transformation of consumption demand has much greater potential for energy saving and emissions reduction and is key to low-carbon development in China.

Chapter 4 entitled "Building an ecological civilization requires reshaping energy production and consumption systems" demonstrates the necessity of reshaping energy production and consumption systems from a theoretical perspective. the author point out that energy is a key source of ecological and environmental degradation. As a result, building an ecological civilization calls for reshaping energy systems. The huge amount of energy consumption and the coal-dominated, high-carbon energy utilization patterns have brought about continued degradation of the ecological environment, which severely constrains future socioeconomic development. In order to fulfill the "Two One - Hundred - Year Goals," China needs to continue its economic development, which implies a growing demand for energy. If China continues the high-carbon patterns of energy utilization, then energy consumption will impose even higher pressure on the ecological environment. Therefore, protecting the ecological environment and building an ecological civilization have been more urgent than ever. China has to reshape its energy production and consumption systems and reduce environmental pollution and greenhouse gas emissions from the sources. The key to reshaping energy is to improve energy efficiency and control total energy consumption. In addition, reshaping energy requires the development of clean, low-carbon energy and the transformation of economic development patterns and consumption patterns.

Part III Energy Efficiency and Renewable Energy

Since the 11th FYP period (2006 – 2010), the Chinese government has used binding energy-saving targets (ESTs) as the primary quantitative indicator to evaluate the energy-saving performance of industrial enterprises. Based on the literature and ten case studies, this article examines industrial enterprises' compliance with ESTs and reveals the inherent weaknesses of this energy-saving performance indicator. The ten case enterprises reported four different categories of energy savings. While all of the case enterprises claimed full compliance, four enterprises exaggerated their EST performance through violations of the National Standard for Calculating the Energy Savings of Enterprises. The paper thus hypothesizes that the National Top – 1,000 Enterprise Program's alleged 65% higher performance relative to its EST is likely an overestimation. Although ESTs constitute an innovative energy-saving indicator, they do not represent a step forward from conventional volume targets and intensity targets because of the following four weaknesses: 1) ESTs provide limited potential for comparison given the different types of energy savings and the different methods for calculating energy savings, 2) they generate uncertain environmental outcomes owing to the possibility of meeting a portion of an EST through production volume expansion, 3) they pose enforcement difficulties because of the complexity of data verification on the part of local government agencies, and 4) they are poorly correlated with the national target for reducing energy intensity. ESTs should therefore be replaced with a "double-control" indicator in which both volume and intensity targets are imposed on industrial enterprises.

In 2014, China continued to lead the world in terms of renewable energy financing. What are the financing mechanisms behind the fast development of renewable energy in China? *Renewable Energy Investment and Financing in 2014* traces capital flow into renewable energy development in China in 2013 and finds that total renewable energy financing and investment increased by 2.6% and 6%, respectively, compared to 2012 levels. In particular, several changes occurred to renewable energy investment and financing in 2013: (1) fiscal subsidy on renewable investment was reduced; the focus, targets, and scope for policy support have also changed. (2) As a result of fewer financing channels for renewable energy, renewable financing heavily relied on bank loans; development of small-and medium-scale distributed generation projects calls for innovative financing mechanisms. (3) In contrast to the decrease in investment in renewable power generation, investment in non-power-related areas dramatically increased (4) the energy substitution and carbon reduction effects of renewable energy development and utilization are conspicuous. Although the total amount of investment and financing in renewable energy continues to grow, sustainable, long-term development in renewable energy in the future requires innovations and reforms that diversify financing channels and mechanisms and address the difficulties of small and medium-size renewable energy developers in financing new projects.

In light of the competitive advantages of conventional energy resources in terms of cost, scale, market position and policy support, it is difficult for clean energy to compete with conventional energy in the short term only based on independent technological innovation and natural growth fostered by the market. As a result, government policy support is the key to the development of clean energy. In the past decade, clean energy industry in China has grown from scratch to become the fastest-growing clean energy industry in the world, and governmental support played a key role in that process. The authors attributed the success of clean energy industry in China to a special public-private-partnership (PPP) between state and business. This partnership is special in the sense that it is an effective mode of collaboration between the government and a newly emerged industry that is cultivated by the special administrative environment of businesses in China and has gone through many rounds of changes in the past. This partnership is effective because it achieved cost-effective supply of clean energy in a relatively short period of time. But undoubtedly, this special PPP has its weaknesses or even deficiencies. Chapter 7, based on detailed case studies, attempts to characterize and summarize this special PPP in the development of the clean energy industry in China. We hope this study will contribute to the development of the clean energy industry in China as well as serving as important references to the development of PPP in relevant industries.

Part IV Case Studies of Low-Carbon Development*

Low-carbon city pilots and the emission trading scheme (ETS) pilots are two of the most far-reaching cases of the bottom-up practice of low-carbon development in China. In order to gain a deeper understanding of the implementation of low-carbon pilots, innovations of pilot provinces and municipalities, and difficulties encountered by these cities in their low-carbon transitions, the authors conducted field research in September, 2014 in Hangzhou and Ningbo, which are both low-carbon pilot cities in Zhejiang Province. Their field research reveals that both cities actively pursued low-carbon transitions by completing their greenhouse emissions inventories and identifying the years when their city-wide emissions will peak; established the policy frameworks for low-carbon development; implemented strict industrial energy-saving measures; and took strong measures in the low-carbon transitions of the building and transportation sectors. In addition, Hangzhou coordinated the low-carbon pilot with other pilot program, which provides important insights to the co-benefits of pilots. However, both cities confronted multiple challenges in low-carbon development. As a city where heavy industry plays a big role in its economy, Ningbo finds it difficult to strike a balance between relatively high economic growth and low-carbon transition. Statistical bureaus in both cities contend that the current statistical systems could not support carbon emissions management and evaluation and that building and transportation sectors have become the focus and crux of low-carbon transitions of Chinese cities. Both cities need to create market-based green financing channels and cultivate a chain of low-carbon industries. Moreover, command and control remains the primary way of enforcing emissions reduction and energy consumption control by local governments.

Under the international pressures for combatting climate change and domestic pressures for addressing environmental pollution, China launched the "two provinces, five cities" ETS pilots at the end of 2011 and planned to launch the national carbon market based on the experience of the pilots. Chapter 9 entitled

"Comparison of carbon emission trading scheme pilots in China" analyzes and compares the seven ETS pilots in China in terms of their regulatory and institutional setup, scope of the institutional design, size and structure of the emissions quota, allocation and offset system of the emissions quota, market operation as well as compliance. This chapter summarizes the commonalities and differences of the seven pilots and provides policy recommendations to the impending national carbon market. Overall, the institutional design of the seven pilots shows characteristics of broadness, diversity, differentiation as well as flexibility, which are typical for ETS under imperfect markets conditions in developing countries or developing regions and contrast the ETS in the developing world such as Europe and the United States. The uniqueness of the Chinese ETS pilots poses challenges for linking the Chinese carbon market to the carbon market in developed countries.

Since the seven ETS pilots span across eastern, middle, and western parts of China that feature large regional disparities, the institutional design of the pilots also demonstrate the local characteristics. For instance, the institutional design of the ETS pilot in Shenzhen is s market-based system; the Hubei pilot emphasizes market liquidity; the Beijing and Shanghai pilots focus on compliance management; the Guangdong pilot emphasizes the primary market, but lacks policy continuity; in Chongqing, allocation of emissions allowances is based on self-reporting of the enterprises, which led to an over-supply of allowances and limited transactions in the carbon market. The creation of the national carbon market needs to take full account of the large regional disparities in China in terms of economic development, economic structure, energy structure, emissions reduction targets, and costs and draw lessons from the seven ETS pilots.

Part V Co-Governance of Low-Carbon Development

Current policies that address air pollution and climate change primarily focus on the control of coal use. Many of these policies require business firms to reduce their energy intensity or carbon dioxide intensity and install pollution control equipment. *Double Impact: Why China Needs Coordinated Air Quality and Climate Strategies* shows that air pollution control could reduce carbon dioxide emissions in the short run, and vice versa. However, as time progresses, when emissions reduction requirements become more stringent, co-benefits will become increasingly limited. For China, significantly reducing coal consumption in the short term can both reduce air pollutants and carbon emissions. However, as coal becomes marginalized in the energy system in China, marginal cost for alternative energy will also increase. Further reductions in air pollutants and carbon dioxide emissions require setting separate targets for air pollution control and greenhouse gas control and using carbon pricing policies to most efficiently achieve the co-control of air pollution and carbon emissions. Compared to other measures, the double control of air pollution and carbon emissions is the most effective way to achieve both ends. Such a double-control strategy will ensure that China peak its carbon emissions by 2030 at the lowest cost while creating significant co-benefits for air quality improvement.

China and the United States made ambitious post – 2020 emissions reduction commitments in the *U. S. – China Joint Announcement on Climate Change*. Chapter 11 entitled "Comparison of Post – 2020 emissions reduction targets of China and the United States" employs scenario analysis to estimate the action and efforts that both countries need to take in order to achieve their respective targets. This chapter compares the effectiveness of both countries' efforts in the reductions of carbon emissions per unit of GDP, scale of development for new and renewable energy, peaking time for carbon dioxide emissions and the current stage of emissions, and emission reductions in the electric power sector. The comparison shows that meeting the specified targets in the *Joint Announcement* requires that China reduce its carbon intensity by 4%, much greater than the annual reduction rate of 3.59% as stated in the United States' goal of reducing carbon intensity by 28% by 2025. Development of new and renewable energy is also much faster than in the United States: annual growth rate in China is 8%, and supply of non-fossil energy will reach 1.16 billion tce by 2030, twice as much as its counterpart in the United States. In terms of peak CO_2 emissions, China will reach its CO_2 emissions at a much earlier stage of development than the United States. In the strong low-carbon development scenario, China will reach peak CO_2 emissions around 2030 at 8 tons of CO_2 per capita, much lower than the peak emissions at 19.5 tons of CO_2 per capita for the United States. Against the backdrop of a relatively high demand for electricity, China needs to reduce its CO_2 intensity of power generation, defined as CO_2 emissions per kWh generated, by 35% in 2030 compared to the 2011 level. In contrast, the United States only needs to reduce its CO_2 intensity of power generation by 20% to achieve its emissions reduction target for the power sector. The comparison of the few indicators above proves China's challenges in meeting its ambitious post-2020 emissions reduction targets. To meet its emissions reduction targets by 2030, China needs to further strengthen and refine its targets for new and renewable energy, disaggregate and enforce provincial emissions reduction targets and actions, continuously push forward innovations in energy efficiency and new energy technologies, and coordinate economic development with energy and environmental issues while maintaining a relatively high rate of economic growth.

序

巴黎气候大会通过的《巴黎协定》，确立了 2020 年后全球应对气候变化的制度框架，是在《联合国气候变化框架公约》指导下适用于所有缔约方的有法律约束力的协定，将极大推动全球应对气候变化合作进程。我国应对气候变化国内行动也将面临新的形势和挑战。

《巴黎协定》确立的新机制是在全球控制温升不超过工业革命前 2℃并努力控制在 1.5℃长期目标指引下，以各国自主贡献（INDC）目标为基础，并通过增强透明度和全球定期总结或集体盘点，促使各缔约方不断更新并加大 INDC 目标和行动力度，在“共同但有区别的责任”原则基础上，以各方自愿合作、不断强化行动的方式，促进全球长期目标的实现。全球应对气候变化新机制则要求各方摒弃“零和博弈”的狭隘思维，而转向“共和博弈”的合作共赢，从而实现全球和全人类共同利益与各方自身利益和可持续发展的协调和多方共赢。

《巴黎协定》的实施将促进全球经济发展向低碳转型，加快能源体系的革命性变革，也将加速先进低碳技术创新和新兴产业的发展，重塑世界经济技术竞争的格局。《巴黎协定》提出到本世纪下半叶要实现全球温室气体的净零排放，即意味着要结束化石能源时代，建立并形成以新能源和可再生能源为主体的低碳甚至零碳能源体系。未来经济发展方式转型和能源体系变革对世界各国的可持续发展都将是挑战与机遇并存，需要在竞争与合作中共同发展，共同走上气候适宜型的低碳发展路径。

中国为巴黎气候大会的成功做出了突出贡献。一方面，中国遵循习近平主席关于建设人类命运共同体，探索合作共赢、公平正义、共同发展的全球治理新理念，积极与各方沟通，凝聚共识。中美和中法《气候变化联合声

明》对协定的达成发挥了基础性作用。另一方面，中国在会前提出了有雄心、有力度的INDC目标和行动计划，也发挥了积极的引领作用。

中国提出的INDC目标，包括2030年单位GDP的CO_2排放比2005年下降60%~65%，非化石能源在一次能源消费中占比提高到20%左右，森林蓄积量比2005年增加45亿立方米，以及CO_2排放2030年左右达到峰值等目标，是我国统筹国内突破资源环境制约、推进经济转型与应对全球气候变化、减缓CO_2排放国内国际两个大局，内促发展、外树形象的协同目标和战略决策，实现这一目标也需要做出巨大努力。未来随着《巴黎协定》的实施，要求各国不断更新和强化INDC目标和行动，我国也必须加大努力，以适应全球合作进程，为保护地球生态安全和全人类共同发展做出应有贡献，体现发展中大国的责任担当。同时也应促进国内经济发展方式的转变，缓解和改善资源紧缺、环境污染、生态恶化的严峻形势，实现经济发展、环境保护与CO_2减排的协调共赢。

当前我国处在工业化城镇化发展阶段，能源需求还将持续增长，经济转型和能源变革比发达国家面临更艰巨的任务。发达国家能源需求已经饱和，发展新能源和可再生能源即可替代并减少原有化石能源消费存量，能较快地改善能源结构，降低CO_2排放总量。而我国则必须首先满足能源总需求的增量，首先做到新增能源供给应以新能源和可再生能源为主，然后才有可能稳定或减少化石能源消费存量，使CO_2排放达峰并开始下降。所以我国实现《巴黎协定》全球长期目标下低碳转型将面临更为严峻的挑战，也是一项紧迫的任务，需要战略性和前瞻性部署。因此，亟须制定低碳发展和能源革命的长期战略和中近期规划，建立和完善相应管理制度和政策激励机制，强化企业社会责任，鼓励公众自觉行动，走中国特色的低碳工业化和城镇化道路，努力建设低碳社会。

当前新常态下经济转型升级，产业提质增效，更加注重经济发展的质量和效益。当前经济增速趋缓，对钢铁、水泥等高耗能原材料产品需求下降，将加快产业结构的战略性调整，有利于低碳转型。“十一五”期间能源需求年均增长率约为6%，“十二五”将回落到4%以下，“十三五”有可能再回落到2%左右。“十三五”期间新增能源需求将主要以增加新能源和可再生能源供应来满足，煤炭消费量将达到峰值，为 CO_2 排放尽快达峰奠定基础。“十三五”期间以创新驱动的结构性改革，将为我国实现及未来更新和强化 INDC 目标和行动创造新的环境和条件。

本期《中国低碳发展报告（2015～2016）》分析了《巴黎协定》后全球应对气候变化新形势与中国面临的挑战和任务，研究和分析了中国经济新常态下低碳发展与能源变革的形势及热点问题，重点分析了重塑消费模式对低碳转型的影响，并对国内“十二五”期间开展的低碳城市试点和碳排放交易试点工作做了案例分析与评估。本报告旨在与社会各界交流，共同探讨和促进新常态下的经济转型，适应《巴黎协定》后全球应对气候变化的合作进程。

何建坤

2016 年 1 月 3 日

中国低碳发展深刻变革新阶段（代前言）

“十二五”以来，中国经济进入新常态，中国低碳发展迎来深刻变革新阶段。这些变革既反映在低碳发展的内容方面，也表现在其所处的环境方面。变革对于中国和世界都有巨大的现实影响和深远意义。

所谓经济新常态，突出表现在经济增长速度上。“十一五”期间，尽管受到始自美国的全球金融危机影响，中国经济总体保持了高速增长的势头。五年内 GDP 年均增速为 11.2%。进入“十二五”，中国经济增速明显下滑。2011～2014 年，四年间 GDP 年均增速为 8%，2015 年，预计增速不超过 7%。五年期间，年均增速约为 7.8%。从“十一五”到“十二五”，年均经济增速降幅超过 30%，是改革开放以来经济增速降幅最大的 5 年。这一变化规模较大，持续时间较长，不大可能是短期波动，而更可能是长期趋势。从宏观和历史来看，中国经济进入一个新的发展阶段。持续 30 年的高速增长转向中高速增长阶段。

经济增速的变化对于中国低碳发展有直接影响和长远意义。在经济增速下降的同时，能源消耗和碳排放的增速也随之明显放缓。“十五”和“十一五”的十年间，中国能源消耗增长了 21.4 亿吨标准煤，年均增长 2.1 亿吨以上。2012 年以来，能耗增速开始大幅下滑。“十二五”时期与之前的十年相比，能源消费年均增长 1.39 亿吨标准煤，增速降幅超过三分之一。与此同时，与能源相关的碳排放增速随之大幅下降。“十五”和“十一五”期间，与能源相关的碳排放年均增加 4.3 亿吨，而在“十二五”期间，年均增加 2.8 亿吨。2015 年，与能源相关的碳排放总量与前一年相比基本持平。这种情形曾经在 1981 年出现过，此后 33 年间从未出现。尽管这种暂时的零

增长现象并不意味着中国碳排放达到峰值，但即便是短暂的碳排放零增长也值得重视。毕竟，GDP 增速（近 7%）与碳排放增速严重背离的情形在中外历史上绝少出现。如果碳排放和能耗数据准确，这意味着在过去的一年中能源强度和单位能源碳含量（或称能源碳密度）的下降幅度之和接近 7%。

能源消耗增速下降情况在电力生产和消费上表现明显。2000 ~ 2014 年的 14 年间，全国发电量年均增加近 3000 亿千瓦时。2015 年，发电量仅增加 277 亿千瓦时，不及以往年均增量的十分之一。用电量的增长势头明显减退。

受到用电量增速下滑和清洁能源发电量增加的双重影响，全国煤炭消费发生了巨大转折。2000 ~ 2013 年的 13 年间，全国煤炭消费量年均增加 2.18 亿吨，年均增长 8.8%。2013 年煤炭消费量达到峰值，总量超过 42.2 亿吨。2014 年则出现了首次下滑，总量减少 1.23 亿吨，降幅为 2.9%。2015 年以来，煤炭消费量仍然继续下滑，前 11 个月消费量为 35.3 亿吨，同比减少 1.7 亿吨，降幅为 4.6%。其中，除化工用煤有一定增长外，电煤消耗、钢铁行业用煤消耗、建材用煤消耗均出现明显的下滑。根据中国煤炭工业协会数据，预计 2015 年全国煤炭消费量将下降 4% 左右。并且，2016 年发电、钢铁、建材等主要耗煤行业煤炭需求都有可能下降。国家能源局公布的能耗数据中，2015 年总能耗比上年增加 0.9%，其中，煤炭占比下降到 64.4%。据此推算，煤炭消费总量下降 1.55%。我们判断，中国煤炭消费总量很有可能在 2013 年已达到峰值，未来煤炭消费难以显著高于 2013 年的水平。这个判断基于国家宏观经济走势、环境保护行动、全球应对气候变化和低碳发展战略等因素。

经济新常态下，未来五年经济增速将进一步下调，从而能源需求总量增速降低。“十三五”规划中，GDP 年均增速确定为 6.5%，比之于“十二五”期间的 7.8% 更减少了 1.3 个百分点。第三产业比重进一步提高，在经济结构中将加速替代第二产业，中国经济的能源强度将基本保持持续下降趋势。

随着能源革命的开展，能源结构进一步优化。非化石能源在一次能源消费中的占比将从目前的12%提高到2030年的20%。其中，风能、光伏、水电和核电将会按照近年来的势头不断替代煤电。随着能源体系电力化的发展，原来依靠燃煤的动力、热力将被电力所取代，从而减少煤炭需求。按照《能源发展战略行动计划（2014~2020年）》（以下简称《行动计划》），煤炭消费占比将从2015年的64.4%下降到2020年的62%。

煤炭总量控制不仅仅是国家能源发展战略的重要组成部分，更是国家环境保护行动的核心内容。在治理以严重雾霾为代表的困扰全国的空气污染过程中，首要的是煤炭总量控制。京津冀鲁、长三角和珠三角等区域煤炭消费总量将在现有基础上再削减，也将进一步加大高耗能产业落后产能淘汰力度，扩大外来电、天然气及非化石能源供应规模，耗煤项目实现煤炭减量替代。按照《行动计划》，到2020年，京、津、冀、鲁四省市煤炭消费比2012年净削减1亿吨，长三角和珠三角地区煤炭消费总量负增长。

全球应对气候变化的《巴黎协定》的签署和执行对中国的低碳发展增添了外部压力。为实现中国政府的承诺，含碳高的煤炭将是首要调控目标。《巴黎协定》规定在本世纪后期，全球经济实现去碳化，对煤炭生产和消费带来空前压力。

能源消耗增速下降，特别是煤炭消费总量达峰，标志着中国低碳发展进入一个新阶段，是中国碳排放最终达峰的必经阶段。这个特定阶段的到来对中国乃至全球的低碳发展和应对气候变化具有十分重要的意义。2000年以来，全球二氧化碳排放量一直保持2%~3%的年均增速。然而，2014年，来自燃烧化石燃料和工业的全球二氧化碳排放量的同比升幅仅为0.6%。国际能源署则估计2014年全球碳排放总量与2013年相当。目前研究普遍将全球二氧化碳排放增速减缓归因于中国能耗和碳排放增幅下降，特别是煤炭消费总量下降。全球碳排放增速减缓和尽早达峰是实现《巴黎协定》温升目标的关键。

中国经济新常态不是简单的经济增速下降，而是贯穿整个经济体系的结构性变革。“十二五”期间，服务业不仅成为第一大产业，而且，首次超越第一产业和第二产业的总和。中国从生产型社会进入服务型社会。2012年，我国第三产业现价增加值占 GDP 的比重上升到 45.5%，首次超过第二产业成为国民经济第一大产业。2014 年，第三产业比重上升到 48.1%，2015 年上半年进一步上升到 49.5%。与第二产业相比，服务业能源强度不足其五分之一，因此，产业结构的变革对于经济的低碳化具有巨大和深刻的影响。

“十二五”期间，中国的城市人口首次超过农村人口。2011 年末，城镇人口首次超过农村人口，数千年来以农村人口为主体的中国从此进入城市化社会。2011 年至 2014 年城镇人口每年增加近 2000 万人，不仅带动了经济和社会变革，也影响到生活方式和能源消耗的改变。一般来说，一个城市居民的能源消耗是农村居民的 3 倍以上。随着城镇化进程的深入，全国能源消耗特征正在从生产型能耗逐步转向消费型能耗。

“十八大”以来，生态文明建设被赋予新的内涵，能源革命和绿色低碳发展成为生态文明建设的核心内容。在第三次工业革命基础上的新型工业化和“制造业 2025 计划”成为国家的战略和政策。“创新、协同、绿色、包容、共享”成为指导“十三五”和未来长期发展的基本理念。从全球来看，在人类命运共同体意识的指引下，中国政府应对气候变化的态度更加积极主动，与美国、欧盟、法国、英国、德国、印度、巴西等主要的国家或国家集团签署了双边协议，为推动《巴黎协定》的制定和全球气候治理新体系的建立做出了重要贡献。中国主动出资为“气候变化南南合作基金”奠定资源基础，同时推动把节能降碳技术推广到其他发展中国家。

《中国低碳发展报告（2015～2016）》继续关注低碳发展热点。《巴黎气候大会进程与我国经济低碳转型》和《经济新常态与中国低碳发展：从“十二五”到“十三五”》，介绍了巴黎气候大会进程与我国经济低碳转型，总结了“十二五”期间中国低碳发展特征，从经济新常态视角探讨了中国低碳发展中的新现象和“十三五”低碳发展新趋势。本报告重点推出研究团队一项新成果，即《重塑能源消费：走向绿色低碳社会》，并特别收录了戴彦德研究员关于重塑能源生产和消费体系的重要论文——《建设生态文明必须重塑能源生产和消费体系》。今年在以往报告基础上对能效和可再生能源进行了深入细致的研究，并将重点放在工业企业节能量计算与目标考核、可再生能源投融资以及中国清洁能源产业发展中的政府行为与PPP模式（见“节能与可再生能源”部分3篇文章）。本报告关注国家低碳发展试点和碳市场试点，对不同试点进行了调研和分析（见“低碳发展案例”部分2篇文章）。在低碳发展协同治理方面，讨论了空气污染和气候变化的协同治理，并比较了中美两国2020年后减排目标（见“低碳发展协同治理”部分2篇文章）。

本报告自2010年出版以来，报告中的低碳指标篇广受关注和好评。本次报告，在国家能源数据调整基础上对全部指标进行了重新计算和整理，希望成为从事中国低碳发展研究的重要数据源（见“数据指标”部分的文章）。

本报告首次由清华－布鲁金斯公共政策研究中心和清华大学能源环境经济研究所联合撰写出版。在以何建坤教授为主任的编委会的指导下，由本人与张希良教授共同担任主编。这份报告是整个研究团队共同努力的结果。大量研究、组织和编辑工作由董文娟完成。低碳发展蓝皮书编辑委员会一如既往地予以支持。何建坤教授、国家发展和改革委员会能源研究所戴彦德研究员、武汉大学齐绍洲教授在百忙中为本报告撰稿，在此一并致谢。

齐　晔

2015年12月31日

目　录

Ⅰ　低碳发展热点

Ⅱ　走向能源消费革命

Ⅲ　节能与可再生能源

Ⅳ 低碳发展案例

Ⅴ　低碳发展协同治理

Ⅵ　数据指标

Ⅶ　附　录

皮书数据库阅读**使用指南**

CONTENTS

I Hot Themes in Low-Carbon Development

Ⅱ Towards an Energy Consumption Revolution

Ⅲ Energy Efficiency and Renewable Energy

Ⅳ Case Studies of Low-Carbon Development

V Co-Governance of Low-Carbon Development

VI Indicators

Ⅶ Appendices

低碳发展热点

Hot Themes in Low-Carbon Development

B.1
巴黎气候大会进程与我国经济低碳转型

何建坤 *

摘　要：　2015 年底巴黎气候大会通过了《巴黎协定》，确定了2020 年以后全球应对气候变化的制度框架，成为全球应对气候变化的新起点和里程碑，并将极大推进世界各国自愿行动和合作进程。《巴黎协定》的达成体现了各方合作应对气候变化威胁的共同政治意愿，也是气候谈判开始体现“共和博弈”新思维、全球合作应对建设人类命运共同体的转折点，是从“零和博弈”趋向“共和博弈”的合作共赢。中国政府为促进巴黎气候大会成功发挥了重要的作用，《中美气候变化联合声明》和《中法气候变化联合声明》为达成《巴黎协定》奠定了基础，此外中国政府在会前提出了有雄心的国家

* 何建坤，清华大学低碳经济研究院院长、国家气候变化专家委员会副主任。主要研究领域包括能源系统分析与模型、全球气候变化应对战略、资源管理与可持续发展等。

自主贡献（INDC）目标，获得了国际社会的广泛好评。

《巴黎协定》提出了紧迫的全球低碳排放目标，其实施仍将面临严峻挑战。全球实现控制温升2℃（甚至1.5℃）目标的核心是能源体系的革命性变革、推动先进能源技术创新和产业化发展。实施《巴黎协定》将加速全球经济低碳转型，而我国经济低碳转型的任务将更加紧迫和更为艰巨。中国政府应继续积极参与全球气候治理，以国家自主贡献目标来统筹实现应对气候变化和国内经济转型的双赢，将积极应对气候变化国家战略和地区战略纳入国家总体发展战略和规划，加快推进能源生产和消费革命、建立清洁低碳和安全高效的能源供应体系和消费体系，适应全球本世纪下半叶实现净零排放的低碳化目标，并加强应对气候变化制度和政策保障体系的建设。

关键词： 巴黎气候大会　巴黎协定　经济低碳转型

一　全球应对气候变化新的起点和里程碑

2015年底巴黎气候大会通过了《巴黎协定》，成为全球应对气候变化的新起点，并将极大地推进世界各国的自愿行动和合作进程。

1992年联合国环境与发展大会通过了《联合国气候变化框架公约》（以下简称《公约》）。《公约》提出了应对气候变化的目标和原则，成为全球应对气候变化国际合作行动的基础性指导文件。1997年《公约》缔约方大会通过了《京都议定书》，根据《公约》提出的目标和原则，《京都议定书》为发达国家在第一个承诺期内（2008～2012年）规定了量化的温室气体减排义务，开始了全球应对气候变化的实质性行动。

2009 年哥本哈根气候大会需要对 2012 年以后应对气候变化的进程做出新的安排，即开展《京都议定书》的第二个承诺期（2013 ~ 2020 年）计划。但是，哥本哈根气候大会并没有形成一个具有法律约束力的协议。三年之后，多哈气候大会确定了《京都议定书》的第二个承诺期计划，但美国、日本、澳大利亚、加拿大、俄罗斯等伞形集团国家拒绝加入第二承诺期计划，只有欧盟和少数欧洲发达国家承担了《京都议定书》第二承诺期计划的义务。《京都议定书》的执行陷入了困境。多哈气候大会还启动了“德班增强行动平台”的谈判，协商 2020 年以后温室气体减排的机制安排，并规定将在 2015 年的巴黎气候大会上最终达成协议。这也是巴黎气候大会备受瞩目的原因。

《巴黎协定》在《公约》指导下对 2020 年以后的全球应对气候变化合作行动做出了制度性安排，是全面有效实施《公约》的、适用于所有国家的并具有法律约束力的文件。所以《巴黎协定》是继《京都议定书》之后又一个新的里程碑，对 2020 年以后全球应对气候变化的行动将起到重要的指导作用。

《巴黎协定》的达成体现了各方合作应对气候变化威胁的共同政治意愿。第一，对气候变化的科学事实、成因、影响及损害的认识已经形成共识，各方都具有空前的合作应对的政治意愿。近年来，世界各地气候变化影响的负面效应越来越显著，出现了越来越多的极端气候事件。此外 IPCC 的报告对气候变化可能造成的负面影响也做了深入的评估。世界范围内对于气候变化有可能给地球和人类造成灾难性的、不可逆转的影响的风险，形成了共同认识。这也是巴黎气候大会能达成协定的重要氛围和环境。

第二，会前各方分别提出了有力度的国家自主贡献（INDC）目标，《巴黎协定》中各国减排以此为基础，并提出了增强透明度和定期对全球减排情况进行集体盘点的要求，体现了各方之间的政治互信。就形成机制而言，一方面，《巴黎协定》确定了全球的减排目标：把全球的温升控制在工业革命前的 2℃以下，并且努力控制在 1.5℃以下。在这样一个目标下，各国自下而上地提出了自主贡献目标。根据波兰气候大会（2013 年）的决议，巴黎气候大会之前各国需要提交自主贡献文件，包括减排目标和行动计划。另一方面，《巴黎协定》以各国自主贡献目标为基础，在此基础上形成一个自愿合作的共同减排框架。因此，与哥本哈根大会自上而下地分配每个国家的责任和义务相比，巴黎气候大会自下而上的自主贡献机制更容易被接受，也使得每个国家都感到自己的主权得到了尊重。因此该机制也使得《巴黎协定》能够比较顺利地达成。

第三，各个主要的国家在会前以及会中积极地推动谈判进程。会前及会中各方积极地进行沟通对话，凝聚共识、聚同化异，寻求契合点，体现出建设性、灵活性的合作态度。在保护地球生态和人类可持续发展这样一个政治氛围下，会前各国之间积极地开展了交流和沟通，已经凝聚了共识。尽管在谈判中，各国一线的谈判人员都坚守各自的立场和利益诉求，但是在最后的关键时刻，各国高层也都展现了建设性和灵活性的态度。谈判过程照顾到了各方的利益诉求，最终达成了各方都可以接受的一个协定。

尽管《巴黎协定》并不完美，但是，它在总体上还是极大地促进了应对气候变化的进程，确定了2020年以后全球合作应对气候变化的制度框架。由于还存在一些分歧和不同的利益诉求点，《巴黎协定》也没能解决所有问题，有些问题还有待于在落实《巴黎协定》和今后的气候谈判中逐步解决。

二　共塑合作共赢的人类命运共同体

巴黎气候大会谈判的焦点在于是否和如何区分发达国家和发展中国家不同的历史责任和义务，反映“共同但有区别的责任”原则，并将之体现在减排力度、适应、资金、技术、透明度和盘点等各要素之中。在《中美气候变化联合声明》、《中欧气候变化联合声明》和《中法气候变化联合声明》中，中国政府都坚持写进了“共同但有区别的责任”原则、“公平”原则和“各自能力”的原则。中国政府所强调的“共同但有区别的责任”原则是指发达国家和发展中国家承担不同的历史责任和现实义务，即发达国家和发展中国家两大阵营之间的“共同但有区别的责任”。而美国等发达国家对于

“共同但有区别的责任”原则的解释是任何国家之间都存在区别，淡化了发达国家和发展中国家两大阵营的区别。对于“共同但有区别的责任”的不同解释是矛盾的核心。

在最后的谈判中，发展中国家的诉求得到了反映。例如，在减缓气候变化影响问题上，《巴黎协定》中规定发达国家要带头实现全经济和所有温室气体的绝对量减排，而对于发展中国家则鼓励根据不同国情，逐步实现全经济的绝对量减排，也就是说发展中国家现在还可以不是全经济尺度的减排，而且也不一定是绝对量的下降。例如，中国制定的减排目标是单位 GDP 的二氧化碳排放强度到 2030 年比 2005 年下降 60% ~65%，这是万元 GDP 产出所排放的二氧化碳的强度相对减排目标，并不是绝对量下降的目标。随着经济和社会的发展，中国的碳排放总量还会有所上升，到 2030 年左右才有可能达到峰值。这也体现了“共同但有区别的责任”原则。

资金问题也是争议比较大的议题。2009 年的哥本哈根大会达成了一个共识，即到 2020 年由发达国家每年出资一千亿美元来支持发展中国家适应气候变化影响和温室气体减排，然而在出资规模、出资方式和资金用途方面一直存在比较大的分歧。《巴黎协定》的描述反映了发展中国家的诉求，明确规定发达国家应当提供资金资源协助发展中国家减缓和适应气候变化影响，以履行其在《公约》下的义务，同时也鼓励其他国家自愿提供这种资助，体现发达国家和发展中国家不同的责任义务。

《巴黎协定》中各方诉求得到了平衡反映，如 1.5℃目标、法律约束力、透明度和盘点等。例如全球的减排目标，在 2009 年的哥本哈根大会上就达成了共识，控制全球温升不超过工业革命前的 2℃，但是当时的协议并不具有法律约束力。在巴黎气候大会上，小岛国和非洲最贫穷国家非常担心气候变化造成的负面影响会加剧其灾害和贫困，所以强烈要求把目标写为“控制温升不超过工业革命前的 1.5℃”。这一要求在《巴黎协定》中得到了反映，最终的描述是把全球平均温升控制在工业革命前 2℃以内并努力将温升限制在 1.5℃之内。在其他一些问题上也都进行了类似的平衡考虑，参会各方所展现的建设性和灵活性的态度，也是本次气候大会能够取得成功的一个重要保证。

综合来看，《巴黎协定》的形成过程和文件本身首先体现了全球应对气候变化的政治共识和积极行动，同时也体现了全球和全人类的共同利益与参会各方自身利益的平衡。巴黎气候大会的成功是人类社会应对气候变化进程中一个非常重要的转折点。在过去的谈判中往往体现的是传统的“零和博弈”的狭隘思维，但是《巴黎协定》则体现了“共和博弈”的新思维，即首先要考虑全球、全人类的利益，在这种利益下大家自愿合作应对，建设人类命运共同体。因此，《巴黎协定》也是气候谈判开始从“零和博弈”趋向“共和博弈”的合作共赢的开端。与会各方在自愿合作应对的同时也实现了两个共赢，一个是各方特别是发展中国家自身的可持续发展与应对气候变化的共赢；另一个是各个国家、各个利益集团相互合作中实现的利益共享和共赢。因此这种指导思想和思维方式的转变，使得在未来应对气候变化的进程中，合作共赢会越来越起到主导的作用。

三　中国在全球气候治理中的新角色

中国政府为促进巴黎气候大会的成功发挥了重要作用。一方面，会前中国政府和很多发达国家及发展中国家政府都发表了联合声明，《中美气候变化联合声明》和《中法气候变化联合声明》在推动《巴黎协定》的达成方面起到了历史性和基础性的作用，这两份声明对于当前气候变化的核心问题、谈判的焦点问题都有所涉及，而且针对这些问题找到了双方都可以接受的描述。这两份声明在会前凝聚了共识，并在核心和焦点问题上为《巴黎协定》提供了落脚点或着陆区，同时也锁定了我国及发展中国家的利益诉求。在《巴黎协定》的文本中，很多描述和用语都是以《中美气候变化联合声明》和《中法气候变化联合声明》为基础的。

另一方面，中国政府在会前提出了有雄心的国家自主贡献目标，在国际社会获得了广泛好评。中国政府所提出的国家自主贡献目标是一个有雄心、有力度、有表率性的目标，在国际上得到了良好反响，特别是“2030 年左右中国的二氧化碳排放要达到峰值、并努力早日达峰”的目标受到全世界范围内的广泛关注，并为中国政府在会议上发挥积极影响奠定了基础。

习近平主席同150多位国家元首和政府首脑出席了巴黎气候大会的开幕式，各国首脑都表达了推进巴黎气候大会成功、达成《巴黎协定》的政治决心，为大会的成功提供了政治动力。习主席在大会开幕式上的讲话受到了广泛关注，他提出不仅要积极推动巴黎气候大会的成功，实现各国的合作共赢，而且要以应对气候变化的全球努力为镜子，探索未来全球治理模式、推动建设人类命运共同体的新理念。即要创造三个未来：要创造一个各尽所能、合作共赢的未来；创造一个奉行法治、公平正义的未来；创造一个包容互鉴、共同发展的未来。也就是说，要创造合作共赢、公平正义、共同发展的全球治理新模式。中国积极促进巴黎气候大会的最后成功，就是贯彻习主席理念、深度参与全球治理的成功范例。习主席的理念也会继续指引中国政府落实《巴黎协定》的后续谈判，更重要的是以气候治理作为切入点，将使中国在未来全球治理模式和理念上发挥越来越大的作用。习主席的讲话不仅在应对气候变化的制度建设方面提出了高瞻远瞩的理念，而且指明了全球治理的方向。

四　倒逼推动创新，实现低碳转型

（一）《巴黎协定》提出了紧迫的全球低碳排放目标，其实施仍将面临严峻挑战

《巴黎协定》提出控制全球温升不超过2℃并努力控制在1.5℃的目标，本世纪下半叶要实现净零排放，但汇总当前各国自主贡献目标后尚有较大差距。在2℃目标下，2030年全球排放应从2010年的500亿吨二氧化碳当量（tCO_2e）下降到400亿tCO_2e；按各国提交的自主贡献目标测算，2030年排放将达550亿tCO_2e，仍存在150亿tCO_2e的缺口。在1.5℃目标下，2060年左右需实现全球零排放。《巴黎协定》提出了解决这一缺口的办法：各国的减排以自下而上的自主贡献目标为基础，但要求定期更新该目标并不断加大力度，每5年进行一次全球盘点，为全球和各国强化减排提供信

息，从而促进和激励各国不断地增强减排力度，即以自主贡献目标和全球盘点的方式来促进各国自愿合作，不断加大减排力度，从而推动2℃目标的落实。因此尚需进一步落实2℃目标下的减排路径以及相应的资金和技术支持。《巴黎协定》也提出从2020年到2025年，发达国家每年至少调用一千亿美元的资金。如果发展中国家不断增强减排的力度，资金需求还会有较大增长，所以还有很多问题需要在进一步的谈判中来解决。

（二）全球实现控制温升2℃（甚至1.5℃）目标的核心是能源体系的革命性变革，推动先进能源技术创新和产业化发展

实现全球低碳发展的核心在于推动能源体系变革。与化石能源消费相关的 CO_2 排放占全球温室气体总排放量的2/3以上，所以需要进行能源的革命。首先要大力节能、提高能效，减少能源的消费；同时以新能源和可再生能源取代化石能源，在保障能源供给的同时减少 CO_2 排放。《巴黎协定》规定到本世纪下半叶，全球要实现净零排放，这意味着到本世纪下半叶要结束化石能源时代，建立以新能源和可再生能源为主体的低碳甚至零碳能源体系。这一全球应对气候变化的紧迫目标将加速世界范围内的能源转型，先进低碳能源技术创新和产业化发展已成为新的经济增长点和国家的核心竞争力。

（三）实施《巴黎协定》将加速全球经济低碳转型，我国经济转型的任务将更加紧迫

要实现本世纪下半叶全球净零排放目标，必须加快各国的经济转型和能源革命的步伐。我国也面临着艰巨的任务，需要加快能源革命步伐，到本世纪中叶后基本形成以新能源和可再生能源为主体的低碳能源体系，以适应全球应对气候变化的进程与形势。《巴黎协定》提出全球温室气体排放要尽快达峰，2030年全球温室气体排放下降到400亿 tCO_2e，中国的碳排放达峰时间和排放量对全球达峰有重要影响。要实现全球控制温升2℃的目标，需要各国不断更新并加大自主贡献目标的力度，我国经济发展低碳转型任务也将日益紧迫。

（四）我国在经济转型和能源变革中面临比发达国家更艰巨的任务

我国发展阶段的滞后给能源变革带来了更大困难。已经进入后工业化阶段的发达国家经济增速比较缓慢，能源需求已基本饱和，这些国家通过节能、发展新能源和可再生能源可以替代原有的化石能源消费存量。而我国仍是发展中国家，能源需求仍在不断增长，发展新能源和可再生能源首先要满足“能源总需求增量”，当化石能源消费量不再增长时，二氧化碳的排放才能达峰。当2030年左右我国二氧化碳排放达峰以后，才有可能和发达国家一样实现温室气体绝对量的减排和下降的目标。由于发展阶段的不同，发达国家是“总量绝对减排”，而我国需由“强度相对减排”到“总量控制并达峰”，再到“总量绝对减排”，这期间仍有一个和发展阶段相适应的演变过程。

近年来发达国家大都提出了积极的能源变革目标，例如德国提出了2050年能源总需求要下降50%，可再生能源占比达60%的目标。我国虽然在节能减排方面取得了举世瞩目的成就，但仍然面临着艰巨任务。尽管我国单位GDP能耗强度下降速度世界领先，但当前能耗强度水平仍是世界平均水平的2倍；新能源和可再生能源发展速度和规模世界领先，但当前单位能耗的CO_2强度仍比世界平均水平高20%以上。因此，结合当前工业化城镇化发展阶段的特点来看，我国在经济转型和能源变革中面临的任务更为艰巨。但是，我国只有努力跟上世界发展的潮流，才能在未来应对气候变化国际合作中争取主动权，提升国家的核心竞争力，并发挥引领性的作用。

五　积极参与全球气候治理，实现国家经济低碳转型

（一）以国家自主贡献目标统筹应对气候变化和国内经济转型的双赢

我国提出了积极的和有雄心的国家自主贡献目标，这些目标包括：2030年单位GDP的CO_2排放比2005年下降60%～65%，2030年非化石能源比

重提升到20%左右，2030年左右CO_2排放达到峰值，2030年森林蓄积量比2005年增加45亿立方米。要实现2030年单位GDP CO_2排放比2005年下降60%～65%的目标，未来每年碳强度下降的速度要超过4%，这需要在实现2020年下降40%～45%目标的基础上做出更大努力。要实现2030年左右二氧化碳排放达峰的目标，对我国来说意味着发展模式的根本性转变。二氧化碳达峰意味着经济会继续发展，能源需求将持续增加，但化石能源消费不再增加，新增能源需求要依靠增加非化石能源供应来满足，即经济发展和化石能源的增长及二氧化碳的排放完全脱钩，也意味着国内资源环境严重制约的形势将发生根本性的好转。我国要努力实现且争取早日实现这一目标。目前，我国中央政府鼓励有些城市比全国更早实现二氧化碳排放达峰的目标，例如，北京已经提出将在2020年左右实现CO_2排放达峰。

我国提出的国家自主贡献目标，对外有利于树立为全人类共同利益负责任的大国形象，在全球气候治理机制建设中发挥积极的作用；对内能够促进发展、促进能源革命和经济转型，实现持续发展、改善环境与“碳减排”的协同共赢。

（二）实施国家自主贡献目标是我国统筹国内国际两个大局的战略选择

积极应对气候变化，努力减少温室气体排放，提高适应气候变化的能力，不仅是我国保障经济安全、生态安全、粮食安全以及人民生命财产安全，实现可持续发展的内在要求，也是我国深度参与全球治理、打造人类命运共同体、推动全人类共同发展的责任担当。中国是遭受气候变化不利影响最为严重的国家之一，而减少温室气体排放与改善国内资源环境制约状况具有协同效应。中国将以有雄心的国家自主贡献目标，加快形成促进经济发展方式转型的体制机制和政策体系，打造低碳技术和发展核心竞争力。实现有雄心的国家自主贡献目标是统筹国内可持续发展和国际应对气候变化两个大局的战略考量。

（三）经济新常态下产业转型升级、提质增效为我国低碳发展带来新机遇和挑战

当前我国经济发展已经进入了新常态。新常态下 GDP 增速放缓，能源需求增速下降，有利于减缓碳排放的增长趋势。“十三五”期间，我国将加大经济结构调整力度，推动产业转型升级、提质增效，能源需求的增幅将进一步放缓。“十一五”期间年平均能源需求增速约为 6%，“十二五”期间约为 4%，而“十三五”期间将下降至约 2%。能源需求增速放缓将有利于能源结构调整，我国应主要以新能源和可再生能源满足能源需求增量，新增能源供应和新增电力装机应以非化石能源为主。“十三五”期间，我国产业结构调整会加速，钢铁、水泥、炼铝等高耗能原材料行业的产量会逐渐趋于稳定或者达到峰值，煤炭消费量也将达到峰值并转为下降，天然气的消费会有所增加，这样才能总体保障 2030 年左右二氧化碳的排放达到峰值。

新常态下也会出现新的挑战。高耗能行业和煤炭行业产能过剩，行业发展和运营面临困难，需要协调各行业健康发展与全国产业转型的关系。经济增速放缓之后能源增速需求放缓，燃煤发电厂和煤炭行业也要寻找新的出路，如果这时不限制煤炭的产量和燃煤电厂的增加，就会挤占新能源和可再生能源未来发展的空间，不仅造成未来减排困难的局面，而且也会造成投资产能过剩和投资效益下降的困境。另外，新常态下不少地区经济发展面临创新乏力、后劲不足、增长停滞的风险，需要以创新驱动和绿色低碳发展来实现发展与降碳的双赢。

（四）将积极应对气候变化国家战略和地区战略纳入国家总体发展战略与规划

我国需要制定国家长期低碳发展战略和路线图，以适应全球长期减排目标的要求，并制定中期和近期的实施规划。《巴黎协定》要求各国 2020 年前制定并提交至本世纪中叶的减少温室气体排放的长期战略，我国应研究制定至 2050 年的低碳发展战略，将应对气候变化的自主贡献目标分解后作为

约束性指标，纳入国家和地区国民经济和社会发展五年规划。并且，我国应制定不同区域、行业分类指导的政策和目标。此外，还应该提高国家和地区适应气候变化的能力。

（五）加快推进能源生产和消费革命，建立清洁低碳、安全高效的能源供应体系和消费体系，适应全球本世纪下半叶实现净零排放的低碳化目标

我国应建立清洁低碳、安全高效的能源供应体系和消费体系，以适应全球本世纪下半叶实现净零排放的低碳化目标。具体措施包括：（1）大力节能、提高能效、抑制不合理的能源需求，控制煤炭消费总量。2015 年 12 月 2 日的国务院常务会议决定，在 2020 年之前对燃煤机组全面实施超低排放和节能改造，使所有现役电厂每千瓦时平均煤耗低于 310 克标准煤、新建电厂平均煤耗低于 300 克标准煤，对落后产能和不符合相关强制性标准要求的燃煤机组要坚决淘汰关停，东、中部地区要提前至 2017 年和 2018 年达标。（2）大力发展可再生能源，高效规模化发展核能，促进能源结构低碳化。2020 年非化石能源占一次能源比例达到 15%，风电和太阳能发电装机分别达 2 亿千瓦和 1 亿千瓦，地热利用达 5000 万吨标准煤。（3）发展常规和非常规天然气，减少煤炭比例。2020 年，天然气比例由 2013 年的 5.2% 提升到 10% 以上，煤层气产量达到 300 亿立方米。（4）研发和示范碳捕捉和储存（CCS）技术。

（六）加强应对气候变化制度和政策保障体系的建设

我国需要加强应对气候变化制度和政策保障体系的建设。第一，加强财税金融政策体系和低碳消费激励机制的建设，加大资金和政策支持力度；第二，加大科技支撑力度，加强对先进技术研发和产业化的支持；第三，加强碳交易市场建设，2017 年建立全国统一的碳交易市场；第四，加强温室气体排放统计、核算体系建设；第五，完善社会参与机制，强化企业社会责任，鼓励公众自愿参与。

B.2
经济新常态与中国低碳发展：从“十二五”到“十三五”

张焕波　李惠民　朱梦曳　芦佳琪*

摘　要：　“十二五”以来，中国经济进入新常态，中国低碳发展迎来深刻变革的新阶段。经济新常态的特点、内涵、发展趋向和发展理念可以用“三大特点”、“四大转向”、“九大特征”和“五大理念”来概括。低碳发展与经济发展新常态并行不悖，低碳发展既是经济发展新常态的必然要求，也是经济发展新常态的重要内容。新常态下的碳排放增长率将逐步降低，经济结构调整将向高端低碳产业发展，创新驱动将全面推动碳强度下降。低碳也将成为经济新常态下衡量发展的核心指标。中国应积极主动实施低碳转型促经济新常态发展，主要包括：实现可持续的经济增长，从高碳经济发展方式转向低碳经济发展方式；建立安全、高效、清洁、低碳的能源供应与消费体系；实现经济、能源与环境的协同治理。

“十二五”时期是我国低碳转型加速期。这一时期，碳排放增长趋势明显放缓，能耗强度持续下降，可再生能源实现了跨越式发展，2014 年煤炭消费量较 2013 年下降 2.9%，中国煤炭消费的峰值或许已经到来。此外，这一时期低碳发

* 张焕波，中国国际经济交流中心副研究员，主要研究领域为汇率、贸易投资、转变经济发展方式、城市低碳发展；李惠民，北京建筑大学讲师，主要研究领域为气候变化政策；朱梦曳，清华大学公共管理学院在读博士研究生，主要研究领域为气候变化及能源政策；芦佳琪，清华－布鲁金斯中心助理研究员，主要研究领域为气候变化政策及能源安全。

展的制度基础不断稳固，开启了低碳发展的新时代。展望未来五年，“十三五”时期将是我国经济发展的重要时期，也是兑现国内和国际承诺、实现低碳转型的关键时期。未来五年内包括单位GDP二氧化碳排放、单位GDP能耗、非化石能源占比、森林蓄积量在内的低碳发展指标非常明确，而国际气候变化和国内环境污染治理的双重压力将促使我国逐步推广实施煤炭消费和碳排放总量控制目标，我国也将采取措施促使能源结构多元化发展。“十三五”将是一个机遇与挑战并存的时期，经济发展新常态既带来了前所未有的产业和能源转型、新技术发展、体制改革和制度完善的机遇，也使这些领域内面临着前所未有的挑战。

关键词：“十二五”　“十三五”　新常态　低碳发展

一　经济新常态和发展方式转型

经过三十多年高速发展，中国已成为世界第二大经济体，2014年人均GDP上升至7575美元，进入中高收入国家行列。自2011年开始，中国经济增速开始下滑，从原来的年均约10%的高速增长转向个位数的中高速增长，经济转型升级压力陡然增大，经济运行出现新的阶段性总体特征，进入发展新常态。经济发展新常态是中国共产党在新的历史阶段，基于国内外新情况、新特征和新趋势，在对中国经济发展规律深刻把握的基础上做出的科学判断，是中国经济未来相当长一段时期发展的主基调。在经济新常态下，中国低碳发展有哪些新的特征？新常态如何影响低碳发展？反过来，低碳转型如何促进新常态下的经济发展？

（一）经济发展新常态的概念和内涵

十八届五中全会指出，“党的十八大以来，以习近平同志为总书记的党中央毫不动摇坚持和发展中国特色社会主义，勇于实践、善于创新，深化对共产党执政规律、社会主义建设规律、人类社会发展规律的认识，形成一系列治国理政新理念、新思想、新战略，为在新的历史条件下深化改革开放、加快推进社会主义现代化提供了科学理论指导和行动指南”。经济发展新常态就是党中央立足中国国情和实践，洞察全球经济发展经验和态势，对我国当前和未来一段时期社会主义经济发展规律的科学认识和重大理论创新。

2014 年 5 月，习近平总书记在河南考察时指出：“中国发展仍处于重要战略机遇期，我们要增强信心，从当前我国经济发展的阶段性特征出发，适应新常态，保持战略上的平常心态。”这是中国官方首次提出中国“经济发展新常态”的概念。2014 年 7 月 29 日，在中南海党外人士座谈会上，习近平总书记进一步指出：“要正确认识我国经济发展的阶段性特征，进一步增强信心，适应新常态，共同推动经济持续健康发展。”2014 年 11 月 10 日，在北京召开的 APEC 工商领导人峰会上，习近平总书记总结和阐述了新常态的三大特点，“一是从高速增长转为中高速增长。二是经济结构不断优化升级，第三产业消费需求逐步成为主体，城乡区域差距逐步缩小，居民收入占比上升，发展成果惠及更广大民众。三是从要素驱动、投资驱动转向创新驱动”。在 2014 年 12 月 9 日的中央经济工作会议上，习近平总书记从消费需求、投资需求、出口和国际收支、生产能力和产业组织方式、生产要素相对优势、市场竞争特点、资源环境约束、经济风险积累和化解、资源配置模式和宏观调控方式等九个方面，详尽分析了中国经济发展新常态的九大趋向（见专栏 1）。

专栏 1　经济发展新常态的九大趋向

从消费需求看，过去我国消费具有明显的模仿型排浪式特征，现在模仿型排浪式消费特征阶段基本结束，个性化、多样化消费渐成主流，保证产品

质量安全、通过创新供给激活需求的重要性显著上升，必须采取正确的消费政策，释放消费潜力，使消费继续在推动经济发展中发挥基础作用。

从投资需求看，经历了三十多年高强度大规模开发建设后，传统产业相对饱和，但基础设施互联互通和一些新技术、新产品、新业态、新商业模式的投资机会大量涌现，对创新投融资方式提出了新要求，必须善于把握投资方向，消除投资障碍，使投资继续对经济发展发挥关键作用。

从出口和国际收支看，国际金融危机发生前国际市场空间扩张很快，出口成为拉动我国经济快速发展的重要动能，现在全球总需求不振，我国低成本比较优势也发生了转化，同时我国出口竞争优势依然存在，高水平引进来、大规模走出去正在同步发生，必须加紧培育新的比较优势，使出口继续对经济发展发挥支撑作用。

从生产能力和产业组织方式看，过去供给不足是长期困扰我们的一个主要矛盾，现在传统产业供给能力大幅超出需求，产业结构必须优化升级，企业兼并重组、生产相对集中不可避免，新兴产业、服务业、小微企业作用更加凸显，生产小型化、智能化、专业化将成为产业组织的新特征。

从生产要素相对优势看，过去劳动力成本低是最大优势，引进技术和管理就能迅速变成生产力，现在人口老龄化日趋发展，农村富余劳动力减少，要素的规模驱动力减弱，经济增长将更多依靠人力资本质量和技术进步，必须让创新成为驱动发展新引擎。

从市场竞争特点看，过去主要是数量扩张和价格竞争，现在正逐步转向以质量型、差异化为主的竞争，统一全国市场、提高资源配置效率是经济发展的内生性要求，必须深化改革开放，加快形成统一透明、有序规范的市场环境。

从资源环境约束看，过去能源资源和生态环境空间相对较大，现在环境承载能力已经达到或接近上限，必须顺应人民群众对良好生态环境的期待，推动形成绿色低碳循环发展新方式。

从经济风险积累和化解看，伴随着经济增速下调，各类隐性风险逐步显性化，风险总体可控，但化解以高杠杆和泡沫化为主要特征的各类风险将持续一段时间，必须标本兼治、对症下药，建立健全化解各类风险的体制机制。

从资源配置模式和宏观调控方式看，全面刺激政策的边际效果明显递减，既要全面化解产能过剩，也要通过发挥市场机制作用探索未来产业发展方向，必须全面把握总供求关系新变化，科学进行宏观调控。

来源：2014 年中央经济工作会议

会议明确指出：“我国经济正在向形态更高级、分工更复杂、结构更合理的阶段演化。”会议进一步提出了经济发展进入新常态的“四大转向”：“正从高速增长转向中高速增长，经济发展方式正从规模速度型粗放增长转向质量效率型集约增长，经济结构正从增量扩能为主转向调整存量、做优增量并存的深度调整，经济发展动力正从传统增长点转向新的增长点。”党的十八届五中全会通过的《中共中央关于制定国民经济和社会发展第十三个五年规划的建议》（以下简称《建议》）从全局性、根本性、方向性和长远性着眼，确立了“十三五”时期我国经济社会发展新理念，即创新、协调、绿色、开放和共享的“五大理念”。认识新常态、适应新常态、引领新常态必须坚持“五大理念”。习近平指出“落实这些发展理念是关系我国发展全局的一场深刻变革”。

可以说，这“三大特点”、“四大转向”、“九大趋向”和“五大理念”已经对经济发展新常态的特点、内涵、发展趋向和发展理念做了科学归纳和总结。

（二）低碳发展是经济发展新常态的必然要求和重要内容

低碳发展与经济发展新常态并行不悖，低碳发展既是经济发展新常态的必然要求，也是经济发展新常态的重要内容。“三大特点”是经济发展新常态的高度概括，这里主要从这三个方面分析经济发展新常态对低碳发展的影响。

1. 中高速经济增长下碳增长率将逐步降低

中国改革开放三十多年来，GDP 增长年均约 10%，只有 3 次连续 2 ~ 3

年低于8%：第一次是1979～1981年，第二次是1989～1990年，第三次是1998～1999年，每次过后又回到了高速增长的轨道上。2008年全球金融危机后，中国经济从2007年的14.2%陡然下降到9.6%，在经济刺激政策作用下，2010年GDP恢复到10.4%，然而从2011年开始，经济又开始下降到9.3%，2012年进一步下降到7.7%，2013年、2014年分别为7.7%和7.3%，2015年为6.9%。无论是从供给侧还是需求侧来看，影响GDP增速的关键要素发生了变化，经济发展进入了新的阶段。预计2016～2020年经济增速在6.5%～7%之间，2020～2030年在5%左右。5%～7%的增长水平相比过去三十多年接近10%的高速增长，有明显的降低，但是作为一个经济体量超过10万亿美元的世界第二大经济体，经济能够在较长时间保持5%～7%的速度，可以称得上中高速增长。

1979～2013年，除了2004年、2005年和2010年三个年份，在大部分年份里碳排放增长率都低于GDP增长率（见图2－1），平均低约4.35个百分点。即便是加入WTO以后，在中国呈高碳发展的年份（2001～2013年），碳排放增长率平均也比GDP增长率低1.7个百分点。很容易预测，随着中国GDP增长率下降到一个阶段，碳排放增长率也会低于这个水平。

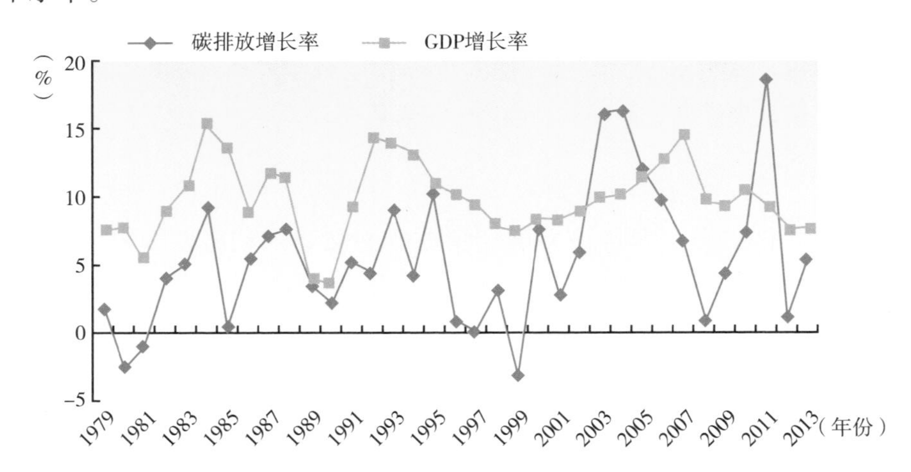

图2－1　1979～2013年中国GDP增长率和碳排放增长率

在经济发展新常态下，经济增长率与碳排放增长率之差甚至会比以前更大，直到碳排放增长率为零。下面是2015～2030年中国经济增长率与碳排放增长率的示意图（见图2－2）。

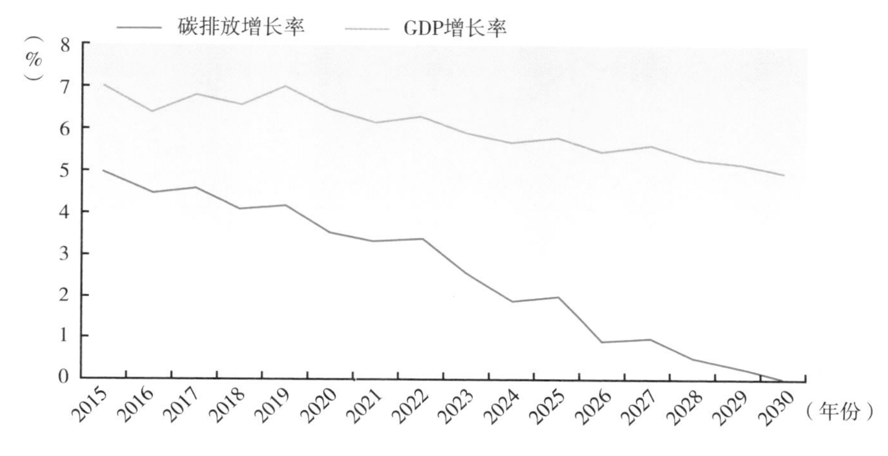

图2－2　2015～2030年中国GDP增长率和碳排放增长率

2. 经济结构调整向高端低碳产业发展

在经济发展新常态背景下，中国经济结构更趋向于去碳化。一是中国的产业结构将向着低碳方向转变。2013年中国第三产业增加值占GDP的比例达到了46.1%，首次超过第二产业（见图2－3）。在1978年、2000年这个数字分别是23.9%和39%。第三产业比例增加主要是压缩了第一产业的比例，三十多年来，第二产业的比例几乎稳定在45%左右。

从2010年开始，第一产业比例开始稳定在10%，未来压缩的空间已经很小。未来第三产业比例会继续稳定上升，第二产业比例会下降。预计至2030年第三产业比例将达到60%，第二产业比例将降到35%。经济也从原来的规模速度型增长向质量效益集约型增长转变，第二产业内部结构也将发生变化，向低能耗方向发展。2015年5月，国务院出台具有里程碑意义的《中国制造2025》规划，该规划明确提出要深入推进制造业结构调整，推动传统产业向中高端迈进，逐步化解过剩产能，促进大企业与中小企业协调发展，进一步优化制造业布局。并且提出，规模以上单位工

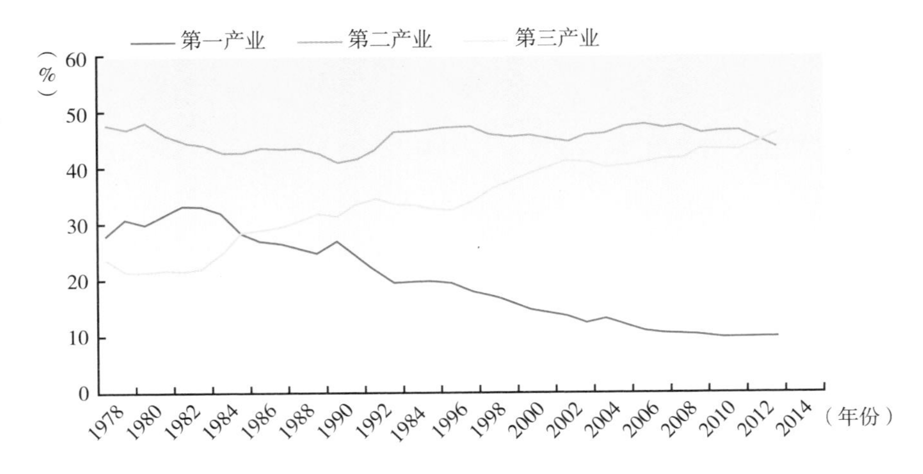

图 2－3　1978～2014 年中国产业结构变动

业增加值能耗下降幅度 2020 年比 2015 年下降 18%，2025 年比 2015 年下降 34%。

3. 创新驱动全面推动碳强度下降

当前，信息技术、生物技术、新能源技术、新材料技术等交叉融合，正在引发新一轮科技革命和产业变革。在全球金融危机后世界主要经济体纷纷提出创新战略，美国出台《创新战略》，欧盟通过《欧洲 2020 战略》，日本推出《数字日本创新计划》。中国也把创新战略放在了前所未有的高度，创新成为中国发展“五大理念”之首。过去中国经济的增长很大程度上来自土地、能源资源等各种要素的投入，即固定资产的投资以及大量从农业转移出来的劳动力。但是资源环境已经过度消耗，在诸多方面达到甚至超过生态承载力，进一步大规模投入的空间已经很小，劳动力人口也开始下降，经济的增长必须转向创新驱动。近年来，中国技术创新速度加快，在国内申请的技术专利数量居世界第一位，国际专利申请量同美国的差距迅速缩小。企业已成为研发投入和技术创新的主体，有力地带动了产业升级。在经济发展新常态下，中国经济增长从原来更多依靠生产要素投入转向更多依靠科技进步的推动，经济增加值更多来源于知识的投入，而不是能源资源的投入，碳强度将大幅降低。另外，从碳减排的三个主要方面来看，发展新能源、节能减排和碳捕集封存都需要科技创新的支撑。

（三）低碳是经济新常态下衡量发展的核心指标

中国正在全球应对气候变化中发挥建设性的领导作用。在2014年的《中美气候变化联合声明》中，中国提出了最有诚意的碳减排目标，到2030年左右达到碳排放峰值。这一承诺作为中国国家自主贡献目标的重要内容提交《联合国气候变化框架公约》秘书处，成为巴黎气候大会成功的关键因素。碳排放峰值目标显示了中国政府应对气候变化的决心。党的十八大报告提出“两个百年”奋斗目标，一个是在党成立一百年时全面建成小康社会，一个是在新中国成立一百年时建成富强、民主、文明、和谐的社会主义现代化国家。如果说以“两个百年”目标作为中国经济发展的目标函数，经济新常态代表了一组发展状态方程的话，那么碳排放峰值就是其中很重要的一个约束条件，今后的发展必须在这个约束条件下发展，即中国走低碳发展道路势在必行。当然，低碳本身也可以作为一个目标函数纳入进来，经济发展新常态为实现低碳发展创造了新机遇。因此，今后中国经济改革开放的尺度，经济发展的方向都需要用是否低碳这把尺子来量一下。近年我国许多地区存在弃电现象，主要放弃的是水电、风电等清洁能源，而同时一些地区还在大力建设火电。从体制的原因、经济的原因都可以解释这些行为。但是，如果从低碳的角度，就不能理解，也不应该发生这样的现象。即便是经济下行弃电，也要保清洁能源，放弃火电。这就需要从低碳约束出发，进行深层次体制改革。

二　以低碳转型促经济新常态发展[①]

应对新常态就是新气候经济视角下中国低碳发展的实践。中国正面临着

① 本节内容主要根据2014年清华大学何建坤等人完成并发布的《中国与新气候经济》报告编写。

一系列重要的选择，而这些选择不仅将塑造中国的未来，也将塑造世界的未来。中国有机会在2030年前跻身高收入国家的行列，并成为全球GDP总量最大的经济体，但需要在未来15年实现可持续的经济增长；中国有机会主导世界新能源与可再生能源的发展，但需要实现能源体系的重大变革，建立安全、高效、清洁、低碳的能源供应与消费体系；中国有机会在全球低碳发展中扮演重要角色，在国际分工体系中向产业链上游移动，但需要进一步限制温室气体排放，管控气候变化带来的风险；中国有机会以环境改善优化经济增长，但需要进一步加强环境管理，提高环境质量。

（一）实现可持续的经济增长

1978年以来，中国连续35年的接近两位数的经济增长速度被世人誉为“中国的奇迹”。然而，这种“高投入、高排放、高污染、高增长”的发展方式总体效率不高，资源与环境代价过高过大，发展的不平衡、不协调、不可持续矛盾非常突出。2009年，中国环境退化成本和生态破坏损失成本合计达13916亿元，约占当年GDP的3.8%。而在污染严重地区，污染损失占GDP的比例更是高达7%以上。近年来，中国各地众多的因环境污染造成的伤亡损失已经诱发多起群体性事件，成为影响社会稳定的诱因。因此，资源环境问题已经成为制约中国经济发展的首要“瓶颈”，加快中国经济发展方式的转型刻不容缓。

《中国与新气候经济》的研究表明，过去三十年中国经济的增长主要动力来源于资本投入与固定资产投资。未来由于投资回报率的降低，投资拉动的高经济增长趋势将不可持续，而资源约束对经济增长的负面影响将逐步显现。中国经济增长的前景很大程度上取决于能否通过技术进步及生产率的提高，部分抵消资源约束对经济增长的负面作用。在乐观的情景下，中国经济虽然仍将回落，但可在近期维持将近7%的增速，并在2030年回落至5%以下。如果中国不能够通过技术进步和提高生产率有效应对资源约束的负面影响，则也有可能进入低速增长的“中等收入陷阱”。

与高碳经济发展方式相比，低碳经济发展方式在经济、社会与环境三个维度都体现出明显的优越性。在经济维度，高碳经济发展方式以自然资源的投入与资本积累作为主要驱动因素，依靠政府主导，投资拉动，以出口为导向，大力发展资源和资本密集型的重工业，服务业严重滞后。在这种发展模式下，人均收入的增长速度远不及人均 GDP 的增速，因此社会产出的增加没有完全转化成为生活水平的提升。在低碳经济发展方式下，经济增长方式转向以提高效率为手段的内涵式发展以及劳动力投入为主的增长方式。高科技、环保与新能源、生物科技、服务业等成为经济增长的主导产业，价值链不断加长，传统的制造业也由过去集中在价值链的中段转向附加值、盈利率更高的两端发展。低碳经济发展方式在就业方面也体现出明显的优越性，中国的要素禀赋决定了适宜中国未来发展的经济增长方式应当是充分利用劳动力优势的增长方式。经济结构由重工业向服务业倾斜可以创造更多的就业岗位，生产性服务业还有助于提高整体国民经济的效率，并且将服务引入生产过程，从而促进社会分工，影响技术创新的方向。在社会维度，尽管高碳经济发展方式下的经济增长迅速，但是财富分配不均问题突出，城乡差异与地区性差异明显。而低碳经济发展方式通过投资反哺自然资本，缓解生态敏感地区的贫困问题，也改善国民环境质量，健康水平，从而提升社会福祉。在环境维度，高碳经济发展方式始终把经济增长作为压倒一切的优先发展目标，而没有在经济增长之初就统筹考虑环境影响与社会效益，采取的措施多是“先发展，后治理；先高碳，后低碳”，使得生态系统不可抗拒地走向崩溃。而在低碳模式下，由于注重人口控制，经济增长方式向“低投入、低消耗、低排放、低污染”转变，生态环境得以持续而长久地支撑社会和经济发展。

（二）建立安全、高效、清洁、低碳的能源供应与消费体系

改革开放以来，中国能源供应的基本特征是以粗放的供给满足过快增长的需求。当需求大于供给时，我国政府的策略往往是单纯增加供应，而不考虑需求是否合理，因此也没有对需求进行控制。进入 21 世纪后，中国的能源需求每年都增加 2 亿吨标准煤。为了尽快增加能源供给，不得不迅速扩大国内煤炭资源开采规模，同时增加石油、天然气的进口量，而水能、核能等

非化石能源则由于需要较长的筹备和建设周期，难以应对这种超常规增长而被忽视。中国日益枯竭的能源供应能力以及全球的能源天花板、能源安全隐患、能源成本攀升、煤炭的开发利用所导致的资源环境危机与巨大健康危害都决定了当前这种粗放式的“按需定供”的能源供应方式将难以为继。中国未来发展的出路是引导合理的能源需求，从而达到科学供应与合理需求的平衡。中国能源消费总量的过快增长、能源利用效率偏低以及日益严峻的能源安全形势，要求必须建立安全、绿色、高效的能源供应与消费体系，这是中国未来应对气候变化问题的必由之路。

节能和提高能效是当前能源变革的首要选择，应把能源节约放在比开发更优先的地位。这不仅因为能源的节约比开发具有显著的节约资源、改善环境的效果，也因为其更具有明显的成本优势和经济效益，而且节能潜力巨大，对未来满足新增能源服务需求比增加能源开发有更大作用，因此视节能为“第一大能源”。发达国家大都制定了先进能效标准的节能目标。例如，欧盟提出到2020年能效比1990年提高20%的目标，德国进一步提出一次能源总消费到2020年和2050年分别比1990年减少20%和50%的目标，而经济社会仍将持续发展。美国也提出轻型乘用车燃油经济性到2020年左右将比目前提高80%，减排CO_2达40%以上的技术标准，同期商业和工业建筑能效也将提高20%。

全球风能、太阳能、生物质能和地热能等非水可再生能源供应量2013年比2005年增长3.3倍，年均增速16%，远高于全球能源总消费量2.2%的增速。全球已出现以新能源和可再生能源为主体的新型低碳能源体系逐渐取代以化石能源为支柱传统高碳能源体系的变革潮流，可再生能源技术和产业将面临快速发展的新局面。在化石能源中，天然气是比煤炭、石油更为清洁、高效的低碳能源，其产生单位热量的CO_2排放比煤炭低40%以上，用天然气替代煤炭也是促进能源结构低碳化的重要选择。

我国是煤炭消费大国。在未来的一段时间内，煤炭仍将在能源结构中占比最大。因此，发展清洁煤炭技术，促进煤炭高效利用，实现化石能源的清洁生产是降低温室气体排放的重要手段。近年来，我国大容量火电机组的技术不断提升，燃煤电厂的污染排放和供电煤耗逐渐下降。目前我国的“外三”电厂是世界上最清洁和最高效的燃煤发电厂，2014 年我国 6000 千瓦及以上电厂供电标准煤耗已达到 318 克/千瓦时。2015 年工信部与财政部联合编制了《工业领域煤炭清洁高效利用行动计划》，其主要目标为：到 2017 年，实现节约煤炭消耗 8000 万吨以上，减少烟尘排放 50 万吨、二氧化硫排放 60 万吨、氮氧化物排放 40 万吨。

受西方文化影响，越来越多的中国城镇居民向往美国式的生活方式，希望拥有大面积的住房和大排量的汽车，这必将导致居民建筑交通等生活领域的用能需求的快速增长（见表 2－1）。此外，高强度的投资以及高能耗、高污染、低附加值产品的出口也导致了能源需求的急速增长。例如，大拆大建的做法使得基础设施的能源需求成倍增加。以科学的供给满足合理的需求，需要倡导节约文化，压制奢侈性消费、重复投资、高能耗产品出口，在此基础上明确限制化石能源尤其是煤炭的产能，调整能源供应结构。

表 2－1　美国、日本和中国的人均能耗与生活方式对比

	人均能耗（吨标准煤）	人均用电（万千瓦时）	每个家庭平均汽车拥有量（辆）	人均年行驶距离（万千米）	人均住房面积（平方米）
美国	9.7	1.4	2.4	3.0	62
日本	5.1	0.7	1.2	1.1	34
中国	3.1	0.3	0.25	n. a.	36

资料来源：人均能耗数据来自世界银行在线数据库，http://data.worldbank.org.cn/indicator；其他数据来自杜祥琬：《气候变化的深度：应对气候变化与转型发展》，《中国人口资源与环境》2013 年第 9 期。

除满足国内生产生活需要外，由于我国经济长期依靠贸易拉动，出口商品的隐含能和隐含碳占能源消费和碳排放比重较大。2005 年以来，我国约 1/4 的能源消耗和碳排放是为了生产满足其他国家消费产品而导致的，近年来这一比例有所下降但仍维持在 18% 左右，出口商品的内涵排放主要流向亚洲（约 40%）、欧洲（约 27%）及美国（约 20%）。减少生产过程中高

资源消耗及高污染的低端“中国制造”产品的出口，全面转向以先进技术和先进生产工艺为主的高端“中国制造”产品的出口，同样是减少能源消费的重要环节。

（三）实现经济、能源与环境的协同治理

伴随着经济快速发展和城镇化建设，大气污染在中国东部地区日益加剧，已成为制约中国经济和社会可持续发展的瓶颈。中国大气污染的突出特点是高浓度颗粒物污染，导致大气雾霾事件在许多地区频繁出现，其中又以京津冀、长三角、珠三角大气污染最为严重。《中国与新气候经济》研究显示，煤炭是中国 $PM_{2.5}$的重要排放源，在京津冀、长三角、珠三角等重污染区域，煤炭的贡献率在 50% ~70% 之间。如果中国保持目前节能减排和环保政策的力度，到 2030 年，除珠三角能基本实现空气质量全面达标外，长三角和京津冀地区的主要城市依然难以达标。即便是采取最为严格的末端处理措施，在不进一步加强节能减排力度的情况下，到 2030 年仍然有接近半数的城市存在空气质量不达标的风险。能源和经济的结构性问题是这些地区空气质量难以达标的主要原因。

我国环境管理自 20 世纪 70 年代初起步以来，经历了三个阶段：初期的污染物达标排放阶段，中期的总量控制阶段，“十二五”时期的环境质量改善转型升级阶段。“十一五”时期，我国环境管理模式以主要污染物总量减排为核心，采用目标责任制方式，通过减排目标自上而下地层层分解，定期统计、监测和考核，取得了积极进展。但是随着公众对污染问题敏感度的提高，污染物总量控制这种“过程控制”管理模式已经越来越无法满足民众对环境质量的需求，传统的环境监测评价结果与公众主观感受之间的差异就逐渐显现。因此，环境管理重心从“过程控制”的总量控制走向“结果控制”的环境质量改善已成为必然趋势。

自“十二五”起，中国计划用 20 年左右的时间完成总量控制向质量改善的战略转型。2011 年，国务院印发了《国家环境保护“十二五”规划》（以下简称《规划》）。《规划》作为国家“十二五”规划的重要组成

部分，首次在五年规划中提出了定量的环境质量指标，其中之一是地级以上城市（333 个）达到国家二级空气质量标准的比例要大于 80%，较 2010 年的 78.4% 的目标提高 1.6 个百分点，到 2015 年比 2010 年增长 8 个百分点。考虑到当前大气污染的复合型特点，《规划》提出在大气污染控制方式上由“十一五”期间以实现二氧化硫减排为主要目标转向“实施多种大气污染物综合控制”。通过协同控制多种污染物，不但可以减少一次污染物的浓度，还可以有效控制二次污染物的形成。而针对大气污染的区域性特征，《规划》也构建了区域联防联控的工作机制。《规划》的发布，标志着中国大气污染防治工作的目标导向正逐步由污染物总量控制向改善环境质量转变。

三 “十二五”：低碳转型加速期

（一）经济发展迎来新常态，碳排放增长趋势明显放缓

“十二五”是中国低碳发展进程中不平凡的五年，这一时期，碳排放总量增长趋势明显放缓。2005～2010 年，中国能源消费总量年均增长近 2 亿吨标准煤，碳排放年均增长 3.8 亿吨，一举成为世界上碳排放总量最大的国家。“十二五”期间，特别是 2012 年之后，中国的能源消费和碳排放总量增长明显放缓。2012～2014 年，能源消费总量年均增长 1.2 亿吨标准煤，碳排放年均增长 2 亿吨左右，年均增长速度降至“十一五”期间的 60% 左右（见图 2－4）。碳排放增速的下降，增强了中国 2030 年左右实现碳排放峰值的信心。

根据 KAYA 公式，碳排放增长的驱动力可以分解为四个因素：人口、人均 GDP、单位 GDP 能耗强度、单位能源碳排放。在这四个因素中，经济增速的放缓成为碳排放增速放缓的关键性因素（见图 2－5）。2010 年以来，中国的 GDP 增长率连续下降，2014 年降到 7.4%，达到 1991 年以来的最低水平。“十二五”时期，中国逐渐把经济发展的重心由数量向质量转变，经济新常态开启了中国低碳发展的新篇章。

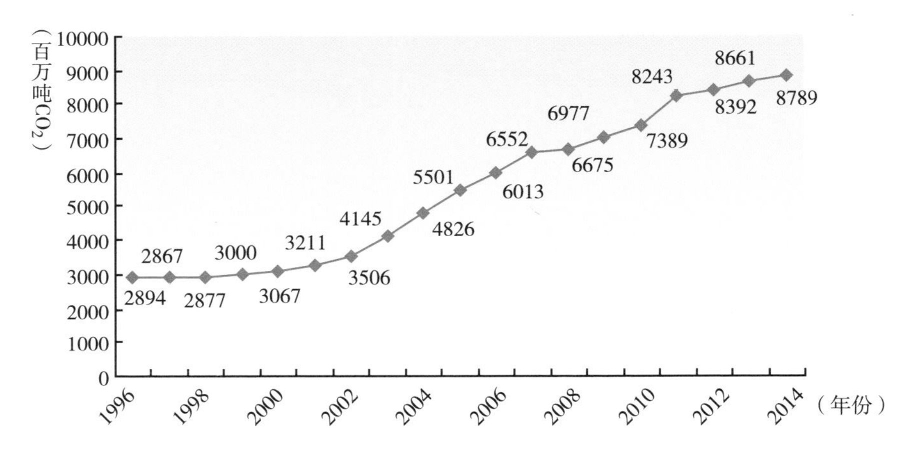

图 2－4　与中国能源相关的碳排放变化趋势

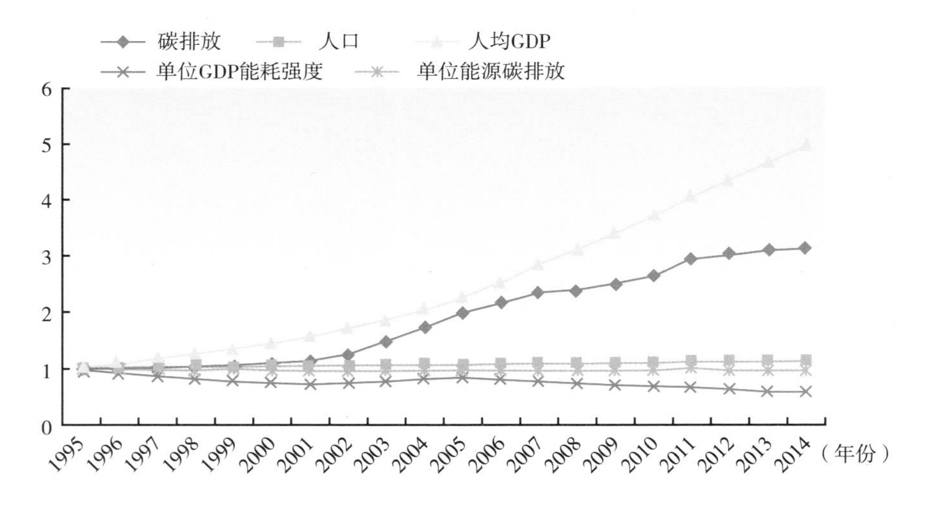

图 2－5　1995～2014 年中国碳排放增长的驱动力变化情况

注：以 1995 年作为基年，纵坐标表示各年的碳排放、人口、人均 GDP、单位 GDP 能耗强度、单位能源碳排放与 1995 年数值的比值。

（二）单位 GDP 能耗持续下降，结构调整发挥重要作用

降低单位 GDP 能耗是中国低碳发展战略中的一项核心内容。1980～2014 年，中国的能源强度下降了 70% 左右，能源强度下降已成为减缓中

国碳排放的决定性因素。“十二五”前四年，中国单位 GDP 能耗由 0.882 吨标准煤/万元（2010 年不变价）下降到 0.764 吨标准煤/万元，下降了 13.4%，距离“十二五”提出的单位 GDP 能耗下降 16% 的目标只有 3% 左右的差距。

在过去的几十年，技术进步始终是推动中国能源强度下降的主要因素。“十二五”期间，结构调整开始发挥越来越重要的作用。按当年价格计算，2012 年第三产业增加值在经济结构中的占比首次超过第二产业，根据佩蒂－克拉克定律，标志着中国已成为以服务业为主的经济体，经济发展格局进入一个崭新的时代。2014 年，第三产业增加值占 GDP 的比重达到 48.1%，较 2010 年提高了 3.9 个百分点，距“十二五”提出的“服务业增加值占国内生产总值的比重较 2010 年提高 4 个百分点”仅一步之遥。

工业部门占中国能源消费的 70% 以上，其对能源强度的持续下降具有举足轻重的作用。长期以来，工业部门，特别是高能耗行业的经济增速快于 GDP 的平均增速，不利于能源强度的整体下降。“十二五”以来，受全球金融危机的影响，中国工业部门经济增速逐步放缓。从六大高能耗行业的增速来看，电力工业和黑色金属冶炼业（钢铁工业）、非金属矿物制品业（建材工业）下降明显（见图 2－6）。从能源消费来看，2010～2013 年，建材工业能源消费总量占全国能源消费的比重由 9.01% 下降到 8.77%，钢铁工业由 18.54% 下降到 16.51%，六大高能耗行业整体由 52.44% 下降到 50.77%。高能耗行业在经济、能源结构中整体性下降，结构因素在能耗强度下降中发挥了重要作用。

“十二五”时期，技术进步依然是促进能耗强度降低的主导因素。工业领域，2010～2014 年，火电厂发电煤耗由 312 克标准煤/度下降到 300 克标准煤/度，供电煤耗由 333 克标准煤/度下降到 318 克标准煤/度。2010～2013 年，钢可比能耗由 681 千克标准煤/吨下降到 662 千克标准煤/吨；电解铝交流电耗由 13979 千瓦时/吨下降到 13740 千瓦时/吨；水泥综合能耗由 134 千克标准煤/吨下降到 125 千克标准煤/吨；乙烯综合能耗由 950 千克标准煤/吨下降到 879 千克标准煤/吨；合成氨综合能耗由 1587 千克标准煤/吨

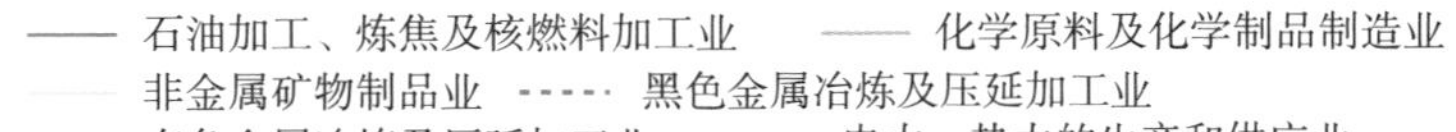

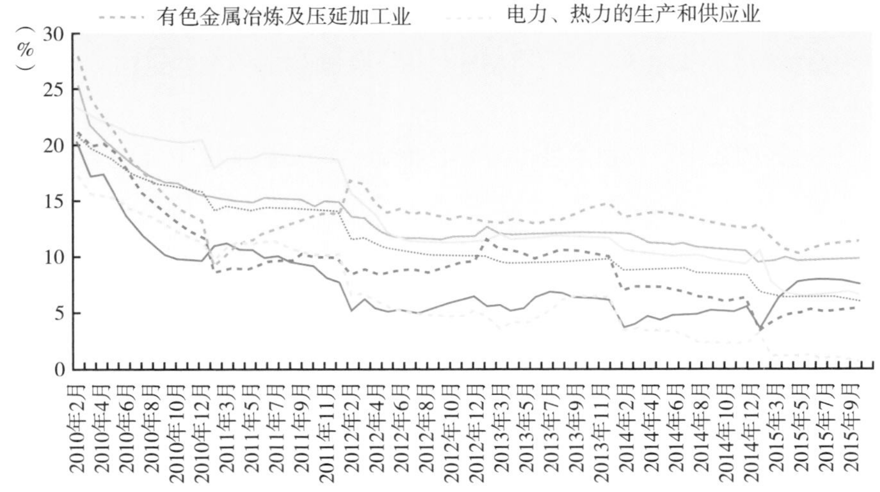

图 2－6　六大高能耗行业“十二五”时期的增长速度

资料来源：国家统计局。

下降到 1532 千克标准煤/吨。建筑领域，经过近年来的不断发展，全国城镇累计建成节能建筑面积 105 亿平方米，约占城镇民用建筑面积的 38%，形成 1 亿吨标准煤节能能力。“十二五”前四年，累计完成建筑节能改造 8. 3 亿平方米，超额完成“十二五”期间 7 亿平方米的改造任务。交通领域，与 2013 年相比，2014 年营运车辆单位运输周转量能耗下降 2. 4%，营运船舶单位运输周转量能耗下降 2. 3%。

（三）可再生能源跨越式发展，煤炭峰值或已到来

资源禀赋决定了中国以煤为主的能源结构。在能源总量增速较为平缓的时期，煤炭在中国一次能源结构中的比重呈现下降趋势。在能源消费总量增速较快的时期（2002～2009 年），煤炭在一次能源结构中的比重有所反弹。总体来看，过去较长时间内，能源结构变化对碳排放的贡献并不显著。

“十二五”期间，中国的能源结构逐渐显示出天翻地覆的变化趋势（见图 2－7）。从全社会能耗来看，2014 年煤炭消费量较 2013 年下降 2. 9%，

这是近几十年来煤炭消费总量的首次下降，中国煤炭消费的峰值或许已经到来。从能源消费结构来看，“十二五”期间，煤炭在能源消费中的比重不断下降，从2010年的69.2%下降到2014年的66%，下降了3.2个百分点，达到历史最低水平。与此同时，天然气、非化石能源在能源消费结构中的比重大幅度上升。2010～2014年，天然气消费占比由4.0%上升到5.7%，而非化石能源由9.4%上升到11.2%，距“十二五”提出的“非化石能源占比达到11.4%”只差0.2个百分点。能源结构的持续优化，使2014年单位GDP二氧化碳排放比2010年累计下降15.8%，超过能耗强度下降2.4个百分点，“十二五”有望超额完成下降17%的目标。

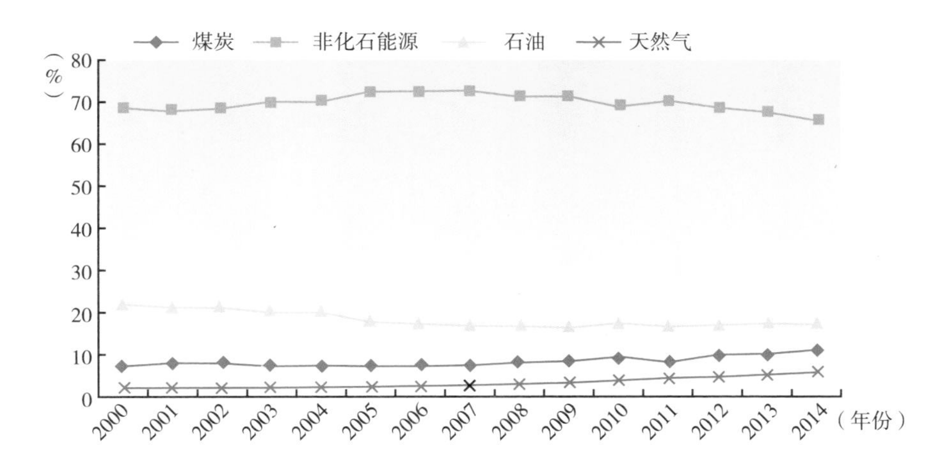

图2－7　中国能源结构的变化

从电力装机容量来看，尽管火电装机容量仍然呈现逐年增长的趋势，但其在电力装机容量中的比重呈现明显的下降趋势。“十二五”前四年，火电装机容量由7.1亿千瓦猛增到9.2亿千瓦，但占装机容量的比重由73.4%下降到67.4%（见图2－8）。与此同时，水电、核电、风电、太阳能发电等低碳能源在中国飞速发展。2010～2014年，水电、核电、风电、太阳能装机容量分别增长了41%、85%、226%、9604%。电力装机呈现越来越明显的低碳化趋势，2010～2013年，每度电的平均碳排放由652 gCO_2/kWh下降到624 gCO_2/kWh。

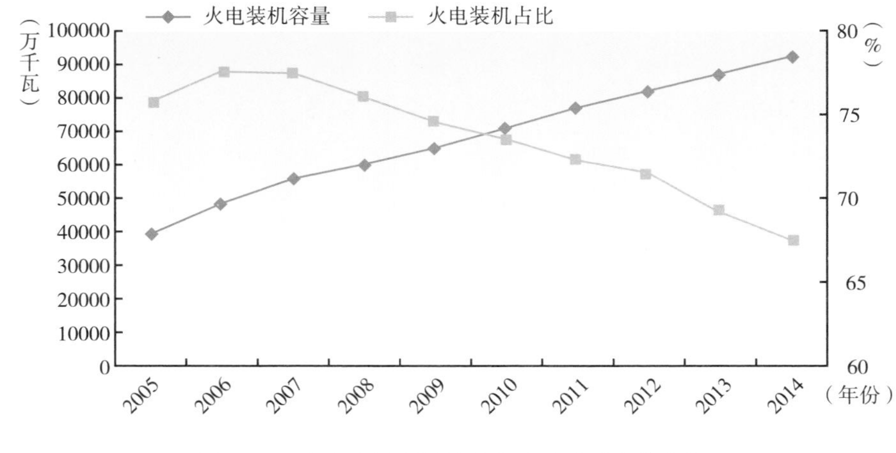

图 2－8　火电装机容量及其在电力装机中的占比

（四）制度基础不断稳固，开启低碳发展新时代

“十二五”期间，中国首次将“单位 GDP 碳排放下降 17% 左右”纳入五年规划，低碳发展的制度基础进一步稳固。首先，低碳发展的顶层设计逐步完善，先后提出了推动能源生产和消费革命、生态文明制度建设战略，提出在“2030 年左右实现碳排放峰值，非化石能源比重提高到 20% 左右”的具体目标，从而使中国中长期低碳发展之路更加明确。“十二五”时期，低碳发展自下而上的驱动力增强，公众对绿色、低碳的向往与日俱增。环境保护，特别是雾霾治理对低碳发展形成了倒逼机制。降低煤炭消费总量成为雾霾治理的发力点，进一步促进了低碳发展。为防治大气污染，煤炭消费减量化逐渐成为社会共识。宏观战略与民众愿望共同推动了低碳发展的制度基础建设。

“十二五”期间，以行政命令为主的政策手段与蓬勃发展的市场化机制共存。目标责任制依然是这一时期最主要的制度安排，国家与省级政府、省级政府与市级政府之间，通过目标责任制的形式将国家的“万元 GDP 能耗强度下降 16%，碳排放强度下降 17%”目标逐级分解。同时，通过目标责任制的形式，开展万家企业节能低碳行动，对企业的节能减碳目标进行考核。在完善目标责任制的同时，“十二五”期间中国的节能低碳标准体系进一步建立。国家发展改革委、质检总局和国家标准委全力推进实施“百项能效标准推进工程”，截至 2015 年 9 月，共发布强制性能耗限额标准 105 项，强制性产品能效标准 70 项。“十二五”期间，以碳交易为标志的市场机制进一步形成。2011 年 10 月，国家在北京、上海、天津、重庆、广东、深圳、湖北 7 个区域开展碳排放权交易试点。截至 2014 年底，7 个碳排放权交易试点共纳入控排企业和单位 1900 多家，分配碳排放配额约 12 亿吨；截至 2015 年 8 月底，7 个试点累计交易地方配额约 4024 万吨 CO_2，成交额约 12 亿元；累计拍卖配额约 1664 万吨 CO_2，成交额约 8 亿元。为活跃碳市场，试点不断扩大交易主体，并开发以地方配额或中国核证自愿减排量（CCER）为标的的碳金融产品和业务。碳排放权交易试点的顺利开展为国家碳交易体系的建立奠定了基础。

“十二五”期间，中国积极开展低碳城市、低碳工业园区、低碳社区、低碳城（镇）、绿色交通等试点，从不同层次、不同领域探索低碳发展路径和模式，为全社会的低碳发展积累了宝贵的实践经验。两批共 42 个试点省市均已明确提出峰值目标或正在研究提出峰值目标，其中大部分省市提出的峰值年份在 2025 年及 2025 年以前。2014 年，工业和信息化部与国家发展改革委公布了第一批 55 家国家低碳试点工业园区。试点园区通过推广可再生能源，加快传统产业低碳化改造和新型低碳产业发展，实现园区单位工业增加值碳排放大幅下降。2015 年，国家发展改革委印发《低碳社区试点建设指南》，对城市新建社区、城市既有社区、农村社区的试点选取要求、建设目标、建设内容及建设标准进行分类指导。同年，国家发展改革委印发《国家发展改革委关于加快推进国家低碳城（镇）试点工作的通知》，选定广东深圳国际低碳城、广东珠海横琴新区、山东青岛中德生态园、江苏镇江官塘低碳新城、江苏无锡中瑞低碳生态城、云南昆明呈贡低碳新区、湖北武汉华山生态新城、福建三明生态新城作为首批国家低碳城（镇）试点。城市、园区、社区、城镇等各级试点体系的完善，为中长期的低碳发展积累了宝贵经验。

四 “十三五”：低碳转型机遇期

“十三五”时期将是我国经济发展的重要时期，也是兑现国内和国际承诺、实现低碳转型的关键时期。未来五年是全面建成小康社会的冲刺阶段，该时期规划的核心目标是全面建成小康社会，国民生产总值比2010年翻一番。然而，要如期实现这个百年目标绝非易事。一方面，在经济发展新常态的背景下，虽然我国仍然保持着中高速增长，但是仍面临着发展水平失衡、增长模式粗放、过度依赖投资、部分高耗能产业产能严重过剩、资源约束加强、生态环境恶化等问题。另一方面，“十三五”时期将是中国实现哥本哈根会议承诺的最后阶段，也是实现《巴黎协定》应对气候变化目标的奠基期。总的来说，我国需要在“稳增长、保质量、调结构、促转型”思想的指导下，为全面建成小康社会做最后的冲刺，并为实现2030年《巴黎协定》对应气候变化目标做好充分的准备。

（一）低碳发展指标明确，兑现哥本哈根承诺

在全面建成小康社会的前提下，从国内生产总值翻一番的目标看，“十三五”期间经济年均增长底线是6.5%以上。在2009年的哥本哈根气候大会上，中国做出了关于应对气候变化的承诺，并将其纳入“十二五”规划中。“十三五”时期低碳发展指标将继续围绕兑现以上承诺，制定单位GDP能耗、单位GDP二氧化碳排放、非化石能源占一次能源消费比重和森林蓄积量等指标。

首先，继续降低单位GDP二氧化碳排放和单位GDP能耗仍是低碳发展的核心内容。根据我国在哥本哈根协议中的承诺，到2020年，将实现单位GDP二氧化碳排放比2005年下降40%～45%。目前来看，“十二五”期间单位GDP碳排放累计下降达19%左右，照此计算，完成2020年目标需要在2015年的基础上再降10%～18%，单位GDP能耗只需下降13%左右，即可按时完成目标。届时单位GDP碳强度将达1.38～1.27kg/美元（2005年不

变价）[1]。

其次，在清洁能源方面，我国提出到2020年非化石能源在一次能源构成中的比重达到15%。截至2014年，我国非化石能源比重达到11.1%，接近完成“十二五”规划的11.4%的目标。在此基础上，“十三五”期间非化石能源比重需要增加4.6%才能如期完成目标。国务院公布的《能源发展战略行动计划（2014～2020年）》（以下简称《能源计划》）提出，2020年我国一次能源消费总量将控制在48亿吨标准煤左右，据此推算，届时我国非化石能源消费将达到7.2亿吨标准煤以上。

最后，碳汇方面，我国已提前完成哥本哈根会议承诺的目标。国家林业局第八次全国森林资源清查结果显示，截至2013年底，我国森林蓄积量为151亿立方米。因此，“十三五”期间我国碳汇水平将以巴黎大会的承诺为基础设定新目标。据此计算，到2030年，我国森林蓄积量需要增加31亿立方米，即平均每年增加约1.94亿立方米。依此计算，“十三五”期间我国森林蓄积量需增加9.7亿立方米。

（二）迈向2030，逐步实现煤炭消费和碳排放总量控制目标

“十三五”时期的国际环境发生了深刻变化，《巴黎协定》的签署表明了世界正在进入气候变化全球治理的时代。在保证经济发展的前提下，着手实现巴黎国际气候承诺，是“十三五”期间我国能源战略和低碳发展规划的重要任务。2014年11月，习近平主席与奥巴马总统会晤期间，签署了《中美气候变化联合声明》，首次给出了中国二氧化碳排放达峰的时间表，并在次年的《中美元首气候变化联合声明》中重申了中国解决气候变化问题的决心和目标，为推动气候全球治理做出了历史性贡献。2015年11月底，在巴黎联合国气候大会上，习近平主席向世界重申了中国国家自主贡献目标，承诺“将于2030年左右使二氧化碳排放达到峰值并争取尽早实现，2030年单位国内生产

---

[1] EIA数据显示，在2005年，中国单位GDP二氧化碳排放量为2.3kg/美元。http://www.eia.gov/cfapps/ipdbproject/iedindex3.cfm?tid=91&pid=46&aid=31&cid=regions&syid=2005&eyid=2011&unit=MTCDPUSD.

总值二氧化碳排放比2005年下降60%～65%，非化石能源占一次能源消费比重达到20%左右，森林蓄积量比2005年增加45亿立方米左右”（见表2－2）。

我国将把2030年目标分解到未来三个五年规划中，相应内容都将在规划中体现。因而，“十三五”规划中将可能细化煤炭消耗总量和碳排放总量的范围和目标。控制煤炭消耗是治理空气污染和控制二氧化碳排放的前提。目前京津冀、珠三角、长三角和一些空气污染严重的地区已经制订了煤炭总量控制计划和二氧化碳排放达峰时间表，国务院发布的《能源发展战略行动计划（2014～2020年）》中明确提出将拓展区域煤控项目，把2020年的煤炭消费控制在42亿吨左右①，一个全国范围内的煤炭消费总量控制呼之欲出。此外，在控制煤炭消耗的同时，对二氧化碳排放进行相应的联动控制也在情理之中。

表2－2 “十三五”主要指标

指标	“十三五”指标(预测)
GDP增长率	不低于6.5%
煤炭消耗总量不高于	42亿吨左右
二氧化碳排放总量不高于	未知
单位GDP能耗下降	13%以上
单位GDP二氧化碳排放下降	下降10%～18% 达1.38～1.27kg/美元
非化石能源比重	大于15%
森林蓄积量	增加9.7亿立方米

资料来源：习近平：《关于〈中共中央关于制定国民经济和社会发展第十三个五年规划的建议〉的说明》；国务院办公厅：《能源发展战略行动计划（2014～2020年）》。

（三）能源结构多元化，煤炭占比稳步下降

在能源方面，我国将控制能源消费总量，重点限制煤炭消费，并增加天

① 资料来源：国务院办公厅：《能源发展战略行动计划（2014～2020年）》。鉴于国家统计局于2015年对煤炭消费数据进行了调整，故此数字可能有所提高。

然气和非化石能源消费，减少原油比重，使能源结构趋向多元化。国务院在《能源发展战略行动计划（2014～2020年）》中提出，到2020年，一次能源消费总量控制在48亿吨标准煤左右，其中煤炭消费占一次能源消费比重控制在62%以内，天然气比重达到10%以上，石油比重达到13%左右，非化石能源比重达到15%以上（见图2－9）。

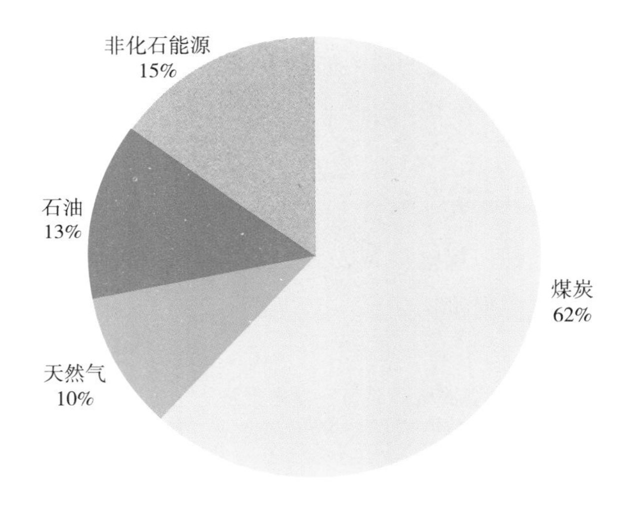

图2－9　2020年中国能源结构预测

资料来源：国务院办公厅：《能源发展战略行动计划（2014～2020年）》。

在新常态背景下，“十三五”期间的电力需求增速将大幅下降。一方面，随着产业结构逐步转型，耗电量高、比重大的第二产业将持续衰退或转移，第二产业用电量将有所下降，第三产业用电量将快速上升；另一方面，随着城镇化继续发展，电气化程度不断加深以及人民生活水平实现全面小康，居民用电将会持续上升，并与第三产业共同逐渐取代第二产业成为推动电力需求增长的主要动力。然而，由于第三产业能耗较低，居民用电增长潜力也相对有限，因此，“十一五”和“十二五”期间全社会用电增速8%甚至10%以上的阶段已经一去不复返了。从2014年和2015年前十个月的用电数据来看，未来电力需求增长将持续低迷，“十三五”期间年均电力需求增长将可能维持在1% ~2%。据此推算，2020年的全社会用电量会在5.86亿~6.16亿千瓦时之间。

在电力装机方面，已发布的中央文件规定，到2020年，天然气装机将达到1亿千瓦，常规水电装机将达到3.5亿千瓦左右，核电装机容量将达到5800万千瓦，生物质能装机将达3000万千瓦，风电和光伏装机将分别达到2亿千瓦和1亿千瓦左右，并有可能进一步提升（分别至2.5亿千瓦和1.5亿千瓦）。在落实国家已明确的清洁能源发展目标的基础上，按燃煤电厂每年运行5300小时（过去十年平均水平）计算，煤电合理装机规模为5.82亿~6.37亿千瓦左右（见表2-3）。事实上，截至2015年11月，中国煤电装机规模已经达到9.6亿千瓦。换言之，现有煤电容量已经严重过剩，未来5年已经不需要再上马任何煤电项目，火力发电平均小时数将被进一步压缩，有些火电可能面临提前退役。

表2-3 “十三五”末期各类能源装机、发电量及“十三五”期间年均发电小时数

种类	装机(亿千瓦)	发电量(亿千瓦时)	发电小时数
水电	3.5	1.4	3500
风电	2	0.46	2000
太阳能	1	0.14	1200
生物质能	0.3	0.08	2200
核电	0.58	0.52	7800
天然气	1	0.34	3000
煤电	5.82~6.37	3.52~3.85	5300
总量	14.20~14.75	5.86~6.16	/

资料来源：国务院办公厅：《能源发展战略行动计划（2014~2020年）》、国家发展改革委员会：《国家应对气候变化规划（2014~2020年）》。

（四）机遇与挑战并存

“十三五”是一个机遇与挑战并存的时期。对低碳发展而言，这一时期蕴含的机遇主要体现在以下几个方面：

第一，经济发展新常态带来了前所未有的产业转型和能源转型的机遇。

产业转型，尤其是以高耗能产业为主的第二产业减速为节碳减排腾出了空间，多年形成的过度依赖重工业的增长模式已达极限，若要保持增长，只能另辟蹊径，发展低碳经济。事实上，在新常态下，低碳路径不仅是合理选择，更是我国实现可持续发展的必由之路。

第二，“十三五”将是制度完善的时期。在立法层面，除了2014年通过的新《环境保护法》之外，《大气污染防治法》将于2016年1月1日开始实施，《国家应对气候变化法》也正在积极讨论中，它们将为低碳发展提供坚实的法律保障。在制度建设方面，中国将在2017年建立全国碳排放交易市场，利用市场机制优化资源配置，有效促进节能减排，降低减排成本。

第三，“十三五”还是体制改革的时期。一方面，国家将重启新一轮电力体制改革，完善定价机制，推进电力市场建设，进行无歧视电网开放，使电价充分反映电力成本，减少弃水弃风现象，提高清洁能源利用率，为完成既定目标提供有力保障。另一方面，国际油气价格持续走低，为我国油气体制改革创造了有利条件。IEA预测显示，未来五到十年油价会维持在一个相对较低的水平，我国可以抓住机遇，削减补贴，改革定价机制，改善油品，促进市场化，实现价格与国际油价接轨。同时，低价天然气还可以促进LNG重型卡车使用，对减少碳排放、改善空气质量有很大帮助。

第四，智能电网、储能、能源互联网等新技术、新概念将进一步发展、完善，为进一步提升可再生能源的利用率和电网安全性提供保障。

第五，“一带一路”战略和亚洲基础设施投资银行将协助中国企业“走出去”，将在一定程度上促进消化国内过剩产能，有助于稳定增长。值得注意的是，与该战略相关的生产活动和基础设施建设是坚持绿色低碳路径还是走原有的高碳之路将对国内、相关国家，乃至世界的经济、能源和全球气候产生决定性影响。

“十三五”期间的低碳发展也面临着重大挑战。

第一，未来五年经济下行趋势依然明显，稳增长促转型的压力进一步加大。在此经济环境下，如何改变投资和出口拉动的经济增长方式，改变不可持续的粗放经济增长模式是一个摆在中央和地方政府面前的重要问题。在新常态和稳增长的双重压力下，地方政府对投资的依赖有增无减，盲目加快上马大型能源项目成为拉动经济增长的重要手段。从经济学的角度讲，地方政府的这种行为是典型的搭便车，往往会造成全国整体的损失。

第二，如何在经济下行的环境中下决心治理污染是一个摆在政府面前的严肃挑战。“十二五”期间，空气污染问题日益严峻，灾害性事件时有发生，给人民的健康造成严重损害，因此，大气污染治理刻不容缓。

第三，现有法律、政策和应急机制落后，对应对日益严重的污染和灾害作用有限力度不够。虽然新《环境保护法》较旧法有所完善，但在全国范围内仍存在着体制不顺畅、机制不健全、有法不依、执法不严等问题，尤其体现在基层执法力度严重不足。

第四，煤电严重过剩挤占可再生能源利用空间，阻碍相关目标按时完成。绿色和平组织在 2015 年 11 月发表的《中国煤电产能过剩与投资泡沫研究》中指出，中国煤电领域里存在着严重的投资过剩，规模高达 174 亿美元。仅 2015 年 1 ~9 月，各级政府共审批通过 155 个煤电项目，总装机量高达 1.23 亿千瓦。这种盲目投资造成了大量浪费，使本该流向新能源或其他领域的资金流向煤炭，导致产生了更多的碳排放，也使得多余的火电挤占了可再生能源的利用空间。此外，随着煤电机组发电小时数低于设计临界值，每度电煤耗也会有所上升，导致不必要的碳排放。

第五，页岩气开采量大幅提升面临体制约束。2015 年，中国页岩气产量为 51 亿立方米，远低于“十二五”规划的 65 亿立方米目标。根据国际经验，页岩气开采技术突破主要依赖于灵活的市场和竞争。然而，中国在页岩气开发领域仍然依赖少数大型国有企业进行技术攻坚，导致开发技术发展缓慢，成本居高不下，使得页岩气资源很难广泛利用。

参考文献

1. EIA：International Energy Statistics，http：//www.eia.gov/cfapps/ipdbproject/

iedindex3. cfm? tid = 91&pid = 46&aid = 31&cid = regions&syid = 2005&eyid = 2011&unit = MTCDPUSD，2015 - 12 - 22。

2. 常纪文：《新环保法实施，多少成效？多少问题?》，http：//www. chndaqi. com/news/234042. html，2015 - 12 - 10。

3. 国务院办公厅：《能源发展战略行动计划（2014 ~ 2020 年）》，http：//news. xinhuanet. com/energy/2014 - 11/20/c_ 127231835. htm，2014 - 11 - 20。

4. 国家发展改革委员会：《国家应对气候变化规划（2014 ~ 2020 年）》，http：//www. sdpc. gov. cn/zcfb/zcfbtz/201411/t20141104_ 642612. html，2014 - 11 - 04。

5. 何建坤、滕飞、齐晔等：《中国与新气候经济》，2014。

6. 绿色和平组织：《中国煤电产能过剩与投资泡沫研究》，http：//www. greenpeace. org. cn/coal - power - overcapacity - and - investment - bubble，2015 - 11 - 18。

7. 王心馨：《复制美国页岩气并不容易：中国今年页岩气产量可能低于预期》，http：//www. thepaper. cn/www/v3/jsp/newsDetail_ forward_ 1407462，2015 - 12 - 10。

8. 《第八次全国森林资源清查结果显示：我国森林蓄积量达 151 亿立方米》，新华网，http：//news. xinhuanet. com/politics/2014 - 02/25/c_ 119488263. htm，2015 - 02 - 25。

9. 《习近平在气候变化巴黎大会开幕式上的讲话》，《新华每日电讯》2015 年 12 月 1 日。

10. 《中共中央关于制定国民经济和社会发展第十三个五年规划的建议》，新华网，http：//news. xinhuanet. com/ziliao/2015 - 11/04/c_ 128392424_ 5. htm，2015 - 11 - 04。

11. 习近平：《关于〈中共中央关于制定国民经济和社会发展第十三个五年规划的建议〉的说明》，《新华每日电讯》2015 年 11 月 4 日。

12. 中国电力企业联合会：《2015 年 1 ~ 10 月全国电力工业统计数据一览表》，http：//www. cec. org. cn/guihuayutongji/tongjxinxi/yuedushuju/2015 - 11 - 17/145493. html，2015 - 11 - 17。

13. 《“十三五”节能减排指标有望调整》，中国煤炭资源网，http：//www. sxcoal. com/coal/4234082/articlenew. html，2015 - 09 - 11。

14. 《2014 年中国页岩气发展大事记》，中国能源网，http：//www. china5e. com/subject/show_ 873. html，2015 - 12 - 01。

走向能源消费革命

Towards an Energy Consumption Revolution

B.3
重塑能源消费：走向绿色低碳社会

张声远　董文娟　赵小凡　杨秀　李惠民　朱梦曳　齐晔*

摘　要：本研究从需求侧入手，分四种情景探讨技术进步、消费需求、进出口贸易对我国中长期能源消耗与碳排放的影响，为我国实现经济低碳转型提供借鉴。研究发现，单纯依靠技术进步可在2050年实现11亿吨标准煤的节能量，而通过消费需求转型实现适度消费可在2050年实现28亿吨标准煤的节能量。另外，进出口贸易使我国的能源消耗和碳排放增加约15%，

* 张声远，香港科技大学人文与社会科学学院在读博士研究生，主要研究领域为中国能源、建筑与交通领域的环境与节能政策；董文娟，清华-布鲁金斯公共政策研究中心副研究员，主要研究领域为低碳投融资和能源政策；赵小凡，清华大学公共管理学院在读博士研究生，主要研究领域为中国的节能与环境政策；杨秀，国家应对气候变化战略研究和国际合作中心副研究员，主要研究领域为能源经济学、能源与环境政策研究、气候变化相关战略及政策分析；李惠民，北京建筑大学讲师，主要研究领域为气候变化政策；朱梦曳，清华大学公共管理学院在读博士研究生，主要研究领域为气候变化及能源政策；齐晔，清华-布鲁金斯公共政策研究中心主任，主要研究领域包括资源环境政策与管理、气候变化与可持续发展治理理论与方法。

通过出口贸易结构升级亦可大幅减少能源需求。因此，中国需要从技术进步、调整消费需求与优化出口贸易结构三方面入手来控制能源需求与碳排放，且调整消费需求的节能减排潜力远远大于技术进步和出口贸易升级的节能减排潜力，是实现中国低碳发展的关键。

关键词： 能源消费 技术进步 消费需求 进出口贸易 低碳发展

这是一项关于消费的研究，而归根结底是一项关乎幸福的研究。现代社会中，人们汲汲营营于财富积累，无非是为了满足更多的消费需求。这似乎正应了保罗·萨缪尔森（Paul Samuelson）经典的幸福方程式，即幸福 = 效用（utility）/欲望（desire），其中“效用”几乎可以被视作消费的代名词。如此看来，20 世纪中期以来消费主义的兴起似乎不足为奇，因为消费与幸福成正比。然而，消费的增长果真会带来幸福吗？答案似乎并不那么简单。幸福方程式告诉我们，幸福不仅取决于消费的丰俭，还取决于欲望的多寡。

与需求不同，欲望不仅包含维持人类生存所必需的需求（need），还囊括了被文化、社会习俗等外部环境所塑造的欲求（want）。简言之，欲望是需求与欲求的总和。当欲望无边膨胀时，人们就不得不增加消费才能保持原有的幸福感。倘若消费的增长无法抵御欲望的膨胀，幸福感便会消失殆尽。这同样意味着，当我们执着于从消费中获取幸福感的同时，往往忽视了通向幸福的另一条路径，即控制欲望，更准确地说，控制需求之外的欲求。当欲求减少时，即便将消费维持在较低水平，人们依旧可以坐拥幸福，享受人生。

那么，我们到底需要消费多少就可以满足需求呢？为维持这一消费水平，又需要消耗多少能源和产生多少碳排放呢？本研究从需求侧入手，分四种情景探讨技术进步、消费需求、进出口贸易对我国中长期的能源消耗与碳排放的影响，为我国实现经济低碳转型提供借鉴。

一　为什么要重塑消费

（一）消费、能源需求与碳排放

最早关注消费问题的是经济学家，这是因为消费是经济活动中与生产、流通、分配相并列的一个重要环节。所以最初关于消费的定义是经济学消费的经济学定义，即消费是对物质产品和服务的消耗与使用，用于满足人们的需求和欲望。然而，消费并不仅仅是一种经济行为，它也是一种文化现象，是一个被社会价值观约束的对象。因此，越来越多的学者开始从社会学、文化学、心理学、哲学等视角研究消费问题，并指出消费不是受生物因素驱动，也不纯然由经济因素所决定，而是更带有社会、象征和心理的意味，并且其自身成为一种身份和地位的建构手段（胡金凤和胡宝元，2003）。

人类的消费行为和消费观念也经历了长期的演变。在人类社会发展早期，由于受到资源的稀缺性和生产能力的限制，人们在长期物质生活极度匮乏的条件下养成了勤俭节约的观念，而这一时期绝大多数人们对物质的消费也仅限于消费其使用价值。然而，需要指出的是，尽管这一时期物质财富非常匮乏，人们并不贪恋于也已淡漠对物质的追求追逐，而是更加向往崇高的精神境界。拜物主义被所有哲人谴责，从释迦牟尼到穆罕默德，每一种宗教都充满了对过度之罪恶的告诫。历史学家汤因比指出，这些宗教的创立者在说明什么是宇宙的本质、精神生活的本质、终极实在的本质方面存在分歧，但他们在道德律条上却是意见一致的，他们都用同一个声音说，如果我们让物质财富成为我们的最高目的，必将导致灾难（曹明德，2002）。

进入 20 世纪中期以后，福特将大规模标准化生产模式推广开来，随之产生了两方面的重大影响。一方面，大量的物质产品在短期内被生产出来，因而怎样将这些产品销售出去从而实现资本的快速增值成为一个新的问题；另一方面，产品种类极大丰富，新型消费品不断出现，都促进了社会生活的变迁，并使生活质量不断提高。西方社会从而进入了大众消费时代，这意味着消费也不再限于消费物品的使用价值，而是转向对所购物品象征意义的关注。在各种传媒的极力诱导下，一种不以使用价值为目的，追求炫耀、奢侈、时尚的消费思潮应运而生；它倡导无节制的物质享受和消遣，并以此作为生活目标和人生价值，甚至形成了一种流行的生活方式，这就是当今盛行的消费主义。

以财富积累为目的的社会化大生产和消费主义的出现，给人类社会的发展和所赖以生存的环境带来了深刻的影响。财富的积累要求不断扩大现有的消费量，生产出新的需要，即发现和创造出新的使用价值和象征意义。一方面，这样必然要求大规模地深入探索整个自然界，以便不断发现自然物的新属性以及加工自然物的新方式，以不断开发和满足社会的新需要（欧阳志远，2000）；而另一方面，大规模的物质生产需要消耗大量的资源和能源，从而造成资源的加速消耗和碳排放的增加。自 1965 年以来，世界人口增加了 1.2 倍，收入（以 2005 年不变价 GDP 为度量）增长了 3.8 倍，而一次能源消费增加了 2.5 倍，碳排放增加了两倍（World Bank，2015；BP，2015；United Nations，2015）。反过来看，在实践中，无节制的消费也将带动资本的极度扩张，必然衍生出大量投入、大量消耗的增长模式。二者之间的相互作用，导致了资源、环境、能源和碳排放问题的出现。

在本研究中，“消费”是一个广义的概念，它指的是经济发展中的资源投入和环境代价，与直观的“消费”概念不同。具体来说，消费指的是除中间投入之外的所有产品与服务，包括居民消费（能源、商品与服务）、基础设施建设（房屋、道路等居民直接使用的设施），以及进出口与存货变化等，没有包含消费种类的消亡与替代。需要指出的是，第一，国内居民的总消费是一个包含客观与主观的概念。在客观层面，居民消费是为了满足生理与安全需求；而在主观层面，居民消费是为了满足情感与尊重需求，甚至自我实现需求。前者往往对应着一定的物质产品与服务水平，弹性较小；而后者往往受文化、教育等因素影响，这些因素往往随着时间而变化，对应着不同的物质产品与服务标准，这导致后者的弹性远远大于前者。

（二）消费主义在我国的兴起及其影响

近年来，我国逐渐从生产大国转变为消费大国。但是，过度消费和浪费现象也随之出现，全社会逐渐进入了一个“大量生产—大量消费—大量浪费—再大量生产”的恶性循环。这一恶性循环与我国现阶段以物质拥有和享受为主导的消费主义文化密不可分。除了满足基本生存需要的衣、食、住、行、用的消费外，越来越多的商品被人们当作生活必需品。人们开始依赖物质消费，并以此来定义生活方式。

我国消费主义文化的兴起建立在三个文化层面上：一是传统面子文化的根植；二是现代美式消费文化的传播；三是新兴互联网购物的普及。从传统文化到文化新趋势，我国就在这些变化中逐渐走向了消费社会。

1. 传统面子文化在现代中国社会仍然根深蒂固

面子是我国传统社会关系中的重要特点，是个人通过他人获得的社会尊严或经他人允许、认可的公众形象（夏茵等，2015）。面子文化很大程度上影响了我国居民的消费行为，这种消费的特点是将他人或社会的评价作为消费行为的主要动因。攀比消费、炫耀消费、礼品消费、节日消费等都是消费活动中面子文化的一种体现。消费在此是一种符号，代表了消费者的地位、阶层、财富等。为了面子需要，人们较容易产生过度消费和浪费。

食物浪费现象在我国最为突出。2013 年人民网发起的“舌尖上的浪费”调查显示，我国东北部外出就餐食物浪费现象最严重，西部浪费现象最少；商务宴请中食物浪费现象最严重，家庭聚餐浪费最少。究其原因，调查显示面子文化是外出就餐浪费的主要原因之一。亲友聚餐中，近五成被访者表示“习惯多点些，不剩就没吃好”；商务宴请和公务吃请中，表示因“讲排场”而导致剩下饭菜的被访者比例分别高达 44.2% 和 60.1%（人民网，2013）。

住房与汽车消费是中国居民消费支出的最主要部分。由于价格高昂，购车购房成为人们最凸显面子的消费活动之一。在经济条件宽裕的情况下，人们多以大型住宅和多处房产显示自己的财富。1997 年以来我国别墅、高档公寓的销售呈井喷式增长，由 1997 年的 254 万平方米增长到 2009 年的 4626 万平方米。1997 ~2007 年，年均销售面积增长率达到 33.5%（见图 3 -1）。

与住宅相比，由于汽车的展示性更强，其对于面子的体现也更为明显。在中国，汽车作为代步工具的意义在其次，更重要的是其背后隐含的社会意

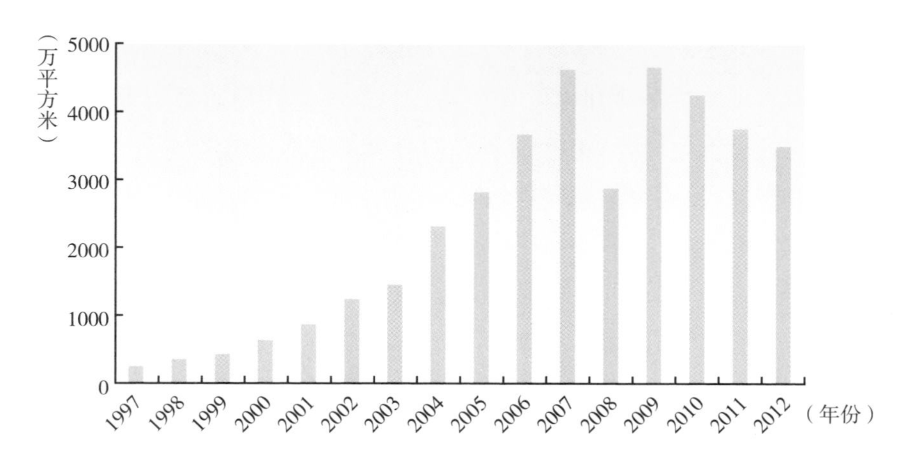

图 3－1　1997～2012 年全国别墅、高档公寓销售面积

义。是否拥有汽车、拥有多少辆汽车、拥有什么品牌的汽车都成为个人面子的象征，代表着财富与阶层，甚至连车牌号也成为富人或特权阶层标榜自己的一种途径。调查显示，约有 44% 的“80 后”和 55% 的“90 后”认为汽车是生活必需品（新华信国际信息咨询（北京）有限公司，2012）。汽车消费逐渐从一线城市向二、三线城市以及县城和农村地区转移，交通拥堵等城市病也在全国各地逐步蔓延（新浪汽车，2014）。

受到面子文化的影响，汽车消费者更倾向于选择国外品牌而非国产品牌。调查数据显示，2014 年约有 75% 的购车者选择国外品牌（搜狐财经，2015）。中国汽车流通协会有形汽车分会副会长苏晖曾表示，消费高价进口车很重要的原因就是面子问题。另外，富裕人群偏好购买豪华汽车（中国新闻网，2013）。目前我国是全球第二大豪车消费市场。由于豪车一般排量较大，相应油耗也较普通车偏高。例如最耗油的车型法拉利 599，其油耗高达 34.8 升/百公里。总之，在面子文化的影响下，消费者很难分辨自身对消费品的真实需求。

2. 美式消费文化的传播与影响深入我国社会

美国是典型的大众消费社会，居民消费率基本维持在 70% 左右。在全球化进程中，美国强势的消费文化输出深刻地影响了我国居民的消费方式。“大房大车”是美式生活方式的象征。对这种生活方式的向往和模仿进一步加强了对别墅及大排量 SUV 车和房车的消费。独门独院的别墅小楼在精英阶层中广受欢迎，其不仅是身份地位的象征，同时也是美式生活的标志之一。自驾游是美式休闲方式的代表，近些年这种旅游方式在我国风靡，代替了以火车、飞机为主的旅游方式。2012 年国内旅游人数中约有 46% 的乘客采取了自驾车出游的旅游方式（刘汉奇等，2014）。自驾游的兴起使得汽车成为主流的旅游交通工具，从而使得消费者购车时不仅考虑汽车在日常通勤中的作用，也往往将其长途自驾性能作为重要指标。这又增加了居民对大排量 SUV 车的消费，SUV 车型的销售份额呈现大幅度增长（见图 3－2）。

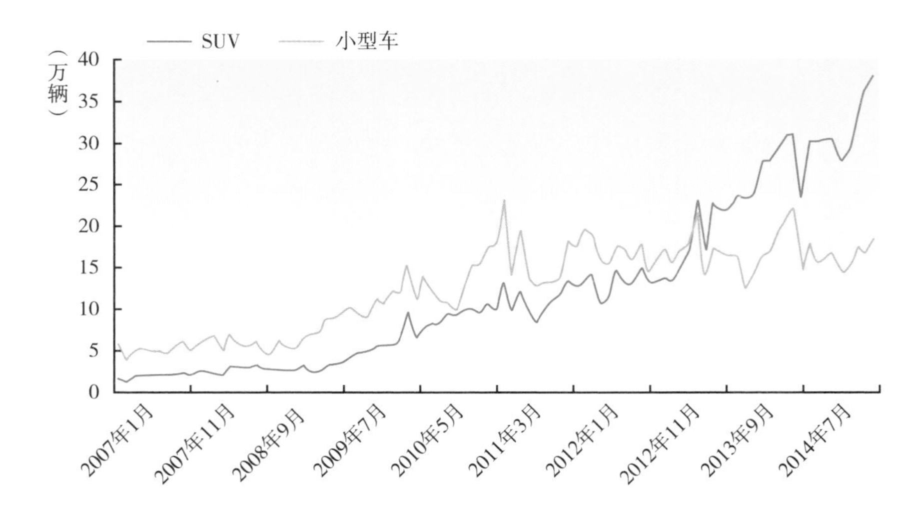

图 3－2　2007～2014 年我国分类型汽车销售走势

资料来源：搜狐汽车，http：//auto. sohu. com/cxsj/。

对美式生活的推崇加快了我国消费主义的发展，同时也意味着更多的能源消耗和碳排放。美国 85% 的碳排放都是由消费行为引起的，考虑到人口和资源因素，我国将难以承受这种消费生活方式的普遍化和常态化。

3. 网络购物作为全新消费方式的快速兴起

网购是消费方式的革命性变化。传统的线下消费受限于时间和空间，而网络购物使这些限制完全消失，让全天候的消费成为现实。我国是全球最大的网络零售市场。移动设备的高度普及为网络购物提供了极大的便利。2014年智能手机的市场渗透率高达92%，手提电脑的市场渗透率为82%。中国的移动电子商务规模已超过美国，渗透率达20%左右，80%的网购消费者使用移动设备进行消费（驻马来西亚经商参处，2014），通过智能手机便能轻松实现消费。从城市到农村，网购已经成为我国消费者的主流消费模式。2012年中国的网购消费者平均将收入的31%用于网购，远高于22%的世界平均水平（见图3－3）。

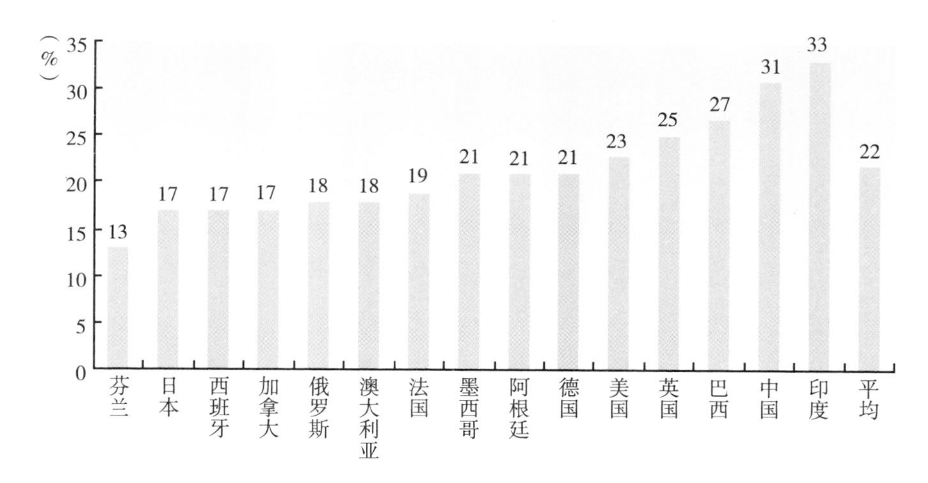

图3－3　2012年主要国家网购消费占可支配收入百分比

资料来源：Worldpay，2012。

2009年起，天猫等电子商务购物平台发起的“双十一”购物节成为消费者一年一度的消费狂欢，“双十一”当日的销售额以几何级数的态势增长。2009年“双十一”当日天猫平台销售额仅为5200万元，到2015年该数据已经高达912亿元，已高于我国日均社会消费品零售总额。2015年中国社会零售总额保持了10%～11%的增长率，其中电子商务的增长率达到35%～40%（高盛，2015）。在全民狂热地“买买买”之后，我们也应当回归理性，思考网购这种便捷的购物方式对低碳发展的负面影响。首先，网购易引起冲动消费。网购的便利性缩短了消费者理性思考的时间。据统计，使用淘宝移动客户端购物从选购到最终支付成功最快只需要9秒钟，但是许多

商品都因为这种非理性的消费成为家中的闲置产品，或难逃退货的命运。报道称，2014 年淘宝网商家的最高退货率甚至高达 69.8%（Cnbeta 网站，2014）。虚高的销售额向生产端传递了错误的信号，生产出超过市场实际需求的产品，从而造成了额外的能源消耗。

其次，网购更容易重量不重质。网购中存在更多信息不对称，削弱了消费者对产品质量的判断。由于缺乏严格的质量监管体系，网购中存在大量低质和假冒伪劣产品。2014 年国家质检总局对几家主要网购平台进行了质量抽检，发现三成产品质量不合格。低质量或假冒伪劣产品往往被消费者直接丢弃，缩短了产品生命周期，消费品淘汰浪费增加。

最后，快递的过度包装问题突出。目前，快递业日均产生的废弃包装已达千万件，每年的包装胶带纸连起来能够绕地球 200 多圈（华商晨报，2015）。按 2014 年的快递业务量估计，快递包裹共使用了近 30 亿个纸箱，上百吨的透明胶带、气泡袋等塑料包装材料（中国电子商务中心，2015）。这种做法既不节能也不环保，但目前还未有明确的解决办法。

我国不但进入了消费社会，即“大量生产、大量消费”，更是进入了“大量淘汰”的“丢弃社会”。丢弃社会是指全社会过度生产和消费短寿命的产品，这些产品在使用后很快被淘汰、丢弃。由此不仅仅产生大量废品、垃圾，更是浪费生产过程中的能耗。以移动设备为例，智能手机惊人的更新换代率使得其已越来越像快速消费品。根据德勤的调查报告，97% 的受访者在过去五年更换过手机，53% 的受访者甚至更换过三次（Deloitte，2014）。此外，有一半的受访者表示不会更改他们的手机更换频率。而这些平均使用年限可能不足两年的手机多数都闲置在家或者被简单拆解成为对环境有害的电子垃圾。

从消费文化现状中不难看出，我国居民对幸福生活的定义依旧停留在大量的、不断增长的物质消费、拥有，甚至浪费之上。我国消费主义的快速发展是由多方面因素促成的。首先，它满足了消费者对物质拥有的无限欲望；其次，大量的物质消费和浪费更是满足了生产者对利润的追求；最后，由于消费与经济增长的密切关系，不断增长的消费也满足了政府对经济增长的期待。但是，物质上的过剩无法代替精神上的满足，我们更不能忽视过度消费对自然资源、能源和环境所造成的影响。要尽快地实现我国碳排放峰值的目标，现有的消费文化必须转型，重塑消费是目前我国经济社会可持续发展的必由之路。

（三）重塑消费

由于消费与温室气体排放的密切关系，我们尝试根据消费品的需求度与碳排放优化消费选择。图3－4是消费品所产生的碳排放与消费品的需求度的坐标图。每一类消费品对消费者而言都存在着相应的需求度，横坐标右侧的消费品更多满足的是欲望，左侧的消费品满足的是基本消费需求；纵坐标为消费品全生命周期碳排放。第一象限中的消费品属于高碳排放的欲望消费，例如人们对于超出自身需求的“大房大车”的消费。该部分是低碳消费情景下最应该摒弃和控制的消费；第二象限属于高碳排放的必需消费，例如满足日常必要需求但能耗较高的消费，包括生活用电、采暖、私家车出行

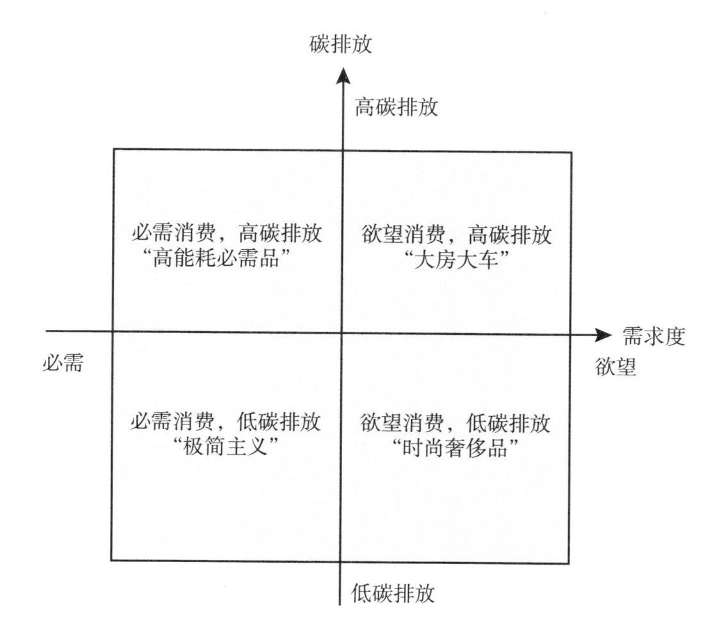

图3－4　消费品的需求与碳排放

等。这部分产品只能寻求改善能源结构，提高能效来降低产品的碳排放；第三象限中是极简主义所倡导的消费，也是低碳消费情景最鼓励的消费模式。人们清楚了解自己必需的物质需求，并以简单、高品质的消费满足这部分需求；第四象限属于低碳排放的欲望消费。这一部分消费既能满足人们对于身份、地位、品位等符号性消费的需求，同时又不会产生过多碳排放，例如人们对于钱包、手表等时尚奢侈品的消费。由于这些消费品的高经济价值和低资源消耗，这部分欲望消费不需要过多控制，甚至可以加以鼓励。

因此，要优化消费方式，增加消费者对于“极简主义”的认同，“重塑消费”是必要和紧迫的。我们既不能一味提倡少消费，也不能任由消费无限度地增长。“重塑消费”并非是打压、批判消费，而是对现有消费方式进行全面、深入的改革。“重塑消费”并不意味着为了环境保护牺牲经济发展，而是让消费者过得更加舒适、健康和幸福的同时，更好地实现经济稳步增长及生产结构转型。为实现 2050 年向低碳消费转变，我们必须开始重塑消费目的，重塑消费需求以及重塑消费结构。

1. 重塑消费目的：以满足自身生存、生活需求，提升生活舒适度为主要目的

在近现代社会发展中，资本主义和凯恩斯主义都对消费主义的兴起和发展产生了重要的推动作用，政府和社会都乐于看到消费量的增长。对生产者而言，消费量的增加意味着更多的生产和利润。由于资本的趋利性，生产者不仅仅满足人们的消费需求，更是通过广告宣传等手段创造巨大的消费欲望。对政府而言，消费量的增长是经济繁荣的标志，而刺激消费是宏观经济调控的重要措施。消费原本的目的日益模糊，成为生产者创造利润的工具及政府促进经济增长的政策手段。另外，尽管需要考虑环境约束，但减少对环境的影响也并不能成为消费的主要目的。因此，“重塑消费”首先要重塑消费目的：消费的主要目的既不是满足生产者的利润增长需求，也不仅仅是为了刺激经济发展，更不是单纯减少对环境的影响，而是满足人们自身生存、生活需求，提升生活舒适度。

2. 重塑消费需求：满足欲望的过度消费难以实现真正的幸福

需求与欲望有着很大的不同。人们对一件商品可能有需求，但不一定有欲望；对某些商品，则可能有强烈的欲望但却并不需要。问题在于，需求与欲望难以找到清晰的边界，人们往往难以分辨自身需求和欲望。一般来说，需求过度就变成了欲望。

在马斯洛的需求层次中，生理需求作为生存最基本的需求最容易分辨。超过自身生理需求的消费都是欲望的体现。安全需求除了住房等维持基本生命安全的物品外，还可能存在心理上的不安全感。不断地消费也可能是一种安全感的缺失，需要大量的物质拥有来填补。归属需求、尊重需求以及自我实现需求最难以与欲望区分。炫耀消费、攀比消费及模仿消费等现象均来源于这些需求层面，容易产生过度消费。

人们之所以会过度消费，是将幸福的体验感受建立在不断满足消费欲望之上。弗洛伊德说，人类是充满欲望和受欲望驱使的动物。欲望根植于人类的天性中，但人类又不断与其做斗争。从古至今，从最伟大的思想家到民间智慧，都劝说人们克制自身欲望以获得持久的幸福感。古语有云，欲壑难填。一味追逐欲望的满足，最终难以实现真正的幸福。经济学家萨缪尔森提出幸福的经济学公式：幸福 = 效用/欲望，也表明欲望与幸福成反比。许多研究显示，人们并没有因为消费和拥有更多商品而增加幸福感。

3. 重塑消费结构：提高生活必需品消费品质，减少欲望消费

“重塑消费”并不一定意味着减少消费，而是消费结构的调整。消费品可以分为有形产品和无形产品。有形产品是指实体的物品，包括食物、衣服、汽车、住房等需要经过生产的产品；无形产品是指非实体的消费品，包括体验式消费、服务、互联网、文娱体育活动等。

假设消费支出一定，消费者可以减少使用型商品的消费，弱化这些商品中传递出的符号、标志信息，注重其实用性，以满足生理需求及安全需求为主；而另一方面，加大服务型商品的消费，并从中获得更多生活乐趣，将归属需求、尊重需求及自我实现需求更多建立在精神层面的富足之上。

消费的目的是让人们的生活更加舒适，这意味着消费应当将产品的质量

作为优先考虑，而非只是简单满足消费欲望的快速消费、快速淘汰。质量高的产品虽然价格相对高一些，但同时使用寿命更长，良好的品质也可以提升生活的舒适度，消费者也会更加重视其维修保养，与此相关的服务业便能得到进一步发展。消费不能成为生活的一种负担。为了满足消费欲望，人们常常购买超过自己收入范围的产品，但生活并没有因为这样的消费而提升舒适度和幸福感。“慢消费”“品质消费”应当代替“快消费”“数量消费”成为未来消费的主流形式。

总之，“重塑消费”的根本目的是要鼓励人们减少消费欲望高且碳排放高的消费品，鼓励消费提高生活舒适度同时碳排放低的必需品。针对碳排放高的必需品，我们可以通过调整能源结构和提高生产侧能效的途径共同降低这些消费品的碳排放。而降低消费欲望，提高消费品质永远是走向低碳消费的不二途径，幸福与金钱和物质的丰盛并无必然联系。一个温馨的家、简单的衣着、健康的饮食，就是幸福之所在。漫无止境地追求奢华，远不如简朴生活那样能带给人们幸福与快乐。

二　从需求侧划分社会总能耗与情景定义

（一）从需求侧划分社会总能耗的方法

随着贸易全球化的发展，一国的经济发展已经不仅仅局限于满足本国人民的需求。我们究竟需要多少能源？这取决于我们开展经济活动、追求发展的目的。也就是说，我们需要多少能源满足消费需求（如衣、食、住、行、用，以及对应的民生基础设施）；多少用来创造财富（如投资性房地产、进出口生产等）；多少用来维护我们的经济、社会和自然系统的正常运行（如为了满足上述需求的产能设备投资等）。第一类需求对应人们的日常生活需求，第二类需求对应人们追求财富增长的需求，第三类需求受前二者驱动并受到技术水平的影响与限制。我们可以从上述三类需求出发来考察社会总能耗，因为不同的需求，往往对应着不同种类与水平的商品与服务消耗，进而对应着不同水平的能源消耗。

本研究将上述三类需求进一步分解为六类，即直接能源产品需求、快速消费品需求、耐用消费品需求、基础设施建设需求、进出口需求、产能相关需求等。需要指出的是，这六类需求与国民经济核算理论中常提及的所谓三驾马车，即最终消费支出[①]、资本形成总额[②]以及货物和服务净出口[③]三个部分之间互有区别与重叠。根据上述六类需求相应地将我国每年的社会总能耗划分为六类：

①直接能源消费

②快速消费品生产能耗

③耐用消费品生产能耗

④基础设施建设相关能耗

⑤与产能相关的隐含能

⑥进出口产品隐含能

以上六类能耗中，①②反映一定时期内社会中服务或产品拥有的总量，随着经济与社会发展而同步增加，当消费需求趋于饱和时，总量会稳定在一定的水平；而③④⑤则由一定时期内产品或基础设施建设的增量决定，总量持续增加时这三类能耗也比较高，而总量基本稳定时，这三类能耗会相应下降，并稳定于相对较低的量。这六类能耗的决定因素和发展过程不同，出现峰值的时间也有先后之分。其中①②③④又可被划分为与国内消费相关的能耗，⑤可被划分为与产能相关的能耗，⑥被划分为进出口相关能耗。基于以上分析，六类能耗的发展过程如图 3－5 所示。

---

① 最终消费支出指常住单位在一定时期内为满足物质、文化和精神生活的需要，从本国经济领土和国外购买的货物和服务的支出，包括居民和政府消费支出。

② 资本形成总额指常住单位在一定时期内获得减去处置的固定资产净额和存货的净额，包括固定资本形成总额和存货增加净额两部分，主要以前者为主。

③ 货物和服务出口指常住单位向非常住单位出售或无偿转让的各种货物和服务的价值；货物和服务进口指常住单位从非常住单位购买或无偿得到的各种货物和服务的价值，两者之差为净出口。

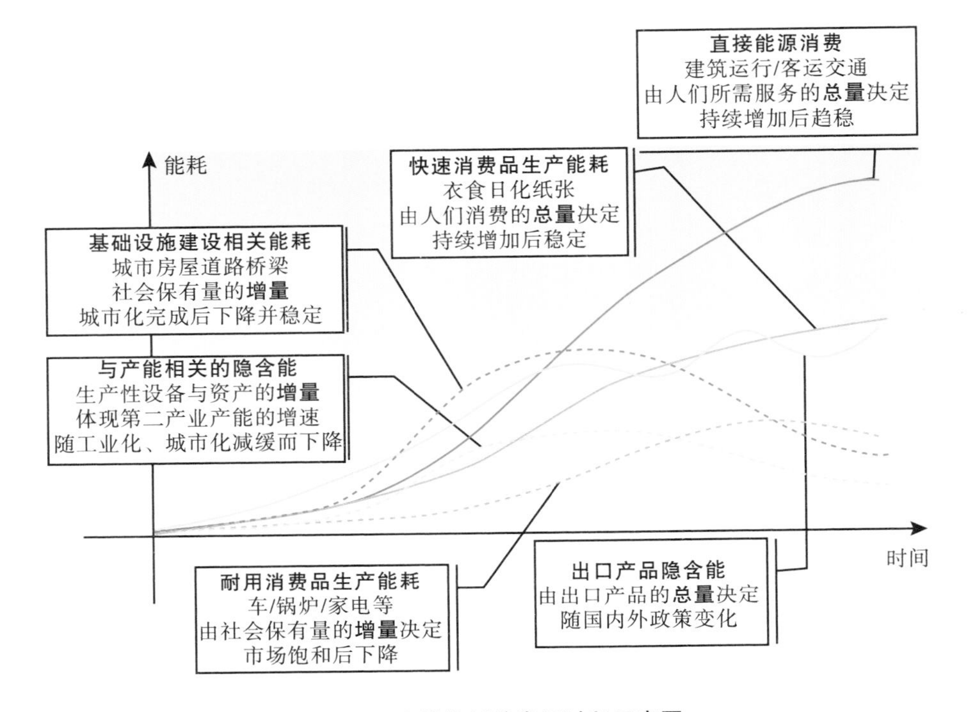

图3－5　六类能耗的发展过程示意图

1. 与国内消费相关的能耗

根据消费对应的产品与服务种类的不同，本研究将消费驱动的能耗划分为：直接能源产品需求对应的能耗、快速消费品需求对应的隐含能、耐用消费需求对应的隐含能，以及基础设施建设需求对应的隐含能。需要指出的是：第一，在国民经济核算体系中，基础设施建设属于投资；但从建设目的出发，基础设施是为了满足国内居民生活需要而进行的建设量，如房屋、道路、桥梁、水利、电站等。当然，随着市场经济的发展，很多基础设施也带有投资属性，如房地产等，受数据限制，本研究对此不作区分。第二，按国民经济核算体系划分，终端消费一般包括城乡居民消费与政府消费，受篇幅限制，本研究亦不作区分。

（1）直接能源消费

这是指为消费者提供服务而消耗的能源，主要包括居住能耗和公共建筑的运行能耗（如供热、供冷，提供生活热水和家电使用、照明等服务），以及客运交通能耗（为消费者提供出行的各种交通工具的能源使用）。

消费者的服务需求随着消费者对各种服务需求的满足程度而增加，且随着需求方式的变化而变化。以北方建筑冬季采暖为例，在生活相对困难时期，居住者的室温要求不能完全得到满足，室内穿衣量较大，对室内供热服务需求水平较低；随着收入增加和技术水平提高，室内温度可以达到18℃水平，居住者的基本采暖需求得以满足，此时对室内供热服务需求水平相应提高；而一些高档住宅、酒店的冬季室温可达到23～24℃，人们在房间里穿着单薄，这时对室内供热的服务需求远大于以前。

随着社会发展和人们生活水平的提高，服务型能耗增加，直至当服务需求基本被满足时，该类能耗会稳定在一定水平。而当服务需求方式变化时，此类能耗还会发生新的变化。

对于公共建筑，由于其对应于服务业的服务生产，因此还与GDP之间有一定联系。但这种联系往往较弱。比如流行音乐发行产业，其对应的能耗是发行公司所在建筑物的运行能耗。该能耗只与该公司所在建筑物的气候条件、技术水平以及员工对建筑内环境的需求有关，与其音乐产品在网络上的发行量无关。再比如电影院的能源消耗，与上座观众数量相关性较弱。事实上，服务业的服务生产与能源消耗的弱相关关系，也是通过增加第三产业在经济中的占比来降低国民经济能耗强度的原因所在。

（2）快速消费品生产能耗

本研究根据使用时限，将衣、食、住、行、用所需的消费品分为两类。一类是衣食、纸张、日化等快速消费品，这类消费品与人们的日常生活息息相关，满足了人们最基本的保暖、饮食等需求，在一段时期内（如一年）的消费量反映了人们需求的数量和质量。另一类是家电、汽车、家具等耐用消费品，这类消费品在某一时期的保有量是社会发展水平的体现。

相应地，快速消费品生产能耗指的是快速消费品的隐含能，即为了生产城乡居民与政府等终端消费者使用的消费品，包括原料生产、运输、中间产品生产、最终产品生产等生产过程各环节消耗的能源。随着人们收入及社会发展水平的提高，快速消费品的消费量很有可能从一个相对较低的水平持续提高，直到社会发展达到比较稳定的程度，需求不再明显增长时，这类消费品的消耗速度趋于稳定，即稳定在一个比较高的水平，其随社会发展变化的能源消耗如图 3－5 所示。

（3）耐用消费品生产能耗

同上所述，耐用消费品生产能耗指的是耐用消费品的隐含能。随着人们收入、生活水平及社会现代化程度的提高，这类消费品从无到有，其保有量随着社会发展而累积，直到社会发展到一定程度，耐用消费品的保有量趋于饱和，即达到比较稳定的数量，此时生产这些消费品主要是为了淘汰陈旧、落后的产品，其产量会相对下降，稳定在一个比较低的水平，其随社会发展变化的能源消耗如图 3－5 所示。

（4）基础设施建设相关能耗

它是指进行房屋、道路、桥梁等基础设施建设的相关能耗，包括建设过程中使用的能源，以及所使用建材的隐含能。

当前我国处在城镇化进程中，房屋、道路、桥梁等基础设施的总量逐年累积，每年的施工量和竣工量都比较大。未来城市化进程基本完成，各项基础设施基本健全后，每年的建设量会减少，建设的重点也从新增补充新的基础设施转为维护维修已有的房屋与设施，此类能耗也会随之下降，稳定在一个相对较低的水平，其随社会发展变化的能源消耗如图 3－5 所示。

需要指出的是，基础设施建设不仅用于满足国内居民消费使用，也是国民经济核算体系中资本形成的重要组成部分，是推动发展中国家经济持续增长的基本条件。以基础设施为例，其不仅在当年贡献了一定数量的 GDP，而且为满足未来规模不断扩张的居民消费与出口生产等经济活动提供了必要的基础条件，进而推动经济发展进入持续增长阶段。

2. 与产能相关的隐含能

本研究中此类能耗仅指各产业部门每年新增重型产能设备以及原材料的

隐含能（包括新增的生产线、起重机、挖掘机等重型设备）。此类能耗与产能的增量挂钩，反映的是为了满足消费、出口生产和服务、基础建设，以及资本形成本身所提供的基础条件每年的新增情况。当消费品（包括国内与进出口）生产数量和基础建设量趋于稳定或下降时，生产能力的需求也会随之下降，对生产能力增加的需求迅速减小，此类能耗也会随之降低，其随社会发展变化的能源消耗如图3－5所示。

3. 进出口产品隐含能

它是指出口产品与服务中的隐含能。这类能耗受出口产品数量和结构的影响，与国家的经济政策和国际贸易环境有关，其随社会发展变化的能源消耗亦随之波动，如图3－5所示。

（二）情景定义及对中国未来社会发展的重要参数判断

1. 未来人口与GDP的判断

参考相关文献（国家发展和改革委员会能源研究所课题组，2009；中国科学院可持续发展战略研究组，2009；中国能源中长期发展战略研究项目组，2011），本研究对未来中国到2050年的社会经济发展的判断，如表3－1所示。

表3－1　社会经济发展主要参数的设定

<table>
<tr><th colspan="2">年份</th><th>2010</th><th>2020</th><th>2030</th><th>2040</th><th>2050</th></tr>
<tr><td colspan="2">人口(亿)</td><td>13.4</td><td>14.4</td><td>14.7</td><td>14.7</td><td>14.6</td></tr>
<tr><td colspan="2">城市化率(%)</td><td>50</td><td>59</td><td>65</td><td>69</td><td>71</td></tr>
<tr><td rowspan="2">不变价GDP</td><td>增速(%)</td><td>10.4</td><td>6.2
(2010～2020)</td><td>3.6
(2020～2030)</td><td>3.2
(2030～2040)</td><td>2.6
(2040～2050)</td></tr>
<tr><td>总量(万亿元)</td><td>40.4</td><td>73.8</td><td>105.5</td><td>144.1</td><td>185.4</td></tr>
<tr><td rowspan="3">产业结构(%)</td><td>第一产业</td><td>10.0</td><td>8.5</td><td>7.5</td><td>6.6</td><td>5.9</td></tr>
<tr><td>第二产业</td><td>48.2</td><td>45.8</td><td>40.0</td><td>34.6</td><td>29.5</td></tr>
<tr><td>第三产业</td><td>41.8</td><td>45.7</td><td>52.5</td><td>58.8</td><td>64.6</td></tr>
</table>

（1）人口

2030～2040年达到峰值，约14.7亿人口，2050年人口为14.6亿。人口数量和增长率参考国家发展和改革委员会能源所的情景设定（国家发展和改革委员会能源研究所课题组，2009）。

（2）GDP

增速逐渐下降，2010～2020年为6.2%，2020～2030年为3.6%，2030～2040年为3.2%，2040～2050年为2.6%。GDP总量在2030年达到105.5万亿元，2050年达到185.4万亿元，人均GDP达到1.8万美元。需要特别指出的是，本研究的GDP增长预期低于目前研究机构常用的GDP增长预期，这是因为本研究是按未来社会“美国消费模式”（关于该模式的说明见下节内容）的社会需求对应的产品与服务的人均数量反算的GDP。如果按其他研究机构常用的GDP增长预期进行计算，对应的全社会产品与服务的产出将远远高于当前的美国水平。

（3）城市化率

要实现较低的能源需求量目标，城市化的发展速度和规模应适应我国人口大国的特征。从1996年城市化率首次超过30%起，我国进入快速城市化阶段，到2030年左右我国基本完成快速城市化阶段目标；2030～2050年城市化速度放缓。2030年我国城市化率为65%，2050年为71%。

（4）产业结构

我国将在经济长期稳定增长的同时，加快实现产业结构调整，第三产业占GDP的比例持续上升，从2010年的41.8%增加到2030年的52.5%，同时第二产业下降到40.0%；2050年第三产业占比提升到64.6%，第二产业下降到29.5%。

2. 四类情景定义

基于上述2050年社会经济主要参数的宏观判断，结合目前发达国家的人均产品与服务的实物量消费水平，以及其他研究机构对现有产业与主要产品的技术水平的预期，本研究在2010～2014年实际数据的基础上，对中国2015～2050年消费需求与技术进步的变化趋势开展情景分析，将消费分为

“美国消费模式”和“低碳消费模式”两类；将技术进步分为“技术自然进步模式”和“技术突破模式”两类。

（1）消费模式

美国消费模式。该模式下，国内居民消费存在如下特点：1）表征居民生活水平的快速消费品拥有量和耐用消费品拥有量在2030年左右达到或超过欧美发达国家目前的人均或户均水平，该水平一方面满足居民较高生活水平需求，包括物质生活需求以及较高水平的社会服务需求，如医疗、教育等，另一方面仍存在一定的浪费，比如过量的肉类与碳水化合物摄入造成肥胖及其他健康问题，过高的机动车保有水平与较低的公共交通使用水平等。2）仍然存在大量的为了单纯追求以GDP衡量的财富增长而产生的需求与投资，比如建筑物的大拆大建，使得建筑物寿命平均在25～30年水平，造成较大浪费。该模式对应的衣、食、住、行、用等各方面的具体消费数据参见附表1。

低碳消费模式。该模式下，国内居民消费在美国模式的基础上，减少了浪费，主要指：1）居民生活水平达到或超过目前能源强度低的发达国家水平，并在健康舒适的基础上，减少了不必要的产品与服务的消费；2）单纯为财富增长而开展的生产活动大幅减少，产品的质量与使用年限显著提高和延长。以建筑物为例，达到50～100年的设计寿命，同时考虑共享经济等多种使用方式，减少了对汽车等高能耗强度的耐用品的保有量的需求。该模式对应的衣、食、住、行、用等各方面的具体消费数据参见附表1。

（2）技术模式

技术自然进步模式。在此模式下，延续了2010年的节能政策力度，技术水平有一定的提高，耐用消费品使用寿命与当前一致。

技术突破模式。在此模式下，促进技术进步的节能政策力度加大，一些先进技术应用的瓶颈被打破，得以广泛应用。生产能效大幅提升，耐用消费品使用寿命延长。该模式对应的各行业主要产品的能效水平参见附表2，此处不再赘述。

将上述两类消费模式和两类技术模式分别组合，可得出以下四种未来情景，如表3－2所示。

表 3-2　四种情景及所包含的消费和技术模式

消费模式	技术模式	情景
美国消费模式	技术自然进步模式	基础情景
美国消费模式	技术突破模式	技术进步情景
低碳消费模式	技术自然进步模式	适度消费情景
低碳消费模式	技术突破模式	低碳理想情景

1）基础情景，即“美国消费模式”和“技术自然进步模式”的组合（在下文图3-12以后的图中标记为BB情景）。此情景延续2010年的节能政策力度，对技术水平有一定的促进作用，城乡居民生活水平提高，生活方式和消费水平向“大房大车”的美国模式靠拢。这一情景大致反映了需求最大化的情景。

2）技术进步情景，即“美国消费模式”和“技术突破模式”的组合（在下文图3-12以后的图中标记为BL情景）。该情景可以表现技术突破性发展及关键技术得以广泛应用的影响。在此情景下，促进技术进步的节能政策力度加大，但人们的生活方式和消费方式仍然仿效美国模式。

3）适度消费情景，即“低碳消费模式”和“技术自然进步模式”的组合（在下文图3-12以后的图中标记为LB情景）。该情景可以表现在技术自然进步的情况下，单纯依靠转变消费模式所产生的影响。在此情景下，政策专注于消费方式的转变，在不降低公众生活质量的前提下，全社会维持较为自然和谐的生活方式。

4）低碳理想情景，即“低碳消费模式”和“技术突破模式”的组合（在下文图3-12以后的图中标记为LL情景）。在此情景下，节能政策力度加大，大力推动技术进步。此外还推出一系列政策，以促进消费方式的转变，使得社会技术水平大幅提高的同时，维持较为自然和谐的生活方式。

三　未来社会的消费与能源需求

本部分分别阐述了中国社会的直接能源消费（建筑和交通用能）、快速消费品生产能耗、耐用消费品生产能耗、基础设施建设相关能耗、与产能相关的隐含能、进出口产品隐含能等六类能耗及全社会总能耗和相关碳排放的现状、未来变化趋势及其主要影响因素，以及四种情景下六类能耗曲线的未来变化趋势，这是本研究的主要成果。

（一）直接能源消费

直接能源消费部分包括建筑运行能耗和客运交通能耗。建筑运行能耗和碳排放指的是为了满足居住者/使用者在建筑内的室温、饮食、娱乐、居住、学习等生活工作需求，建筑内各用能设备所消耗的能源，以及造成的碳排放。客运交通能耗和碳排放主要指人的出行行为所消耗的能源，主要包括道路、轨道、水运、航空和管道运输五种交通模式中的客运出行以及非机动化慢行交通[①]的部分所消耗的能源及产生的碳排放。

1. 建筑

建筑部门是发达国家最大的终端用能部门，在美国、欧洲部分国家和日本，建筑运行能耗占终端能耗的比例近40%。2012年，中国建筑运行能耗约为7.3亿吨标准煤，约占中国终端能源消费的20%，建筑运行能耗占比远低于发达国家。1996～2012年，中国建筑运行能耗从2.7亿吨标准煤上升到7.3亿吨标准煤，增加了1.7倍，同期建筑运行能耗占能源消费总量的比例基本维持在20%左右。在此期间，中国各类建筑运行能耗均显著增加（见图3－6）。从各类建筑的能耗占比来看，2012年公共建筑（不含北方城镇采暖）、农村住宅、城镇住宅（不含北方城镇采暖）、北方城镇采暖分别占建筑总能耗的25.2%、29.9%、21.8%和23.1%（清华大学建筑节能研究中心，2014）。伴随着中国城镇化水平和居民生活水平的不断提高，未来我国建筑运行能耗还将持续上升。

未来建筑碳排放的主要影响因素是建筑面积、建筑使用者或居住者的服务需求、能效水平的提高以及能源结构。在上述四种情景下表征上述影响因素的主要参数的设置如表3－3所示。

① 包括步行、自行车和电动车等非机动化出行。

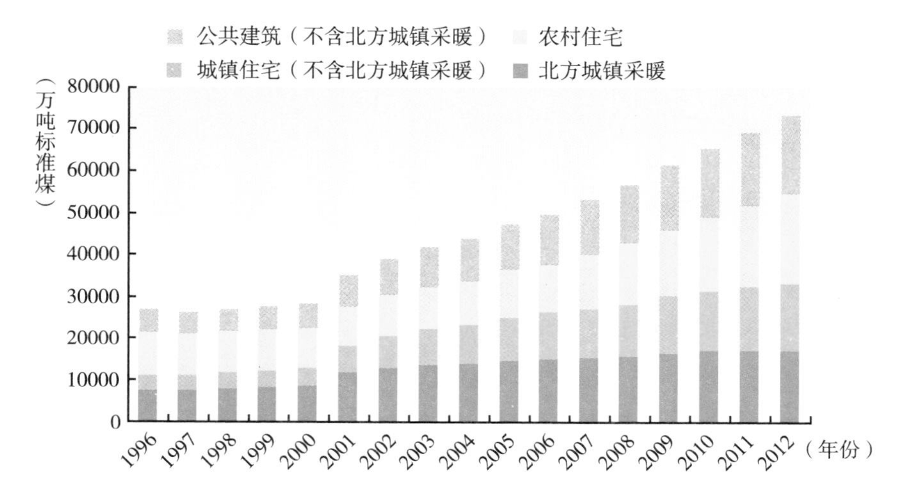

图 3－6　1996～2012 年各类建筑运行能耗变化

资料来源：（清华大学建筑节能研究中心，2013）。

表 3－3　四种情景下的主要参数设定

	人均面积	服务需求的满足情况	生活方式	技术水平	用能结构
基础情景	接近欧洲 2010 年水平：城宅 $40m^2$，公建 $20m^2$，农宅 $50m^2$	到 2030 年城镇服务需求基本满足；到 2040 年城乡服务需求基本满足	生活方式接近欧美，各类建筑的单位面积的能耗需求接近欧美目前水平，能效有所提高	技术水平进步较慢，各类建筑的综合用能效率相比 2010 年提高 50%	各类建筑用能的能源结构沿当前趋势发展，低碳化水平整体不高
技术进步情景				技术水平进步较快，各类建筑的综合用能效率相比 2010 年提高 1 倍	能源结构向低碳化转型，采暖住宅用电占总能耗比例、农村生物质能源应用、采暖的天然气占比相比 2010 年均有成倍提高
适度消费情景	达到亚洲发达国家 2010 年水平：城宅 $40m^2$，公建 $15m^2$，农宅 $50m^2$		维持自然和谐的生活方式，单位面积能耗仍然低于发达国家 2010 年的水平	技术水平进步较慢，各类建筑的综合用能效率相比 2010 年提高 50%	各类建筑用能的能源结构沿当前趋势发展，低碳化水平整体不高

续表

	人均面积	服务需求的满足情况	生活方式	技术水平	用能结构
低碳理想情景				技术水平进步较快，各类建筑的综合用能效率相比2010年提高1倍	能源结构向低碳化转型，采暖住宅用电占总能耗比例、农村生物质能源应用、采暖的天然气占比相比2010年均有成倍提高

（1）建筑面积

建筑面积是决定建筑能耗大小的重要因素。伴随着近年来城市化进程和城镇建设的加快，城镇建筑面积持续增长且增速越来越快。1997～2010年城镇人均住房面积、人均公共建筑面积和农村人均住房面积分别增加了14.6平方米（86%）、4.4平方米（60%）和15.7平方米（76%），住房面积年均增长超过了1平方米/人。如果保持年均1平方米的人均面积增长速度，到2030年中国将达到日本、新加坡等亚洲发达国家水平，到2050年则接近欧洲国家水平。

然而，考虑到我国土地资源的状况和实现低能耗发展的需求，我国的建设速度应适当控制，建筑面积也不应该达到目前欧美发达国家人均60平方米的水平。参考亚洲发达国家的水平，到2050年城镇人均住房面积应控制在40平方米，人均公共建筑面积15平方米，农村人均住房面积50平方米。

（2）建筑使用者或居住者的服务需求

建筑使用者或居住者的生活方式决定服务需求，这是建筑用能的根本驱动力。本研究假设到2030年，城镇居民的各种建筑服务需求基本得到满足；2040年，城乡居民的各种建筑服务需求基本得到满足；在基础情景和技术进步情景中，随着人们生活水平的提高，生活方式接近欧美。在适度消费情景和低碳理想情景中，城乡居民维持当前的自然和谐的生活方式。这需要通过强化节能政策来引导。

（3）能效水平

针对不同的用能途径，建筑能效水平的提高依赖于节能技术的使用和各类建筑的使用结构。基础情景和适度消费情景给出目前的节能政策下，技术进步自然发生的情况，各类建筑的综合用能效率相比 2010 年提高 50%；而在技术进步情景和低碳理想情景中，节能政策强化技术进步程度，各类建筑的综合用能效率相比 2010 年提高 1 倍。

建筑领域的低碳理想情景主要包括以下几部分：

1）建筑需求稳定。2050 年城镇人均住房面积 40 平方米，人均公共建筑面积 15 平方米，农村人均住房面积 50 平方米。

2）区域规划合理。建筑寿命为 50 年以上；城市规划合理，集约式居住为主，杜绝短命建筑；农村建筑符合当地农业生产与农民生活方式。

3）生活方式自然。不追求“恒温恒湿、固定通风”等极限居住环境，而是优先以自然手段营造舒适的室内环境：室温随季节变化适当波动，开窗通风、自然采光成为人们的第一选择。

4）技术适应生活。出现一批适用于自然生活方式的技术设备，如便于自然通风采光的建筑设计，在间歇模式下能高效运转的空调，烘干机等高能耗设备被淘汰，因地制宜地推广和利用各种类型的可再生能源，特别是生物质能与太阳能丰富的广大农村地区，有完备的系统利用方式。

5）技术更加先进。各类家电设备的能效大大进步，在 2010 年基础上提高一倍。

在低碳理想情景下，通过控制城乡建筑面积、维持自然和谐的生活方式和大幅提高能效利用水平，2050 年建筑直接能源消耗将保持在 6.7 亿吨标准煤，人均能耗为 465kg 标准煤，略低于 2010 年水平。建筑总面积将持续增加，至 2050 年左右达到稳定状态，达到 821 亿平方米，为 2010 年的 1.7 倍。随着城镇化的继续发展，城镇住宅面积和公共建筑面积都将继续增加，而农村住宅面积则相应减少，2050 年城镇住宅面积、农村住宅面积、公共建筑面积将分别是 2010 年的 2.5 倍、0.7 倍和 2.8 倍（见图 3－7）。

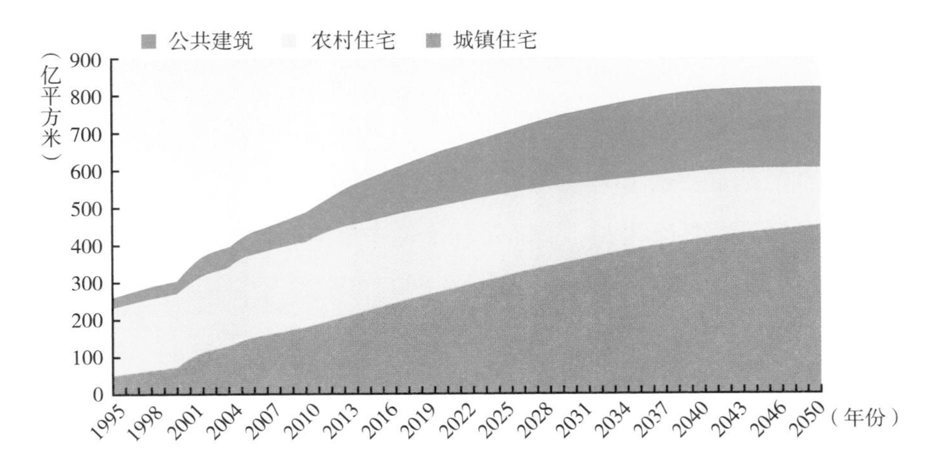

图 3－7　低碳理想情景下 1995～2050 年建筑面积变化

而在基础情景下，2050 年的建筑总能耗达到 22.6 亿吨标准煤，相比 2010 年增长 3.7 倍，相当于 2010 年中国社会全部能耗的 63%。无论是从国家能源安全、能源价格、环境影响，还是从应对气候变化方面来看，这都是中国乃至世界所难以承受的。而即便是在这种情景下，人均建筑能耗（1830kg 标准煤）仍旧低于主要发达国家 2008 年的水平（见图 3－8）。这充分说明，未来我国人们生活水平的提高难以按照目前发达国家的建筑用能方式来实现（包括人均建筑面积、建筑内生活方式），而必须寻找更加适宜

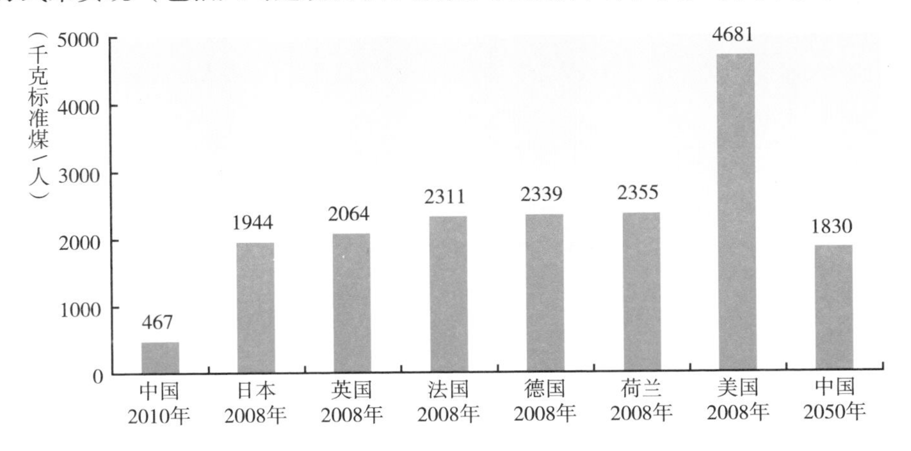

图 3－8　中外人均建筑能耗的比较（发达国家能耗均为 2008 年水平）

中国国情的发展道路，在满足人们服务需求的同时，避免能耗水平向发达国家水平靠拢。

2. 客运交通

交通部门是重要的 CO_2 排放源和节能减排关键领域。2005～2012 年，交通部门能源消耗持续增长，交通运输能耗占全国能耗的比重从 2005 年的 9.8% 上升到 2012 年的 10.9%（见图 3－9）。由于私人汽车保有量的快速增长，私人汽车能耗从 1980 年的 47 万吨标准油增加到 2010 年的 5440 万吨标准油，折合二氧化碳排放分别为 180 万吨和 2.11 亿吨，占全国交通部门的碳排放比从 3.3% 增加到了 24.2%（齐晔，2014）。随着工业化和城市化的进程，人们的出行需求与日俱增，如果不加以规划，中国未来客运交通的高需求势必将踏上以高能耗和环境破坏为代价的发展道路。寻求一条低能耗、环境友好的出行之道已经成为中国未来低碳发展所不可或缺的重要内容。

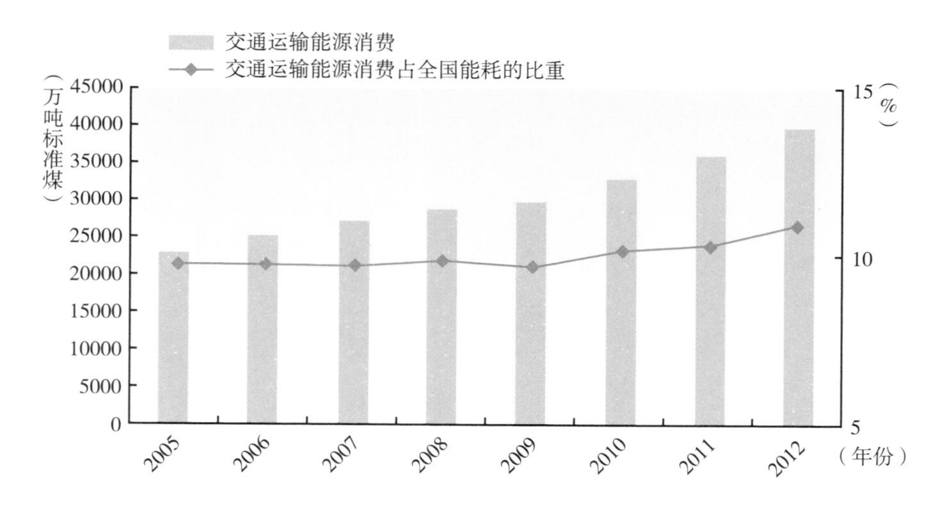

图 3－9　2005～2012 年交通运输能源消费及占全国能耗比重

资料来源：齐晔：《中国低碳发展报告 2014》，社会科学文献出版社，2014。

本研究主要研究客运交通的发展趋势，即由于人的出行行为而产生的能耗。在这里，消费者是主体，依次对是否出行、出行模式以及低碳技术进行选择。本研究将交通运输系统划分为道路（包括城际交通和城市道路交通营运性公交以及私人交通）、轨道（包括铁路以及城市地铁运输）、水运、航空和管道运输五种交通模式，“客运交通”是这五种交通模式中的客运出行以及非机动化慢行交通[①]的部分。

客运交通能耗包括各种运输工具的能耗，影响客运交通能耗的参数包括人均出行距离（需求）、各种出行方式的比例（结构）以及各种出行方式的单位人公里能耗（能效）。即：

消费者某种出行的能耗 = 出行需求 × 出行结构 × 能效

四种情景下三类参数的基本假设如表3－4所示。

表3－4　客运交通三类参数的基本假设

情景	需求(Activity)	结构(Structure)	能效(Intensity)
	人均出行距离	各种出行模式比例	单位人公里能耗
基础情景	《中国交通运输中长期节能问题研究报告》基准情景(无政策等外力影响下自然正常发展状态)	《中国交通运输中长期节能问题研究报告》基准情景	《中国交通运输中长期节能问题研究报告》基准情景
技术进步情景	《中国交通运输中长期节能问题研究报告》基准情景(无政策等外力影响下自然正常发展状态)	《中国交通运输中长期节能问题研究报告》基准情景	《中国交通运输中长期节能问题研究报告》技术进步情景
适度消费情景	2030年之前出行活动与基础情景相同;2050年旅客平均出行距离达到欧洲2010年水平,低于中国基线水平;2030～2040年增速取基线增速和向欧洲匀速发展增速的中间速度	出行模式2030年前不变,2050年达到日本Greater Osaka Area2010年出行模式比例,优于中国基线结构	《中国交通运输中长期节能问题研究报告》基准情景
低碳理想情景	2030年之前出行活动与基础情景相同;2050年旅客平均出行距离达到欧洲2010年水平,低于中国基线水平;2030～2040年增速取基线增速和向欧洲匀速发展增速的中间速度	出行模式2030年前不变,2050年达到日本Greater Osaka Area2010年出行模式比例,优于中国基线结构	《中国交通运输中长期节能问题研究报告》节能情景

① 包括步行、自行车和电动车等非机动化出行。

绿色出行是未来中国交通出行的前景和发展目标。绿色出行模式既要保障经济、社会良性发展和生活质量的不断提高，又要实现节能减碳、高效环保的交通理念，它包括了三方面的统一，即通达和有序的统一，安全和舒适的统一，环保和低碳的统一。在低碳理想情景中，绿色出行模式得以全面推广，主要包括以下三方面内容。

（1）出行需求——机动化出行需求减少

是否机动化出行是决定出行对能耗和环境影响大小的最根本因素。因此，减少机动化出行量是解决出行所引发的能源危机、环境问题等的最根本途径。是否采取机动化出行与消费者出行距离、出行时间限制以及出行性质都密切相关，然而，毋庸置疑的是，部分机动化出行是完全可以被缩短或是被替代的。

到 2050 年，中国行人机动化出行比例将有所减少。灵活的工作地点可以避免人们日复一日地通勤出行；发达的电信业务替代了部分出行需求，如电话会议使参会人员不必长途跋涉抵达会场；合理的城市规划使人们在步行距离范围内就可以到达主要生活功能区，如银行、超市、饭店、大型商场、公园等；慢行出行环境明显改善，道路设施建设不再以车为本，人行道更加宽阔，安全防护设施将人行道、自行车道以及机动车道有效隔离，步行和自行车区域设置遮阳棚和休息区，两侧布满绿植，慢行出行成为人们锻炼身体愉悦身心的一种选择。绿色出行的安全性和舒适性得到统一。

（2）出行结构——向低碳出行模式转变

现代社会出行模式的多样化为消费者出行提供了更多的选择，而消费者采取何种出行模式决定了此次出行的能耗。到 2050 年，政策引导使相对低碳的出行模式的成本远低于相对高碳的出行模式成本，人们多选择铁路和水运，而非公路和航空来进行城际或远途出行；又由于城市规划以公交导向型城市为主，公共交通贯穿整个城市，地铁、快速公交系统的有效连接搭建起门对门交通网，公共交通的无缝化连接得以实现。通达性和便捷性使公共交通系统比私人驾乘更具优越性，越来越多的人使用公共交通系统完成城市内或中短途出行。社区内设有车辆同乘（Car-sharing）服务信息，邻里通过轮流提供顺风车服务，不但节省了燃料，还降低了出行成本；车辆也可以在满载车道上行驶，从而节省了出行时间；同时旅途也变得更加有趣，邻里之间又增进了彼此的信任和交流，社区变得更加和谐。绿色出行实现了通达性和有序性的统一。

到 2050 年轨道交通占所有出行模式的比例由 2010 年的 17% 增长至 57%；道路交通则由原来的 74% 降至 37%，其中道路交通中私人和社会车辆驾乘由 2010 年的 49% 降至 2050 年的 26%；民航占比也从原来的 8% 下降至 5%（见图 3 - 10）。

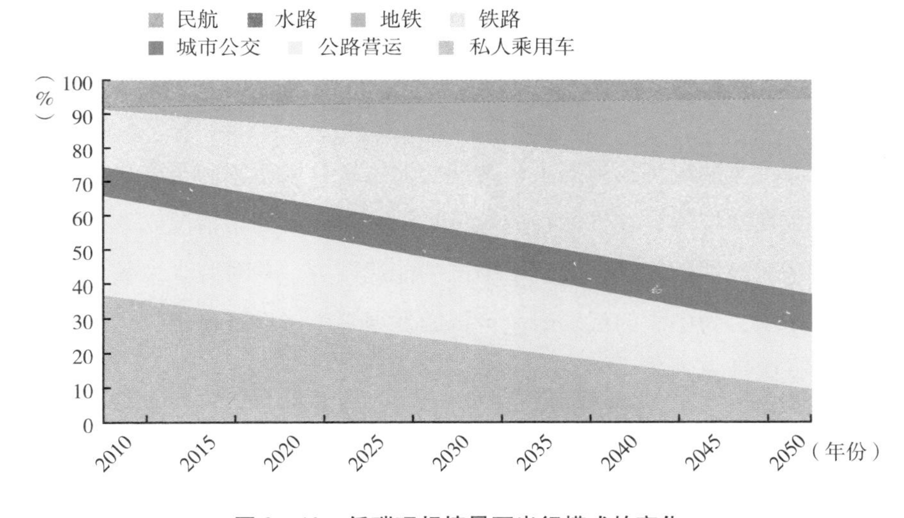

图 3 - 10　低碳理想情景下出行模式的变化

（3）能效——选择低碳技术

低碳交通技术的进步为单位交通周转量的能耗降低做出了巨大贡献。到 2050 年，各种交通出行工具效率大幅提高（见图 3 - 11）；燃料品质不断提高并向清洁燃料方向发展；新能源交通工具广泛应用。新能源汽车不同于依赖汽油和柴油为动力来源的传统车辆，而是采用非常规的车用燃料作为动力来源（或使用常规的车用燃料、采用新型车载动力装置），并采用综合车辆的动力控制和驱动方面的先进技术，技术原理先进，具有新技术和新结构。

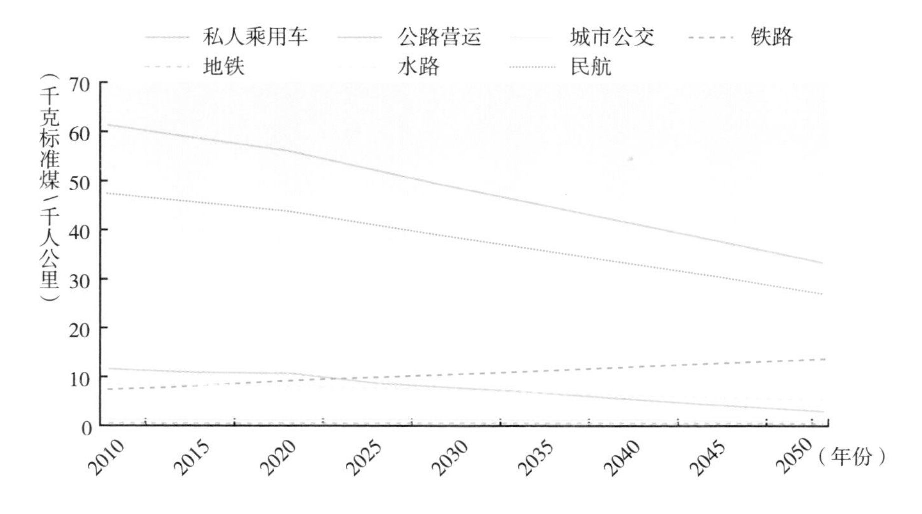

图 3－11　低碳理想情景下各类交通方式能效的逐年变化

新能源汽车的配套设施齐全，智能交通系统自动搜索和报告最近的充电站和电池更换站位置，并告知目的地最短距离路线及拥堵情况。新能源汽车减轻了汽车对汽油的依赖，缓解了中国的能源压力，并对减少二氧化碳排放起到明显作用，为中国的低碳绿色可持续发展提供了有效途径，绿色出行的环保性和低碳性得到统一。

（二）快速消费品生产能耗

快速消费品的需求主要从 3 个类别进行考察：衣、食以及其他生活生产使用。快速消费品的生产能耗和碳排放主要考虑全生命周期中原材料开发加工、产品生产制造环节（即投入使用前的能耗和碳排放）。以食为例，其生产能耗包括如下环节：农业投入品生产能耗，包括化肥、农药、农膜、饲料生产及农业机械折旧的能耗；农业生产直接能耗，指农户或农场种植、养殖所需的直接能源消耗；食物加工制造能耗，指生产出的农产品部分需要经过加工制造成商品的能耗。按照中国的统计体系，其生产能耗包括农副食品加工业能耗、食品制造业能耗、饮料制造业能耗和烟草制品业能耗；运输能耗，指农业投入品、食物物流过程全部能耗，包括农业投入品由工厂运至农户或农场，农产品由农户或农场运至供应商再到消费者或运至食品加工厂再到供应商直至消费者等全过程能耗。

未来影响快速消费品的生产能耗的主要因素是快速消费品的消费增长率（即需求），以及相关生产行业的能效水平（即能效）。四种情景总体设定区别如表 3－5 所示。

表 3－5　快速消费品参数的基本假设

情景	需求	能效
基础情景	各类快速消费品的实物消费量基本参照美国模式快速增长	制造业能效提高，2025～2030 年达到世界先进水平
技术进步情景	各类快速消费品的实物消费量基本参照美国模式快速增长	制造业能效快速提高，2025 年之前达到当时世界先进水平
适度消费情景	践行低碳生活方式，各类快速消费品的实物消费量增至合理水平后，保持稳定，避免盲目增长	制造业能效提高，2025～2030 年达到当时世界先进水平
低碳理想情景	践行低碳生活方式，各类快速消费品的实物消费量增至合理水平后，保持稳定，避免盲目增长	制造业能效快速提高，2025 年之前达到当时世界先进水平

1. 需求

“十一五”期间，服装消费每年都保持了 20% 以上的同比增长，增速均明显高于当年社会消费品零售总额增速，当前国内服装市场总容量已经超过 8000 亿元。根据国际经验，当人均 GDP 超过 3000 美元的时候，服装消费步入高增长周期，并在长达三十年的时间中保持 GDP 增速的 3 倍水平（邓向辉等，2012）。因此中国城镇居民未来的衣物消费必将延续“十一五”以来快速增长的趋势，人均衣物消费量将由 2014 年的每年 10 件增长到 2050 年的每年 35 件。而在低碳理想情景下，通过引导“适度、合理”消费理念，消费者将由追求衣物的数量变为追求衣物的品质，效仿法国人“一个衣柜只有 10 件衣物”的“少而精”的着装文化（Scott，2014）。在这一情景下，预计 2050 年人均衣物消费量将会保持在 16 件左右。

食品的需求影响则更为复杂，食物总量变化导致各类型能耗的物质需求量变化，如相应的化肥用量增加，加工、运输、烹饪的食物量也增加。影响未来食物需求总量的因素主要有两个：一是膳食结构的转变；二是食物的损耗与浪费。中国的膳食结构已迈入一个新的历史时期，肉、蛋、奶、水产人均消费量和占比均不断增加。而肉、蛋、奶、水产等动物性食物生产需要以粮食为饲料，从而导致粮食总量的增加，进而增加化肥消费量，2010 年全国 1/3 左右的粮食用作饲料。1990 ~ 2013 年，中国人均动物性食物消费从 49. 3kg/年增长到 157. 6kg/年，其中肉类消费从 25. 7kg/年增至 61. 1kg/年。根据《中国居民膳食指南（2007）》中给出的平衡营养膳食宝塔，人均肉类消费上限为 27kg/年，因此 2013 年中国人均肉类消费量 61. 1kg 已超过上限一倍，然而奶类消费量 32. 7kg/年却远远低于《中国居民膳食指南（2007）》中 109. 5kg/年的推荐量。

参照美国、欧洲等发达国家的饮食结构，在基础情景下，中国未来人均动物性食物消费量将增长到 265kg，其中肉类消费量达到 100kg，接近美国、澳大利亚水平，奶类消费量将达到 100kg，接近《中国居民膳食指南（2007）》的推荐量，但远远低于欧美国家的水平（鉴于我国相对有限的发展畜牧业的自然条件以及不同的饮食习惯）。而在低碳理想情景下，中国居民的饮食结构将向素以健康著称的日本靠拢，人均肉类消费量将维持在 60kg/年，水产消费 50kg/年，奶类消费 70kg/年，蛋类 20kg/年，动物性食物消费总量为 200kg/年。

食物损耗和浪费特指原本计划供人类消费却在某一环节离开了食物链的食物，其中损耗发生在供应链的前四个环节（农业生产、收货后处理和储存、加工、流通），而浪费发生在终端消费环节（FAO，2011）。在全球范围内，每年有近 13 亿吨的食物被损耗和浪费，相当于总产量的 1/3（FAO，2011）。发达地区与发展中地区的食物损耗和浪费比例有显著差异。发达国家食物浪费比例（30% ~40%）远高于发展中国家（20% 以下），而食物损耗比例（60% 以下）远低于发展中国家（80% 以上）。中国食物损耗与浪费则表现出“双高”的特征：食物浪费比例高，趋于发达国家水平；食物损耗比例也偏高，接近发展中国家水平。总体而言，占总产量 1/4 的食物未经消费就被损耗和浪费，其中浪费量占 8.5%，损耗量占 17.0%[①]。在低碳理想情景下，通过基础保障措施建设，未来中国食品物流环节损失可以控制在 5%以内，达到发达国家水平，而餐桌食物浪费也可以控制在 5%以内。除了控制食物需求总量以外，中国还可以通过转变农业生产方式及提高技术来减少化肥、农药、农膜的需求量。例如，提高化肥施用率、采用有机肥等方式可以减少化肥施用总量，从而降低 NO_2 等温室气体的排放（主要来自氮肥）；发展环境友好型生态农业可减少农药、农膜的使用量。

对于其他生产生活使用的快速消费品，其主要指日用塑料制品、日用玻璃制品、日化品、机制纸及纸板、墨盒、医药品等。日用塑料制品、日用玻璃制品、日化品的内需近年来随着城镇化率的提高以及居民生活水平的提高而呈现较快的增长。2004～2014 年，日用塑料制品产量年均增长 8.5%。考虑到我国人均每年塑料消费量仅有 12kg 左右，而发达国家为 30kg～100kg，世界平均消费量也达 18kg，因此，在基础情景下，未来中国的塑料制品消费量仍旧会逐步增长，但增速将逐渐放缓（中国产业信息网，2014b）。与之类似，日用玻璃制品产量同期年均增速为 12.5%，尤其是高档日用玻璃制品的需求 2010 年以来以 20%的速度增长，因此未来日用玻璃制品的产量仍将保持较高速度的增长，但增速亦将逐步回落（中国产业信息网，2015）。机制纸及纸板的产量自 2006 年以来增速逐年放缓，从 2006 年的 20.23%下降到 2014 年的 2.8%，预计未来增速将持续下降（中国产业信息网，2014a）。

2. 能效

对于衣物能耗来说，纺织业的能耗是衣物能耗中最主要的部分。目前纺织印染行业生产万米布耗煤 3 吨，耗电 450 度，用水 300～400 吨，能耗和用水量分别是国外先进水平的 3～5 倍和 2～3 倍。整个纺织产业整体设备的现代化水平要比世界先进水平落后 10～15 年，如此落后的生产设备不仅导

① 胡越等：《减少食物浪费的资源及经济效应分析》，《中国人口·资源与环境》2013 年第 12 期。

致生产成本高，缺乏竞争力，而且也使我国纺织产业在优质、高效、高产、环保、节能方面存在着明显的差距。国家发展和改革委员会数据显示：目前纺织等8个行业主要产品单位能耗平均比国际先进水平仍然高40%。在国际低碳经济形势下，建立低碳纺织服装产业体系、开展碳足迹和生态足迹核算、重视绿色环保产品和低碳产品的设计开发，将对进一步发展低碳经济、增强产业的可持续竞争力具有重要的意义。随着国家相关节能政策的出台和纺织技术水平的提高，我国整个纺织业能耗水平呈现逐年下降的趋势，2050年纺织业单位GDP能耗水平将下降40%，达到0.46吨标准煤/万元（邓向辉等，2012）。

食品生产能效的影响因素更为广泛。本研究中主要考虑如下内容：农业投入品生产中化肥、农膜、农业机械生产的主要能耗环节是合成氨、乙烯、钢铁的生产，因此其能耗强度下降率可参考合成氨、乙烯、钢铁工业能效的提高；农户或农场生产过程能耗主要是农业机械使用带来的能源消耗，未来中国将全面推进农业机械化发展，因此以单位机械动力能耗强度下降率代表农业生产能效的提高；加工制造能耗强度指标选取吨食物加工能耗强度下降率；运输能耗强度指标选取吨公里投入品和食物总量的能耗强度下降率。

对于其他生产与生活使用的快速消费品，也以相关主要工业产品的单产能耗变化来估计其能效的变化，如纯碱、烧碱、玻璃、橡胶等工业产品的单位产品能耗的变化取值，主要参考了国家发展和改革委员会能源研究所课题组的研究（国家发展和改革委员会能源研究所课题组，2009），具体取值如表3－6、表3－7所示。

四种情景下快速消费品生产隐含能及碳排放的变化如图3－12所示。在基础情景下，快速消费品隐含能在2010～2050年均呈稳定增长趋势，能耗由2010年的5.1亿吨标准煤增长到2050年的14.5亿吨标准煤，占社会总能耗的33.2%。碳排放亦呈现增长趋势，但增速在2040年后将明显放缓，接近25亿吨CO_2的峰值。在技术进步情景和适度消费情景下，2050年能耗将分别降低12.5%和8.6%；碳排放降低18.1%和8.5%。而在低碳理想情景

表 3－6 低碳理想情景下的主要需求参数

项目		单位	2010 年	2020 年	2030 年	2040 年	2050 年
衣	人均购衣数量	件	8	13	17	16	16
食	人均实际消费重量	kg/人	973	1018	1074	1108	1138
	食物实际消费量*	亿吨	13.0	14.2	14.8	14.9	14.5
	食物总产量	亿吨	17.7	21.6	23.9	24.6	24.5
	动物性食物总量	亿吨	1.98	2.41	2.66	2.80	2.89
	植物性食物总量	亿吨	15.7	19.2	21.2	21.8	21.6
	物流损失	%	17	15	10	7	5
生产生活	日化品消费增长率	%	4.8	2.5	1.2	0.3	0
	日用塑料制品消费增长率	%	4.2	1.0	0.5	0.1	0
	医药品消费增长率	%	1.0	0.7	0.4	0.1	0
	日用玻璃制品消费增长率	%	7.3	1.5	0.5	0.1	0
	纸与印刷品消费增长率	%	3.0	2.0	1.0	0	-0.5
	废纸回收再生比例	%	60	63	66	69	72
	墨盒等其他消费品增长率	%	6.8	5.8	3.6	1.9	1.8

注：*指进入人类口腹的食品量，与食物总产量有一定差别，主要是植物性的食品还有很大一部分用于动物性食品的养殖与放牧使用，另外受食品保质期、运输浪费、餐桌浪费等因素影响，也会造成这两个数据间的差别。

表 3－7 低碳理想情景下的主要能效参数

项目		单位	2010 年	2020 年	2030 年	2040 年	2050 年
衣	纺织业单位 GDP 能耗	吨标准煤/万元	0.76	0.52	0.41	0.35	0.31
食	合成氨综合能耗	kgce/t	1587	1270	1190	1130	1075
	乙烯综合能耗	kgce/t	950	790	700	670	660
	吨钢可比能耗	kgce/t	681	617	560	550	538
	饲料能耗(2010 年为 1)	吨标准煤/吨	1	0.9	0.8	0.7	0.7
	农业单位机械动力能耗(2010 年为 1)	吨标准煤/Kw	1	0.9	0.8	0.7	0.7
	吨食物加工(2010 年为 1)	吨标准煤/吨	1	0.9	0.8	0.7	0.7
	食品运输综合能耗	吨标准煤/万吨公里	0.826	0.739	0.695	0.652	0.608

续表

项目		单位	2010 年	2020 年	2030 年	2040 年	2050 年
生产生活	纯碱综合能耗	kgce/t	330	310	290	285	280
	烧碱综合能耗	kgce/t	1250	990	890	870	860
	乙烯综合能耗	kgce/t	950	790	700	670	660
	纸与纸板平均综合能耗	kgce/t	680	400	290	240	220
	玻璃综合能耗	kgce/重量箱	16.9	13.5	12.2	11.7	11.3
	墨盒等其他单产能耗下降率	%	-0.7	-0.5	-0.3	-0.3	-0.2

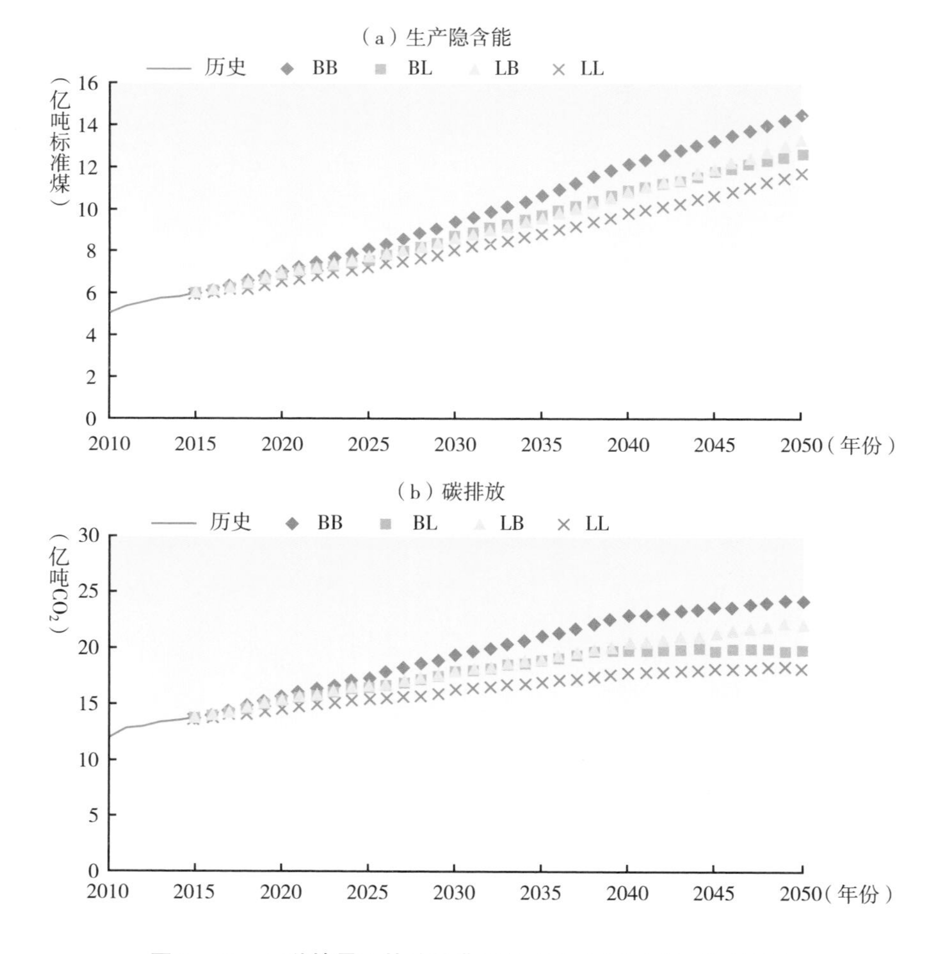

图 3-12　四种情景下快速消费品生产隐含能与碳排放的变化

下，2050 年能耗将降为 11.7 亿吨标准煤，比基础情景降低约 19.3%；碳排放在 2040 年就将达到 18 亿吨 CO_2 的峰值，比基础情景中的峰值降低约 28%。由此可见，对于快速消费品而言，由于其未来需求仍将不断增长（尽管增速将逐步放缓），所以消费转型的节能潜力较为有限，不及技术进步的节能潜力大。

低碳理想情景下的衣、食及其他快速消费品的隐含能及碳排放结果如图 3－13 所示。居民的购衣行为将遵循“少而精”的原则，饮食结构营养均衡，因此与衣着和食物相关的能耗增长将极为缓慢。2050 年，与衣、食相关的能耗将分别从 2010 年的 0.8 亿吨标准煤和 2.3 亿吨标准煤增长到 1.0 亿吨

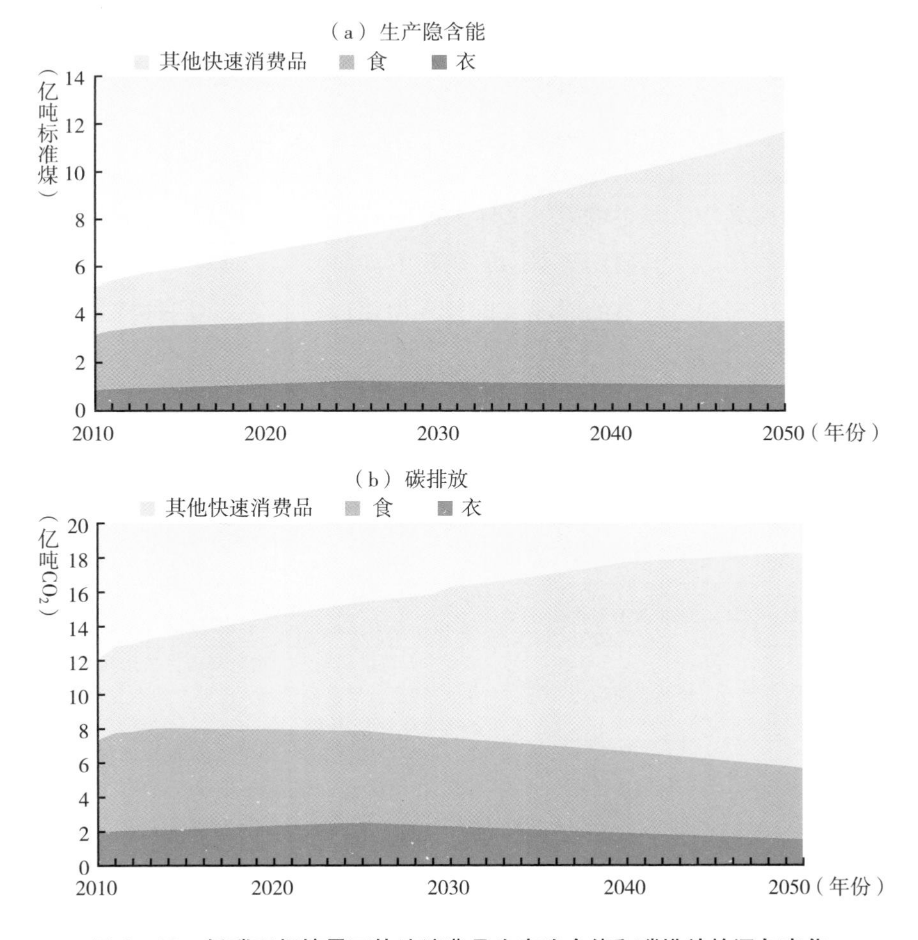

图 3－13　低碳理想情景下快速消费品生产隐含能和碳排放的逐年变化

标准煤和2.7亿吨标准煤，约占快速消费品生产能耗的1/3，占全社会总能耗的10.5%。快速消费品生产能耗中占比最大的是衣、食以外的其他快速消费品，包括日化品、日用塑料和玻璃制品、机制纸和纸板等。这部分快速消费品由于城镇化和第三产业的快速发展和人民生活水平的提高而增加，占比快速提升，2050年将达到8.0亿吨标准煤，约占快速消费品生产能耗的2/3，占全社会总能耗的22.7%。这标志着我国第三产业，特别是服务业，在国民经济中的地位迅速提高。快速消费品生产碳排放的趋势与隐含能类似，但由于能源结构的优化，碳排放增速远低于能耗的增速。2050年，快速消费品生产碳排放将由2010年的12.1亿吨 CO_2 增加到2050年的18.3亿吨 CO_2，约占全社会碳排放的1/3。其中衣、食占全社会碳排放量的10.4%，其他快速消费品占23%。

（三）耐用消费品生产能耗

耐用消费品指汽车、电器、文体工艺制品、其他金属制品等使用年限在一年以上的耐用产品。耐用消费品的能耗主要考虑全生命周期中原材料开发加工、产品生产制造环节的能耗（即投入使用前的能耗）。四种情景总体设定区别如表3－8所示。

表3－8　耐用消费品三类参数的基本假设

四种情景	技术	生活方式
基础情景	按照当前趋势发展	每百户拥有量按当前的增长速度增长。电器寿命与目前一致，比如冰箱寿命为10年左右
技术进步情景	节能政策强化	每百户拥有量按当前的增长速度增长。电器寿命更长，比如冰箱寿命延长为15年
适度消费情景	按照当前趋势发展	每百户拥有量在未来一定时期内保持增长后达到饱和值，增速低于基础情景。电器寿命与目前一致，比如冰箱寿命为10年左右
低碳理想情景	节能政策强化	每百户拥有量在未来一定时期内保持增长后达到饱和值，增速低于基础情景。电器寿命更长，比如冰箱寿命延长为15年

1. 需求与产量

（1）车辆需求将持续增长，2050年基础情景比低碳理想情景下的千人

汽车保有量高出38%

2014年我国千人汽车保有量达到107辆，当年国内汽车制造业汽车产量也达到了2372万辆。我国已成为全球最大的汽车制造与销售市场，与此同时，堵车也成为国内大中小城市的常见现象。在基础情景下，汽车需求量继续维持较高的增长速度，至2050年达到353辆/千人，全国汽车保有量达到5亿辆。需要指出的是，即使是353辆/千人的高水平，也远低于美国2010年左右的千人汽车保有量（439辆/千人）。在低碳理想情景下，2015年后汽车需求量的增速显著下降，2050年千人汽车保有量为255辆，全国汽车保有量达到3.67亿辆（见图3－14）。2050年千人汽车保有量基础情景下比低碳理想情景下高出38%，汽车保有量多出1.33亿辆。

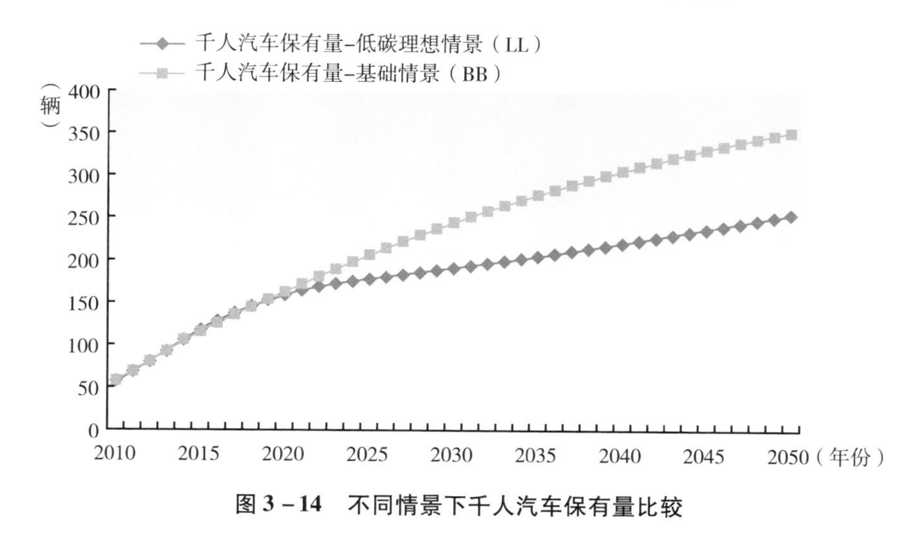

图3－14　不同情景下千人汽车保有量比较

从汽车制造业的规模来看，在基础情景下，国内汽车制造业的规模将继续扩大，到2024年汽车产量将超过3000万辆，到2036年产量将超过3400万辆，之后一直维持在这一水平（见图3－15）。而在低碳理想情景下，假设国内市场新增需求下降，2015～2024年国内市场新增需求每年递减150万辆，2025年后每年新增需求与2024年持平，维持在每年新增428万辆的水平，而每年的折旧率则按汽车保有量报废率6%计算。事实上，由于汽车保有量的基数巨大，2016年汽车报废量即可超过1000万辆，之后年报废量仍持续增长，至2050年可达到2205万辆。2015年之前，我国是新兴汽车市场，汽车的产量主要取决于每年的新增需求，而2015年后新增需求将逐年下降，到2019年每年汽车报废量将超过新增需求，2023年后汽车产量主要取决于当年报废量。

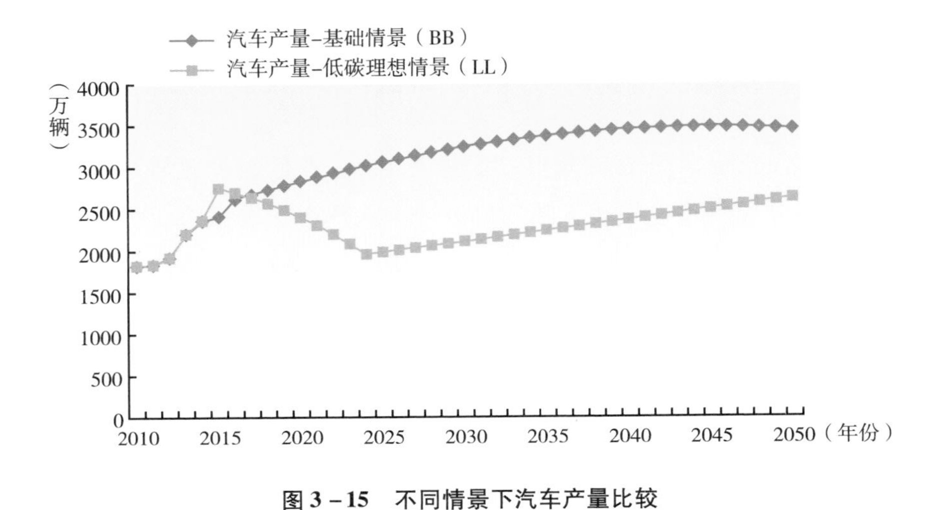

图3-15　不同情景下汽车产量比较

电动汽车取代传统燃油汽车将成为今后汽车产业发展中最重要的变革，由于各国的电动汽车尚未发展到大规模应用阶段，因此难以准确预料其应用前景。在基础情景下，假设电动汽车发展水平较低，2020年电动汽车占汽车保有量的3.2%，2050年电动汽车占比将达到19.8%，而技术进步情景下，2050年电动汽车占比将可达到28.7%。

（2）未来家电新增需求主要来自农村居民，家电出口贸易亟待升级

我国农村居民的家用电器保有量与城镇居民相比仍有很大差距，城镇居民家庭常见家用电器拥有量已接近饱和，而农村居民家庭常见家用电器还有很大增长空间。2014年城镇居民家庭洗衣机、电冰箱、彩电、空调每百户拥有量达到100台、100.9台、132.7台和92.9台；而农村居民家庭的每百户拥有量仅为70.9台、71台、119.5台和36.5台。按照我国居民的住房结构和生活习惯，洗衣机和电冰箱的百户拥有量存在一个饱和值，在本研究中设定为100%（低于发达国家水平）。

在基础情景下，各类电器的百户拥有量按当前的增长速度增长，2030年城镇居民家庭家用电器百户拥有量将达到发达国家的水平；2020年农村居民家庭家用电器百户拥有量将达到城镇居民家庭2010年的水平。而在低碳理想情景下，各类家用电器保有量的增长速度低于基础情景，而高能耗产品，如烘干机等在中国未得到普及与应用（见表3－9）。从国内市场家电的需求量来看，未来家电的新增需求主要来自农村居民家庭，而小家电将成为家电行业新的增长点。

表3－9　低碳理想情景下城镇居民家庭与农村居民家庭常用电器每百户保有量

项目		单位	2010年	2020年	2030年	2040年	2050年
城镇居民家庭	居民户数	百万户	221.9	288	336.8	364.8	380.4
	洗衣机	台/百户	96.9	100	100	100	100
	电冰箱	台/百户	96.6	100	105	110	115
	彩电	台/百户	137.4	142.4	147.4	152.4	157.4
	空调	台/百户	112.1	154.8	189.9	224.9	260
	热水器	台/百户	84.8	100	100	100	100
	家用电脑	台/百户	71.2	92.5	120.3	160.1	200
	移动电话	台/百户	188.9	260.4	265	265	265
农村居民家庭	居民户数	台/百户	189.7	181.0	160	151.6	144
	洗衣机	台/百户	57.3	96.9	100	100	100
	电冰箱	百万户	45.2	96.6	100	105	110
	彩电	台/百户	111.8	137.4	142.4	147.4	157.4
	空调	台/百户	16	112.1	148.1	184.0	220
	热水器	台/百户	20	84.8	100	100	100
	家用电脑	台/百户	10.4	71.2	92.5	120.3	160.1
	移动电话	台/百户	136.5	225.6	260.4	265	265

中国是世界上最大的家用电器生产国和出口国，家电出口贸易的特点主要有：（1）家电出口贸易占比高。2013年我国家电行业出口额为614.4亿美元，占当年总出口额的2.8%。全球金融危机后，我国家电出口比例逐年降低，但2013年洗衣机、电冰箱、彩电、空调出口量占总生产量的比例仍分别为26.4%、38.3%、46.8%和33.8%（商务部，2014）。（2）小家电

出口占比迅速增加，2013 年小家电出口额占家电行业出口额的 56%。（3）中国家电出口贸易结构亟待升级，一般贸易和品牌出口份额增长缓慢，企业缺乏引领产品发展趋势的核心竞争力，2013 年上半年一般贸易出口占比 48.9%，加工贸易出口占比仍高达 51.1%。

2. 能效

由于缺乏我国的平均整车制造能耗数据，本研究采用了福特汽车整车制造能耗的全球平均值，2014 年该数值为 2.47MWh/辆（Ford，2015）。近年来，一些大型汽车制造企业纷纷发布社会责任或可持续发展报告，提出能效下降目标。德国宝马公司 2006～2014 年整车制造能耗年下降率达到 4.28%；丰田北美汽车制造公司 2003～2012 年整车制造能耗的年下降率达到 1.5%；福特汽车全球平均整车制造能耗高于上述两家公司，但 2009～2014 年整车制造能耗的年下降率达到了 4.9%。在本研究中，基础情景下 2015～2020 年整车制造能耗年下降率为 2%，2021～2050 年年下降率为 1%；低碳理想情景下，2015～2020 年整车制造能耗年下降率为 3%，2021～2050 年为 1.5%（见表 3－10）。

表 3－10　低碳理想情景下的主要能效参数

项目	单位	2010 年	2020 年	2030 年	2040 年	2050 年
汽车整车制造能耗	MWh	3.09	2.03	1.72	1.46	1.24
吨钢可比能耗	kgce/t	681	617	560	550	538
平板玻璃综合能耗	kgce/重量箱	16.9	13.5	12.2	11.7	11.3
电解铝交流电耗	kWh/t	13979	12870	12170	11923	11877

对于电器，主要用相关工业产品单位能耗的变化代表电器整机制造能耗的变化。“十一五”期间单位工业增加值能耗大幅下降，5 年累计下降 26%。从现实情况来看，我国单位工业产品能耗与国际先进水平相比仍存在较大差距，节能潜力仍然很大。《工业节能“十二五”规划》提出到 2015 年，规模以上工业增加值能耗比 2010 年下降 21% 左右。IEA（2006）指出，目前绝大多数工业工序的能源强度比理论上的极限要高出 50%。Okazaki et al（2004）

指出，通过能源和物资管理方面的效率创新，至少可以达到10%的节能效应。中国家用电器协会发布的中国家电产业技术路线图（2011版）根据现有技术分析，提出2015年整机生产能耗（吨标准煤/万元产值）平均降低15%的目标。

类似地，对于其他生产与生活使用的耐用消费品，也以相关主要工业产品的单产能耗变化来估计其能效的变化，如纯碱、烧碱、玻璃、橡胶等工业产品的单位产品能耗的变化取值，主要参考了国家发展和改革委员会能源研究所等机构的研究报告，具体取值如附表2所示。

图3－16是2010～2050年四种情景下的耐用消费品能耗的变化。基

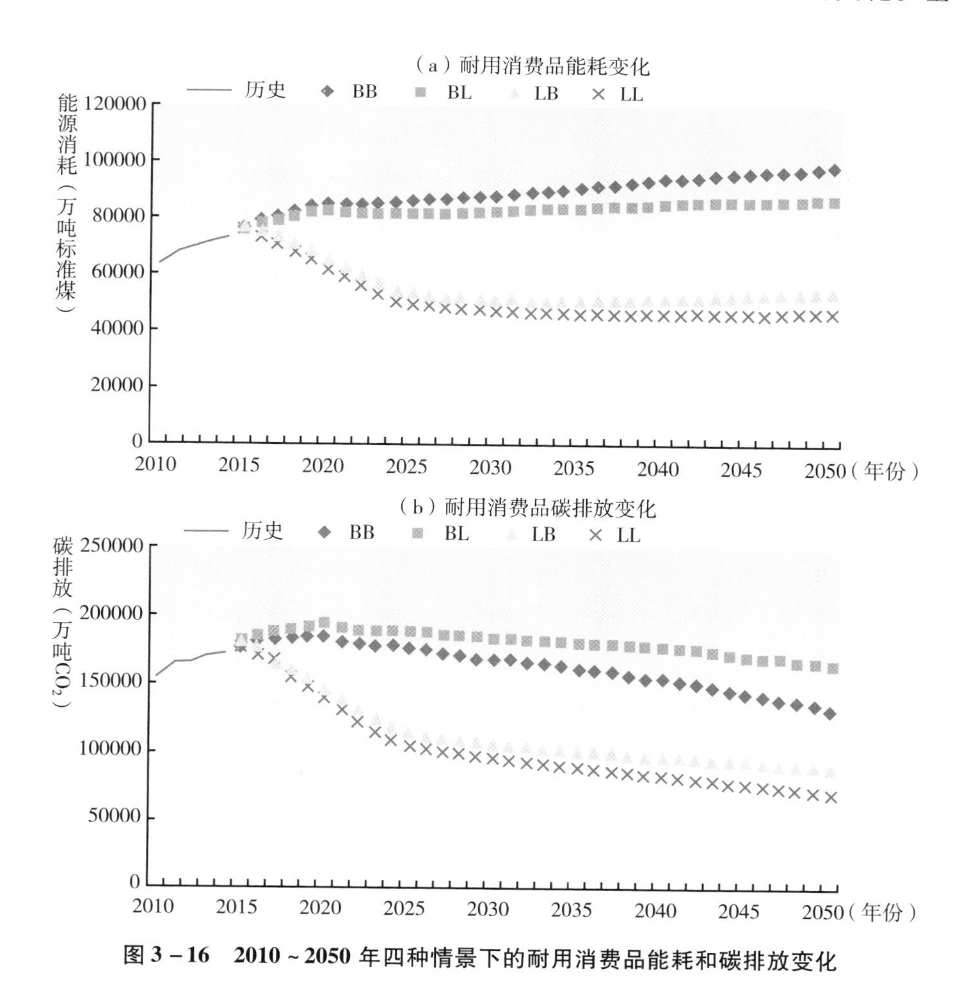

图3－16　2010～2050年四种情景下的耐用消费品能耗和碳排放变化

础情景和技术进步情景下，耐用消费品隐含能将保持稳定的增速，2050 年能耗将从 2010 年的 6.3 亿吨标准煤分别达到 9.8 亿吨标准煤和 8.6 亿吨标准煤。在适度消费情景和低碳理想情景下，耐用消费品隐含能将出现大幅的下降，在适度消费情景下，耐用消费品隐含能将从 2010 年的 6.3 亿吨下降到 2050 年的 5.3 亿吨；而在低碳理想情景中，依靠控制消费和技术进步两种途径，耐用消费品的隐含能在 2050 年将下降至 4.6 亿吨标准煤。

从长远趋势来看，四种情景下耐用消费品的隐含碳排放都将出现明显的下降。在基础情景下，2050 年耐用消费品隐含碳排放将达到 16.3 亿吨 CO_2，略高于 2010 年的水平，大致与 2011 年持平。技术进步情景、适度消费情景和低碳理想情景下，2050 年耐用消费品碳排放将比 2010 年降低 15%、43% 和 55%。

耐用消费品用能的结构将发生重大变化（见图 3－17）。一方面，车辆仍然是耐用消费品的重要组成部分，我国的汽车千人保有量持续增加，在低碳理想情景下 2050 年达到 255 辆/千人的高水平。另一方面，随着我国服务业的迅速发展以及制造业向高端制造的转型，办公类消费品占比迅速提高，表现为其他耐用消费品隐含能的增加。但如果缺乏合理的规划，各类耐用消费品都将出现过度增长和寿命期内就报废等现象，使得耐用消费品的消费总量超过合理范围。

（四）基础设施建设相关能耗

基础设施建设，主要指房屋、道路与桥梁建设[①]，具体指每年全国施工建设的房屋建筑面积与道路桥梁的里程数。按 2010 年产值水平估计，房屋与道路的建设量占所有基础设施建设量的比例约为 85%，故本研究主要研究房屋与道路的建设量，并认为桥梁等其他基础设施建设量占比维持 15% 不变。

在“美国消费模式”情景下，我国的高速城市化还将持续 20 年，建设

① 亦包括水库港口、管道铺设、市政设施等其他设施的建设。受统计数据所限，此类基础设施建设的量缺乏统计，在本研究中，暂时不做详细讨论。

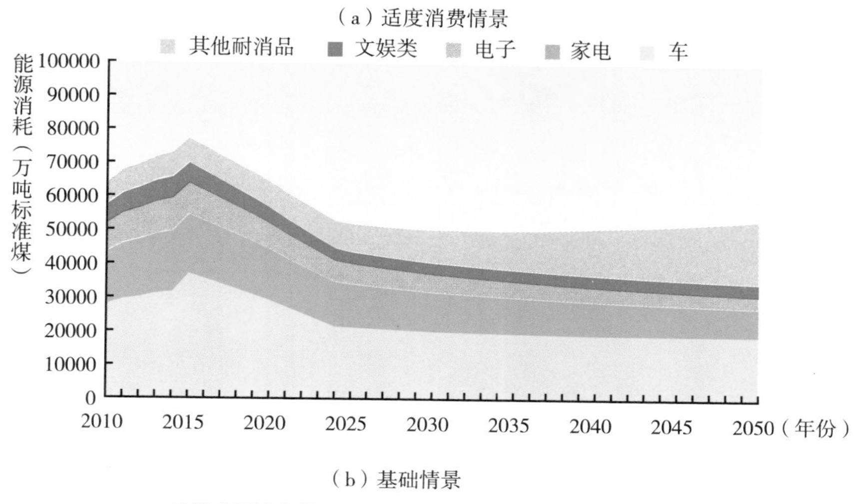

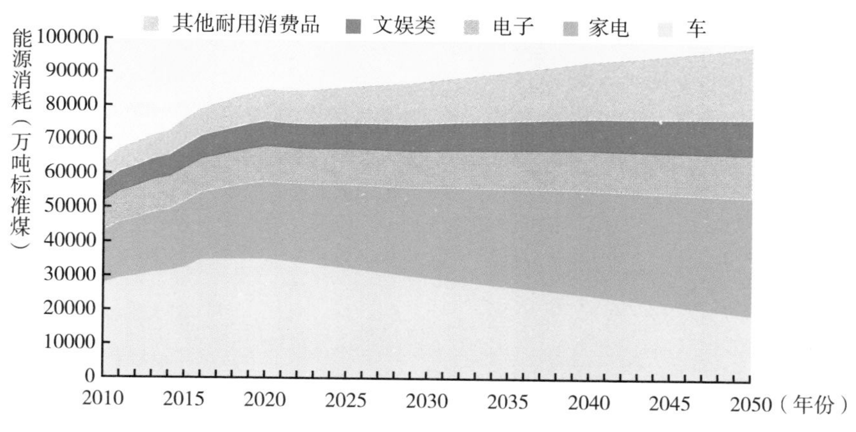

图 3－17　耐用消费品生产能耗结构变化

最高峰将出现在 2030 年，之后城市化建设水平进入平缓下降期，如图 3－18 所示。相应地，建筑保有量将由 2010 年 534 亿平方米持续增长至 2050 年的 1317 亿平方米，2050 年建筑保有量将是 2010 年的 2. 5 倍。其中民用建筑面积总量达 1149 亿平方米；人均公共建筑面积达 20 平方米，人均住宅面积达 60 平方米，显著高于 2014 年我国人均公共建筑面积 7. 3 平方米、城市居民人均住宅面积 28. 1 平方米和农村居民人均住宅面积 38. 7 平方米的水平。

在“低碳消费模式”下，考虑到目前大量涌现的“鬼城”，本研究认为我

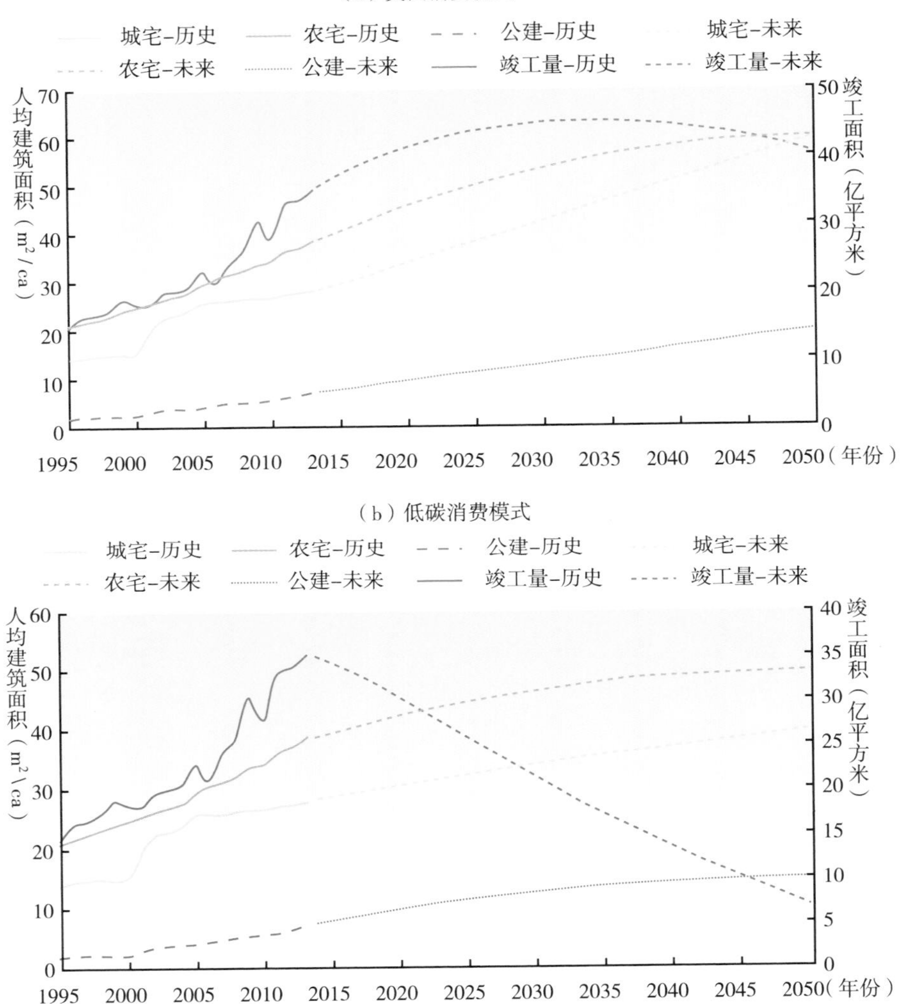

图 3－18　各类建筑面积的人均量与建筑总竣工量

国的建筑总量供应已经十分充足，城市化建设已达最高峰，未来的城市化建设水平进入平缓下降期。相应地，建筑保有量持续增长至 2050 年的 957 亿平方米，其中民用建筑面积达 821 亿平方米，人均公共建筑面积达 15 平方米，城镇人均住宅面积达 40 平方米，略小于农村人均 50 平方米的住宅面积（见图 3－19）。

2010 年，我国城镇公路通达率达 100%，超过 99% 的建制村实现了通

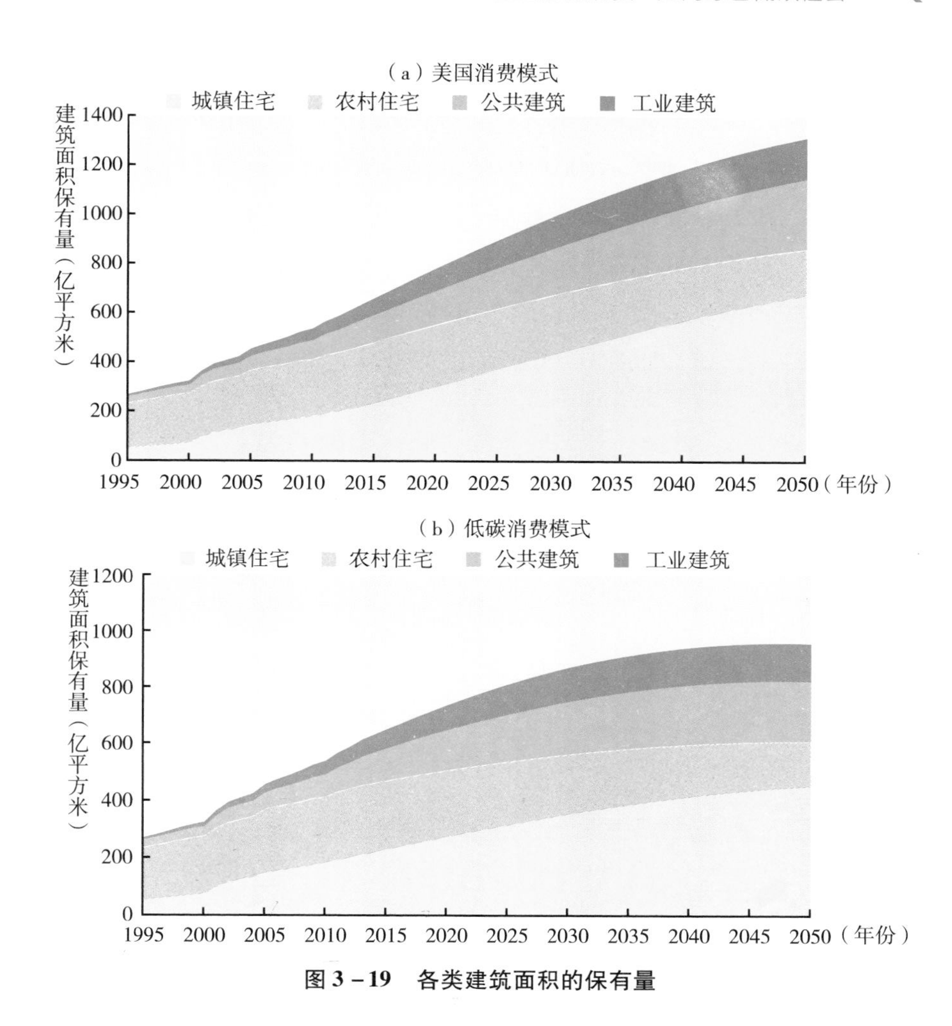

图 3－19　各类建筑面积的保有量

公路，已大致可以满足基本交通的要求。但与发达国家相比，我国的人均公路里程数仍然较低，2013 年约 3.2 米/人，远低于美国的水平（20.5 米/人），亦低于德国的水平（7.9 米/人）。此外，我国的高速公路里程密度（2013 年约 10.9m/km²），虽然已经超过美国的水平（7.8m/km²），但仍然远远低于日本（21m/km²）与德国（36m/km²）的水平。铁路亦是如此，2013 年我国人均铁路里程数不足 0.1m，远远低于日本（0.2 米/人）、德国（0.5 米/人）以及美国（0.7 米/人）的水平。值得注意的是，虽然中国的高铁技术水平领先世界，但高铁里程密度 2013 年仅为 1.1m/km²，远低于日

本（3.7m/km²）与德国（7.9m/km²）的水平。

根据国家规划，2020 年，若完成国家与地方高速公路网建设，我国高速公路总里程将达 14 万 km，超过美国位居世界第一。同时，在农村地区，高级（一、二级）公路与等级公路（三、四级）占比持续提高，除受到地形、地质等自然条件和经济条件限制外，均采用等级公路标准建设。

在"美国消费模式"下，我国 2050 年道路与铁路的建设量分别达到 2014 年的 2 倍与 5 倍。如图 3－20 所示，2020 年之前，这期间二者的保有量

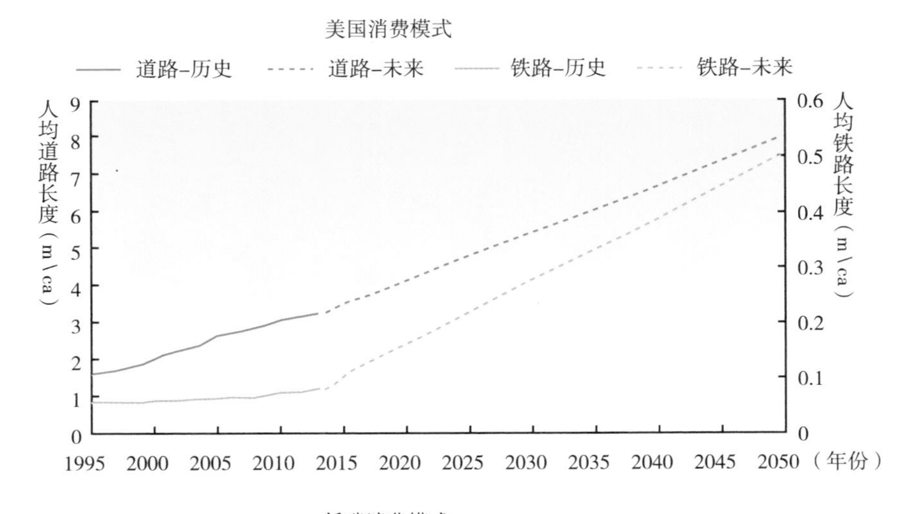

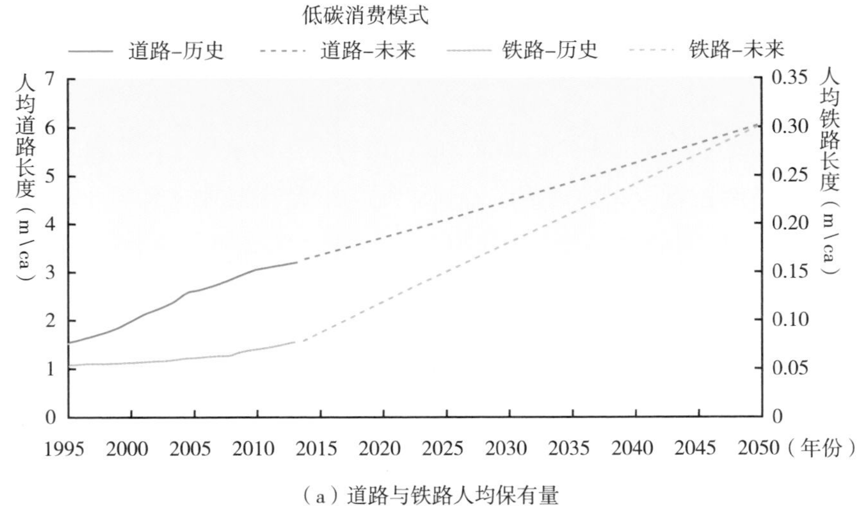

（a）道路与铁路人均保有量

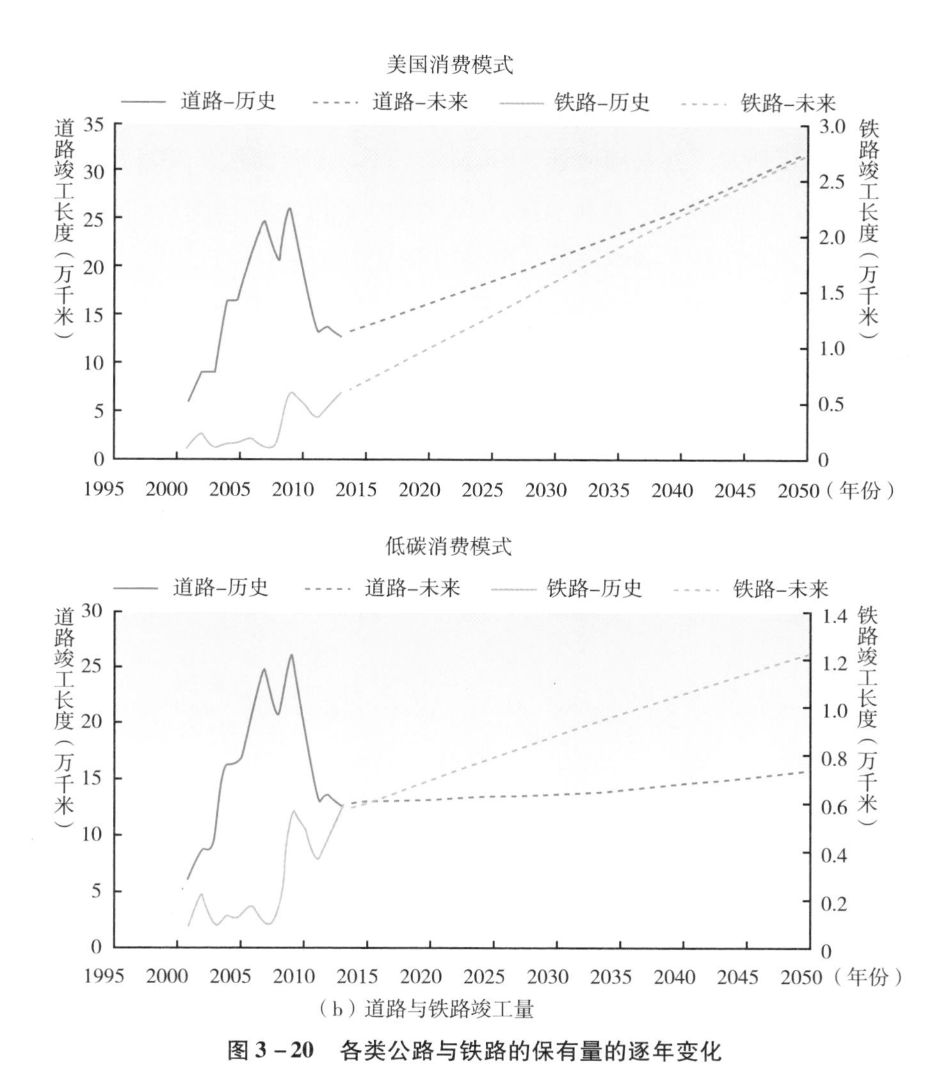

（b）道路与铁路竣工量

图 3－20　各类公路与铁路的保有量的逐年变化

均持续增长，2050 年道路与铁路的总长度分别达到 1152 万千米与 72 万千米，对应人均道路长度达 8m，人均铁路长度达 0.5m，其中高铁与调整公路的里程密度数分别达到 $8m/km^2$ 与 $40m/km^2$，均略超过当前日本与德国的水平。

而在“低碳消费模式”情景下，道路与铁路的增长达到当前日本与德国水平中的较低者，2050 年道路与铁路的总长度分别达到 864 万千米与 43 万千米，对应人均道路长度达 6m，人均铁路长度达 0.3m，其中高铁与调整公路的里程密度数分别达到 8m/km² 与 30m/km²。

根据上述情景计算而得出的四种情景下的基础设施建设能源消耗与碳排放如图3－21所示。在基础情景（BB情景）下，基建能耗在2025年达到峰值，为14.6亿吨标准煤，碳排放在2020年达到峰值，为33.5亿吨。随着技术进一步发展，在技术进步情景（BL情景）下，能耗与碳排放均略有降低。这两个情景差别不大的主要原因在于钢材与水泥的单产能耗在两种情景下差别极小，而这二者的能源消耗是建筑物与道路隐含能的最主要构成部分。

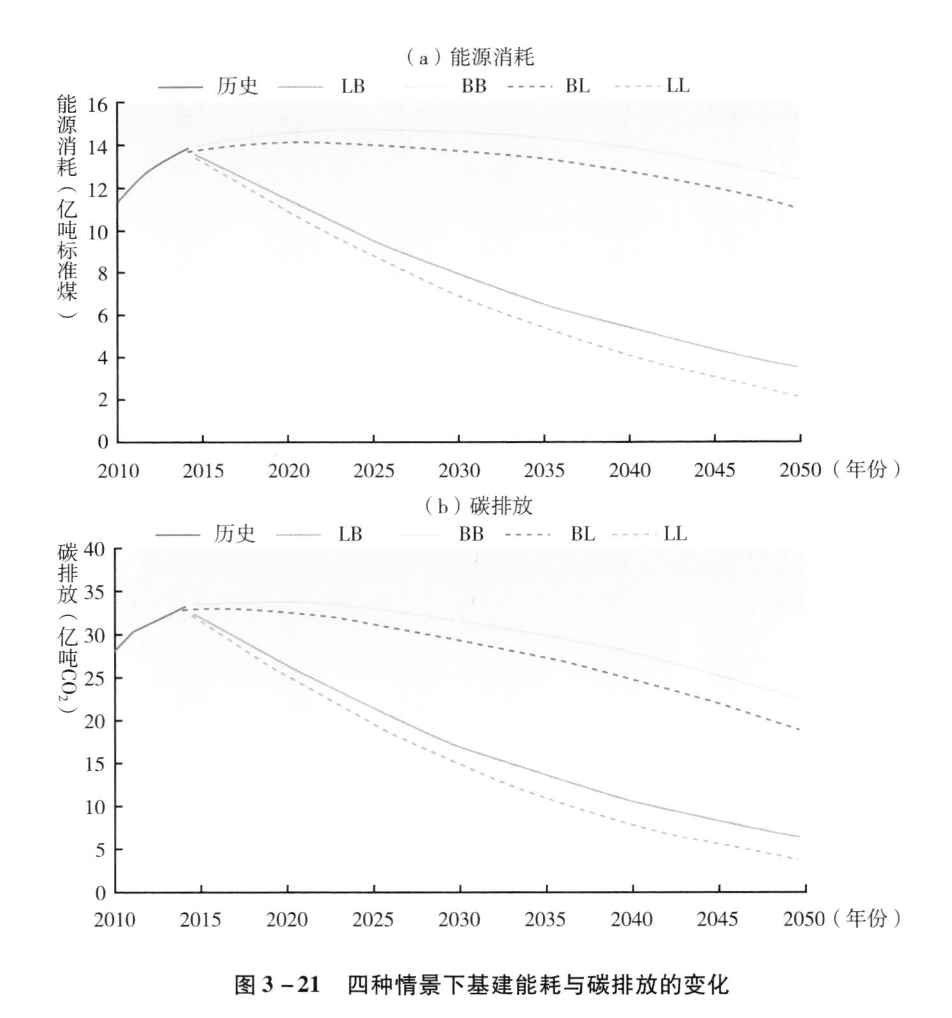

图3－21　四种情景下基建能耗与碳排放的变化

在低碳消费模式（LB 与 LL 两个情景）下，2015 年的基建能耗与碳排放已达峰值。而美国消费模式与低碳消费模式之间的巨大差别，源于当前城市建设中的“大建”与“大拆”。

“大建”是一个发展问题。城市化是国家发展的必由之路。中国仍处于城市化进程中，是进一步扩张城市化，还是减缓城市化的增速，取决于发展目标。朝美国消费模式发展，则进一步扩张城市化的脚步还将持续一段时间；若朝低碳消费模式发展，则城市化的建设规模增长速度可以大大放缓。

“大拆”则是浪费问题。原住建部副部长仇保兴在第六届国际绿色建筑与建筑节能大会上指出，中国拆除建筑的平均寿命仅有 25～30 年。“十一五”期间，我国建筑面积累计增长近 85 亿平方米；但同期我国的竣工建筑面积多达 131 亿平方米。如果不考虑统计与计算误差，相当于约 35% 的建筑被拆除。仅从城镇建筑面积来看，“十一五”期间累计增长约 58 亿平方米，同期竣工城镇建筑面积达 88 亿平方米，相当于 30 亿平方米的建筑被拆除，约占竣工面积的 34%。1970 年，我国的城镇建筑总面积仅约 10 亿平方米，这批建筑至 2010 年的寿命超过 40 年。建筑设计寿命通常为 50～100 年，如果按 50 年来计算，即使将 1970 年前的 10 亿平方米建筑全拆除，也意味着至少有 20 亿平方米的建筑在“十一五”期间被拆除时，其寿命小于 40 年。也就是说，“十一五”期间的拆建比高达 23%，并且被拆除的建筑均在未达到设计寿命期限前就被拆除了。

在美国消费模式下，按目前的“拆”“建”水平，2015～2050 年我国的累计建设面积达 1591 亿平方米，对应能耗高达 505 亿吨标准煤，对应 1083 亿吨二氧化碳排放。

而在低碳消费模式下，建筑寿命延长至 50～100 年，2015～2050 年累计的建设面积仅为前者的约一半，为 751 亿平方米，对应的能耗为 243 亿吨标准煤，对应的碳排放为 531 亿吨。与低碳消费模式需求情景相比，美国消费模式需求情景多消耗超过 250 亿吨标准煤，约为全球 2010 年能源产出的 2 倍。

总的来说，结合其他研究的判断（国家发展和改革委员会能源研究所课题组，2009），我国的基建能耗水平应当位于图 3－21 中基础情景（BB 情景）与低碳理想情景（LL 情景）两条曲线之间。近期，基建能耗还将保持较高的

水平；但考虑到城市化不可能是无限扩张的，远期能耗将回落至较低水平，从而不再是社会能耗的最主要组成部分。从城市化的具体成果来看，将会呈现“质”“量”齐升的局面：一方面是基础设施的量达到发达国家水平；另一方面是质量显著提高，包括高铁与等级公路占比提升、建筑寿命延长等。

（五）进出口产品隐含能

贸易的原始功能是互通有无，代表了人类的一种消费需求。在市场经济日益发达的今天，贸易更多地体现出其是一种经济功能，通过贸易可以大大降低全球生产和服务的成本。与吃、穿、住、用、行等居民需求相比，贸易需求具有更高的复杂性。一方面，贸易是满足居民各类需求的一种手段。在全球化背景下，中国居民在吃、穿、住、用、行各方面都具有贸易需求，且近年来呈现出增长趋势，如进口食品、高端品牌的衣服、装修材料、电子产品、汽车等。另一方面，贸易是促进经济增长，提高资源配置效率的一种手段。这一功能在全球化时代发挥着越来越重要的作用。

根据 WTO 统计，2013 年中国是世界上最大的商品出口国，其出口额占世界出口总额的 11.74%；是世界上第二大进口国，进口额占世界进口总额的 10.32%。从贸易结构来看，2003～2013 年期间，中国服务出口占总出口的比重在 10% 左右，远低于世界平均水平和其他大国。2013 年中国是世界上第五大服务出口国，占世界服务出口比重的 4.41%；中国还是世界第二大服务进口国，占世界服务进口比重的 7.52%。与商品贸易相比，中国的服务贸易尚有很大的发展空间。

本研究采用投入产出法核算了中国进出口贸易中的隐含能。理论上，贸易中的隐含能可表示为贸易总额、贸易结构与单位价值隐含能三个因素的乘积。本质上来看，单位价值隐含能的变化与技术水平相关性更大，属于技术层面的问题；而贸易进出口总额、贸易结构与宏观政策相关，属于政策层面的问题。本研究的出发点是判断贸易对国内能源需求和碳排放的影响，因此采用国内产品与进口产品相同的假设，进口产品的隐含能采用国内技术水平计算。需要指出的是，采用进口替代所得出的隐含能，会远远高于实际的隐含能进口量。

本研究设定了如下四个情景：

1）基础情景。延续现有的贸易政策，进出口贸易占 GDP 的比重进一步扩大，贸易结构变化缓慢，贸易产品隐含能强度保持现有的下降趋势，达到国家减排目标的下限。这一情景大致反映了中国进出口贸易最大化的情景（见表 3－11）。

2）技术进步情景。贸易隐含能强度下降率达到国家减排目标的上限，贸易总量和结构变化与基础情景相同。

3）适度消费情景。贸易与居民的消费需求基本协调。贸易顺差逐渐收窄，进出口贸易结构得到优化，原料出口比重快速降低，进口比例稳步提升；贸易产品隐含能强度保持现有的下降趋势，达到国家减排目标的下限。

4）低碳理想情景。贸易总量、结构与适度消费情景相同，贸易产品隐含能强度下降率达到国家减排目标的上限。

表 3－11　四种情景下进出口贸易占 GDP 的比重

单位：%

		2010 年	2020 年	2030 年	2040 年	2050 年
基础情景	出口占 GDP 的比重	26.17	30	35	35	35
	进口占 GDP 的比重	23.16	26	31	32	34
技术进步情景	出口占 GDP 的比重	26.17	30	35	35	35
	进口占 GDP 的比重	23.16	26	31	32	34
适度消费情景	出口占 GDP 的比重	26.17	28	30	30	30
	进口占 GDP 的比重	23.16	26	29	30	30
低碳理想情景	出口占 GDP 的比重	26.17	28	30	30	30
	进口占 GDP 的比重	23.16	26	29	30	30

1. 贸易总额

2010～2050 年，在基础情景和技术进步情景下，随着出口导向政策的继续实施，中国商品和服务出口占 GDP 的比重将进一步扩大，2030 年后保持在 35% 左右的高位（相当于保持在 2006～2007 年的水平，高于世界平均水平30%）。贸易顺差占GDP的比重，在2030年之前仍保持在4%左右（2000～2010年平均值为3.7%），之后随着进口规模的扩大，贸易顺差逐步回落，但2050年仍将保持1%左右的贸易顺差。

在适度消费和低碳理想情景下，中国逐步扭转出口导向的贸易政策，出口占GDP的比重缓慢提高，贸易顺差逐步缩小，由目前的23%逐步达到平衡（2040年）。

2. 贸易结构

当前，服务出口、进口占总出口和总进口的比重分别为9.3%、12.1%，远低于世界平均水平（20%）。在基础情景和技术进步情景下，服务贸易发展缓慢，服务出口的比重每10年提高3个百分点，2050年将达到21%左右，基本与世界现有平均水平相当。与此同时，服务贸易基本保持3%左右的贸易逆差。

在适度消费和低碳情景下，未来40年，中国的服务贸易将发展更快，2050年，服务出口占GDP的比重将达到30%，接近美国2010年的水平；服务进口占GDP的比重将达到20%，与欧美发达国家的水平相当。2050年中国将成为一个服务贸易出口大国，并在该贸易方式上保持较大的贸易顺差。

货物贸易中，原料品出口占货物出口的比重将逐步下降，而原料品进口占货物进口的比重将逐步上升。在基础情景下，2050年，原料出口占货物出口的比重由2010年的14.4%下降到10%，而原料进口则提高到30%。在低碳情景下，中国严格限制"两高一资"产品的出口，同时鼓励稀缺性矿物等原材料的进口。2050年，原料出口占货物出口的比重将下降到5%左右，而原料进口则提高到40%左右。不同情景下货物贸易的结构见附录表5。

3. 单位价值隐含能（各类贸易品的单位能耗）

2000年以来，中国各类贸易商品的单位价值隐含能都呈现明显的下降趋势。2000～2010年，出口商品的隐含能下降了23%，进口商品的隐含能下降了28%，作为对比，同期万元GDP能耗下降了40%左右。

中国已经提出了2020年单位GDP碳排放较2005年下降40%～45%的目标，2030年单位GDP碳排放较2005年下降60%～65%的目标。这一目标的实现依靠全社会的技术进步和结构调整，同时会显著影响到贸易产品的隐含能强度。

在基础情景和适度消费情景下，本研究假设各类贸易产品在2010～2030年期间保持2000～2010年期间的技术进步率；2030～2050年期间单位能耗下降率保持在每年2%左右。在技术进步和低碳情景下，我们假设2020年较2005年单位能耗下降45%，2030年较2005年下降65%，2040年较2005年下降75%，2050年较2005年下降80%（见附表6）。不同情景下各类贸易商品的单位能耗见附表7。

2013年我国出口贸易隐含能（12亿吨标准煤）仍高于进口贸易隐含能（11.3亿吨标准煤），中国为隐含能净出口国。在基础情景和技术进步情景下，出口贸易隐含能和进口贸易隐含能都将显著增加，贸易对中国碳排放的驱动力仍将增加，其中出口贸易隐含能将在2040年左右达到峰值，而进口贸易隐含能还将持续增长。基础情景下出口贸易隐含能2040年达峰时的值约为2013年的2倍，2050年进口贸易隐含能约为2013年的1.8倍。在适度消费情景和低碳理想情景下，出口贸易和进口贸易的隐含能都显著下降，其中两种情景下2050年的出口贸易隐含能都将低于2010年水平，而2050年的进口贸易隐含能略高于2010年水平（见图3－22）。

图3－23为四种情景下我国净出口的隐含能与隐含碳。在基础情景和技术进步情景下，我国仍为隐含能与隐含碳的净出口国，而且净出口的隐含能和隐含碳都将显著增加，于2040年左右达到峰值。在基础情景下，达峰时的隐含能是2010年的5.3倍，达峰时的隐含碳是2010年的3.5倍。而在适度消费情景和低碳理想情景下，随着进出口贸易达到平衡、产业升级和进出口贸易结构优化，我国隐含能与隐含碳出口将会下降，在2016年将成为隐含能与隐含碳的净进口国。

（六）与产能相关的隐含能

产能设备指的是为了生产基础设施需要的材料与设备、快速消费品以及耐用消费品而需要增加的生产线、起重机等重型设备。这些设备的全社会保有量，与全社会当年的物质产品生产量（包括出口与国内消费）成正比。

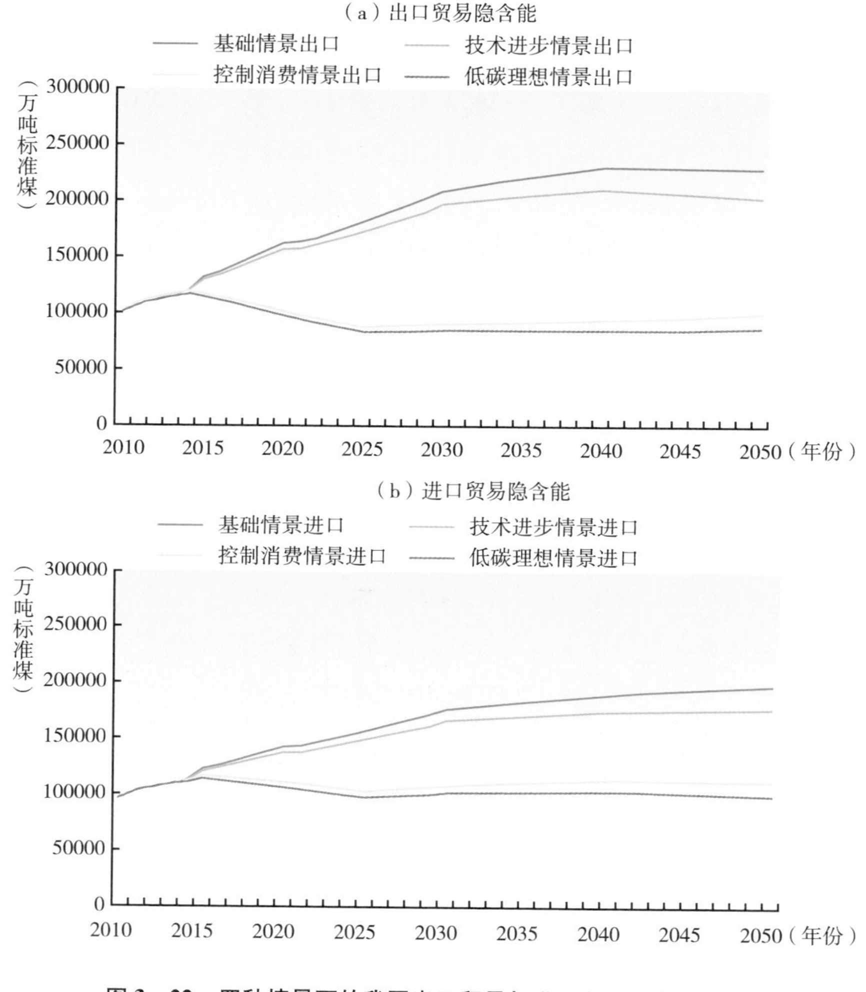

图 3－22　四种情景下的我国出口贸易与进口贸易隐含能变化

由于本研究主要考虑“产品隐含能”的概念，故假设设备的保有量与制造业产品的产量成正比。对于产能过剩问题，本研究考虑在四种情景下产能过剩问题得到逐步解决，至 2050 年产能设备保有量是全社会产品生产需要的设备量的 1.1 倍，即仅多出 10% 的设备量。需要指出的是，这是最理想的情况，事实上由于供需关系的不平衡，生产商实际生产的产能设备往往高于实际需要的量，造成更多的产能过剩。

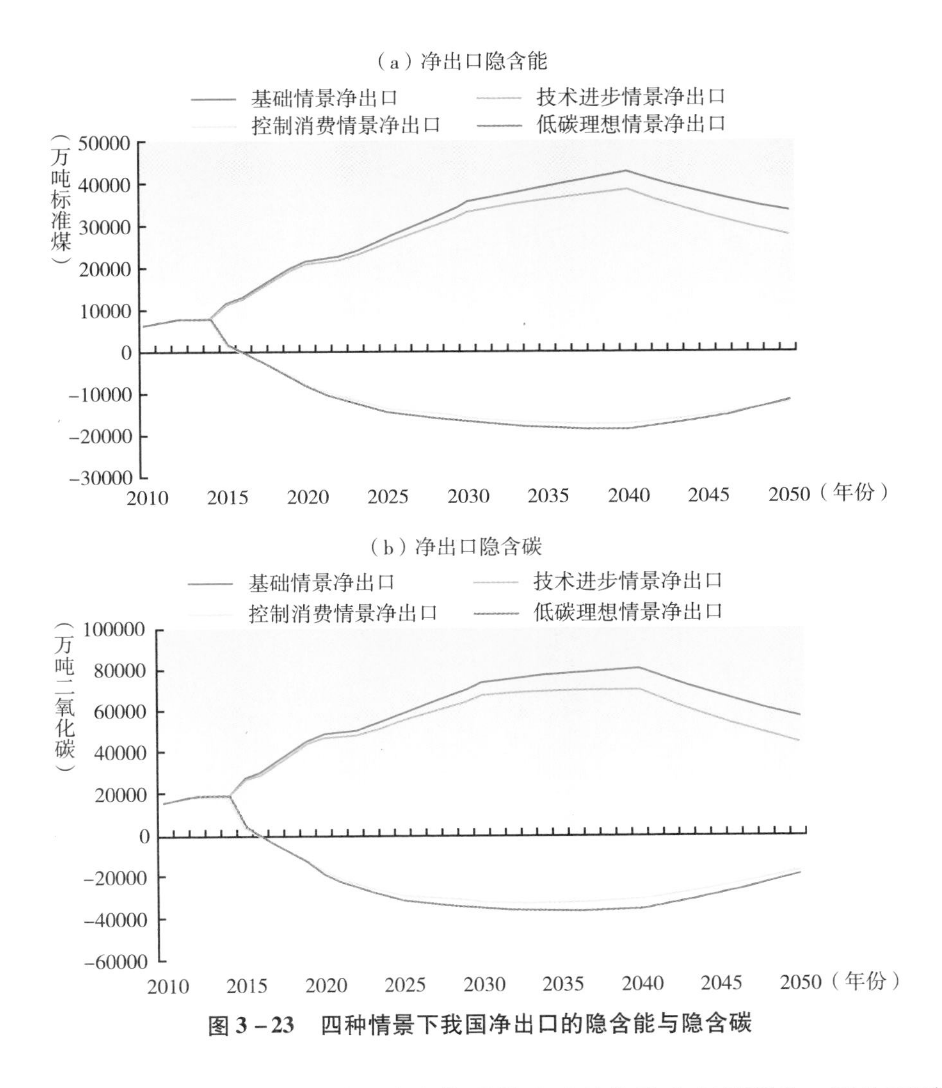

图 3－23　四种情景下我国净出口的隐含能与隐含碳

总的来说，与产能相关的隐含能受前述五种曲线生产量驱动，因此不再介绍四种情景下的具体情况。从计算结果来看，如图 3－24 所示，在四种情景下，我国目前的过剩产能得到充分利用，产能过剩得到改善，新产能设备的需求不再旺盛，对应的产能设备的隐含能均在 2015 年达到峰值。而在低碳消费模式（图中 LB 曲线与 LL 曲线）下，与美国消费模式（图中 BB 曲线与 BL 曲线）相比，全社会的产品产量大大降低，使得需要新增的产能设备量也大大降低，对应的能耗与碳排放也大大降低。

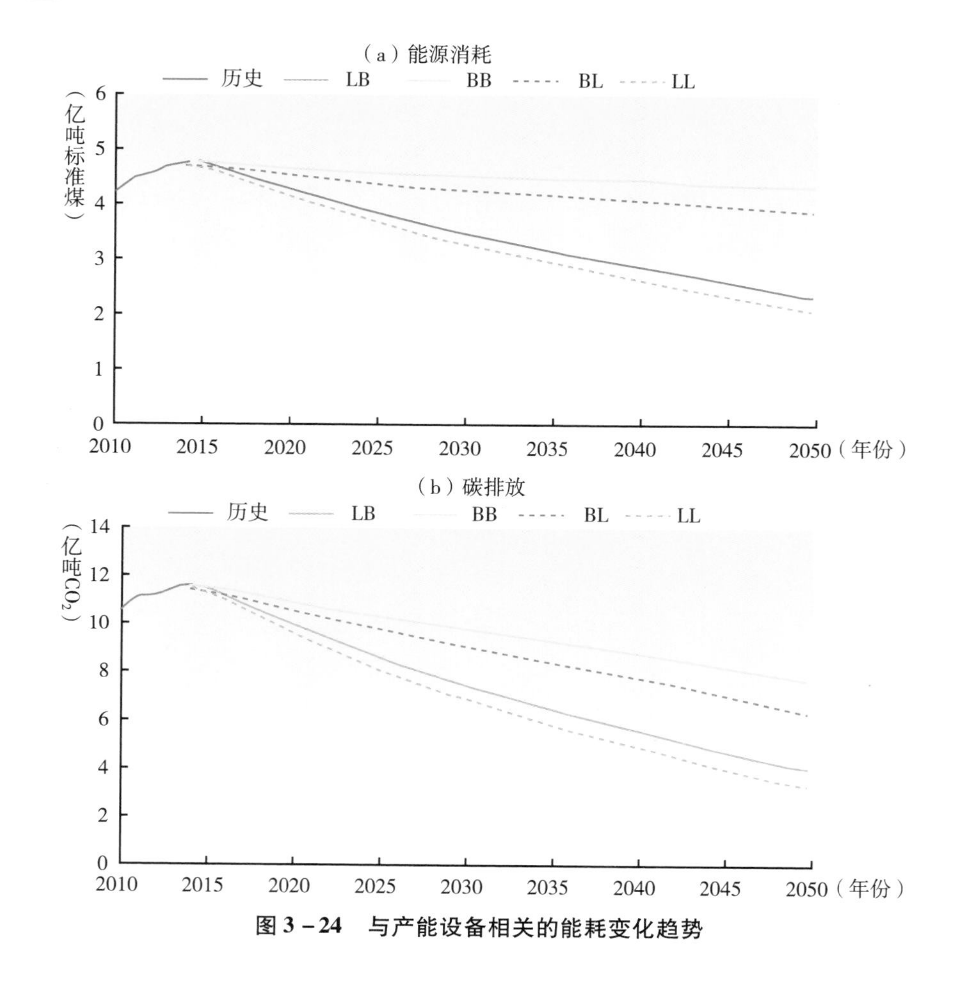

图 3－24　与产能设备相关的能耗变化趋势

（七）基于需求侧研究的2050年社会总能耗和碳排放

基于以上对影响各类能耗的讨论，四种情景下 2010～2050 年社会总能耗[①]与碳排放结果分别如图 3－25（a）和（b）所示。

① 这里的“社会总能耗”概念与统计数据的意义相同，在本模型中等于直接能、快速消费品隐含能、耐用消费品隐含能、基础设施建设隐含能、与产能相关的隐含能与出口产品的隐含能之和，再减去进口产品的隐含能。由于缺乏详尽的进口产品与服务的国外来源与国内流向数据，本研究中按国内生产水平计算所有进口产品与服务的隐含能。在当前我国以进口技术密集型产品、出口初级与劳动密集型产品为主的条件下，并考虑到国内外技术水平的差距，相当于高估了进口产品隐含能，低估了国内消费对应的隐含能。

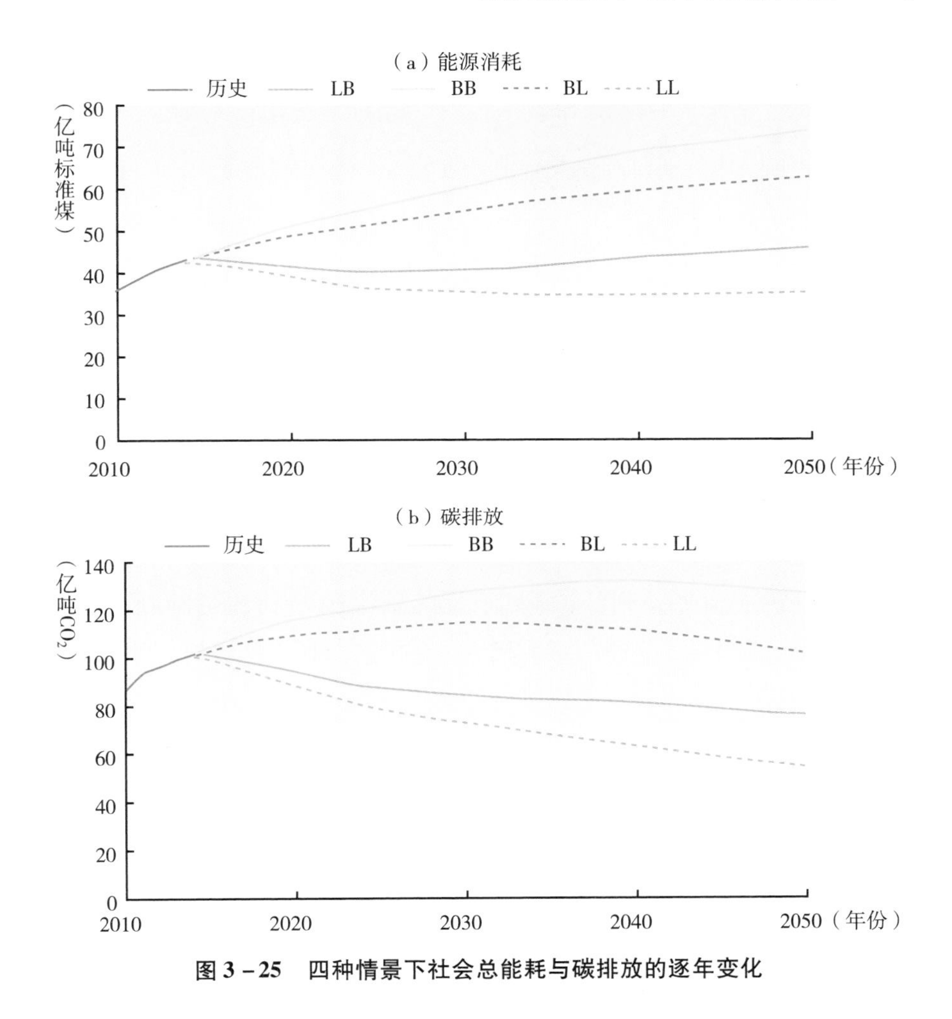

图 3－25　四种情景下社会总能耗与碳排放的逐年变化

1）在基础情景（BB）下，技术的自然进步、人民生活水平的提高以及城镇化的快速进程推动 2050 年能耗将比 2010 年增加 1 倍，碳排放增加 0.5 倍，二氧化碳排放将在 2040 年达到峰值的 133 亿吨。

①建设积累带来相关能耗持续高企。

1996 年我国城市化率超过 30%，从此进入城市化快速发展阶段。到 2050 年，城市化水平将达到 70%，在此期间年均 1000 万～2000 万的新增城镇人口将带来大量房屋、道路、桥梁等城镇基础设施的需求。另外，为了财富积累、驱动 GDP 增长，各地仍然存在大量的大拆大建甚至过量供给的

情况，建筑寿命往往不足30年，各地“鬼城”涌现。在基础情景下，这两方面因素共同导致了中国在2010～2050年基础设施建设水平的居高不下。以房屋建筑为例，到2050年，新建建筑面积仍将保持在40亿平方米左右，对应隐含能为12亿吨标准煤左右。

②物质产品需求的不断增长造成耐用消费品和快速消费品生产能耗分别增长0.5倍和1.8倍（见图3－26a）。

我国城乡间、地区间、不同收入阶层间不均衡发展状态将得以改善，同时人均GDP超过3000美元后社会消费进入新阶段，这两方面因素均导致人们对物质产品需求的持续增长。在基础情景下，2050年家电等耐用消费品的社会保有量将分别达到欧美国家的水平或饱和水平，相比于2010年机动车保有量增加5.5倍，彩电、空调等家用电器的社会保有量增长达到1.6～4.6倍。在技术进步、寿命延长、共享经济等多种因素共同驱动下，耐用消费品保有量的成倍增长使得与增量相关的年生产能耗保持增长。此外，饮食结构的转变、衣物消费量的增加以及日化品种类的丰富也将导致快速消费品的需求明显增加。物质产品年需求量的持续增长依赖于第二产业持续的生产投入，由此带来耐用消费品和快速消费品生产能耗的增长。

③建筑内和出行服务需求数量和质量提高，造成直接能源消耗增长2.5倍。

人们生活水平的提高主要体现在人均建筑面积成倍增长、建筑内温湿度环境的大幅度改善、建筑内用能设备的种类和使用时间大幅度增加、以休闲娱乐为目的的出行量大幅度增加等方面。在基础情景下，建筑及交通这两方面的需求数量和质量均以欧洲发达国家水平为标杆，2050年相关能耗将分别增长2.7倍和1.9倍，使得直接能源消耗占社会总能耗的比例从25%提高到44%（见图3－26a）。

2）在技术进步情景（BL）下，2050年能耗比2010年增长0.7倍，碳排放增长0.16倍。技术进步提速且关键低碳技术得以广泛应用，推动碳排放比基础情景下提前10年达峰，且峰值降低18亿吨。

在技术进步情景下，能效水平大幅提高。例如各类建筑的综合用能效率相比2010年提高1倍；制造业能效快速提高，2025年之前达到当时世界先进水平。在该情景下，关键低碳技术实现技术突破，得以大规模应用。例如在基础情景下，电动汽车发展水平较低，2050 年电动汽车占比达到 19.8%，而技术进步情景下 2050 年电动汽车占比可达到 28.7%（见图 3－26b）。

3）在适度消费情景（LB）下，2050 年能耗比 2010 年增长 0.3 倍；由于能源结构改善，对应的碳排放在 2015 年即可达到 102 亿吨的峰值。

①消费主义文化影响逐渐式微。

在适度消费情景下，现阶段盛行的消费主义文化影响逐渐式微，人们的消费模式和消费观念发生变化。消费活动目的以满足需求为主，人们普遍更加注重商品的品质而不是数量，更加注重生活品质的提高，以及精神和文化的消费。

②直接能源需求比基础情景下降低 22%。

在适度消费情景下，人均建筑面积达到日本 2010 年的水平（城市住宅 31 平方米/人，公共建筑 15 平方米/人，农村住宅 50 平方米/人）。2050 年我国千人汽车保有量为 255 辆，全国汽车保有量达到 3.67 亿辆，比基础情景下减少 1.33 亿辆。这两方面因素直接导致了直接能源需求比基础情景下降低了 22%（见图 3－26c）。

③经济活动中物质产品，特别是基建等高能耗、高排放的产品的生产与供应大大降低。

在适度消费情景下，尽管人们的生活水平不断提高，但是消费模式发生了变化，导致对物质产品的需求减少，从而导致经济活动中物质产品，包括快速消费品、耐用消费品，以及基建等高耗能、高排放产品的生产与供应大大降低，而用于再生产的投资也大幅减少。这直接表现为与上述经济活动相关的能耗的大幅减少。

④进出口贸易与居民的消费需求基本协调，进出口贸易隐含能比基础情景下大幅减少。

在适度消费情景下，贸易与居民的消费需求基本协调。贸易顺差逐渐收窄，进出口贸易结构得到优化，原料出口比重快速降低，进口比例稳步提升。进出口贸易产品隐含能均比基础情景下大幅减少，出口贸易隐含能约为基础情景下的 44%，2050 年进口贸易隐含能约为基础情景下的 57%（见图 3－26c）。

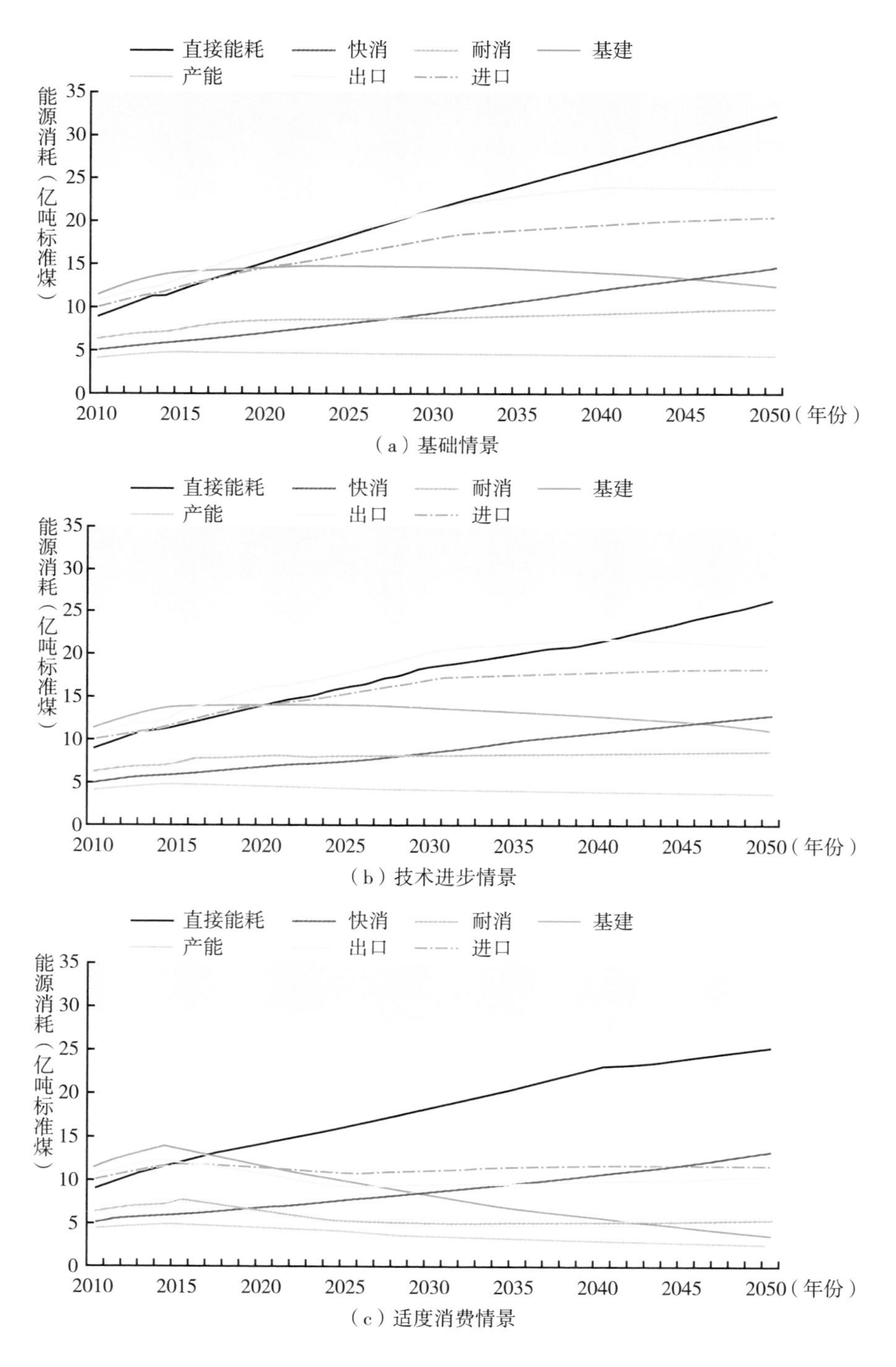
直接能耗
快消
耐消
基建
产能
出口
进口
能源消耗（亿吨标准煤）
0
5
10
15
20
25
30
35
2010
2015
2020
2025
2030
2035
2040
2045
2050（年份）
（a）基础情景
直接能耗
快消
耐消
基建
产能
出口
进口
能源消耗（亿吨标准煤）
0
5
10
15
20
25
30
35
2010
2015
2020
2025
2030
2035
2040
2045
2050（年份）
（b）技术进步情景
直接能耗
快消
耐消
基建
产能
出口
进口
能源消耗（亿吨标准煤）
0
5
10
15
20
25
30
35
2010
2015
2020
2025
2030
2035
2040
2045
2050（年份）
（c）适度消费情景

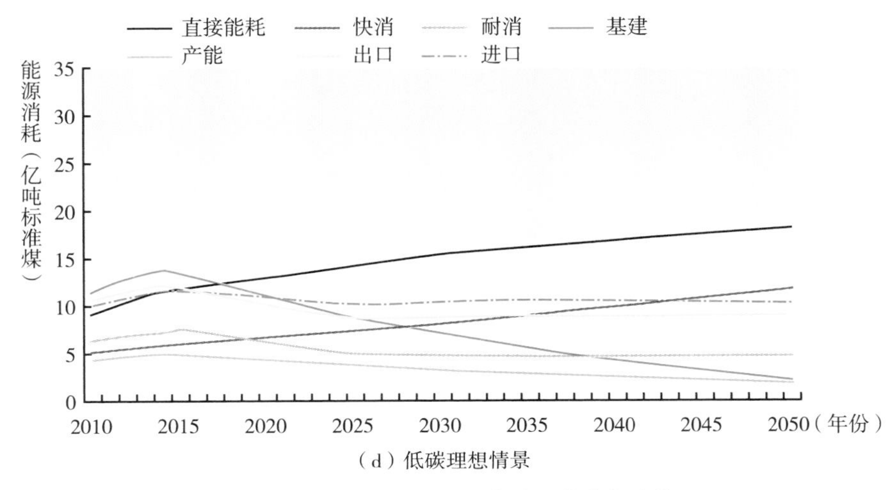

（d）低碳理想情景

图3－26　四种情景下各类能耗的变化趋势

4）在低碳理想情景（LL）下，在技术进步加速和消费模式转型的双重影响下，2050年能耗比2010年增长0.2倍，与2014年持平；由于能源结构优化，对应的碳排放在2014年即达到101亿吨的峰值。

低碳理想情景体现了技术加速进步和消费模式转型的双重影响。在该情景下，各类能耗比其他三种情景下均显著下降。直接能耗和快速消费品制造能耗仍将持续上升，而耐用消费品制造能耗、基建和产能隐含能、进出口贸易隐含能均在2015年左右达到峰值（见图3－26d）。实现低碳理想情景下的能耗下降有赖于多种举措的共同作用。例如实现低碳理想情景下的客运交通能耗依赖于减少出行需求、优化出行方式结构、提高机动车能效水平，以及提高电动车比例等多方面措施。

5）直接能源消耗是需求增长最快的类别，也是节能潜力最大的类别，是绿色低碳发展的重点。

直接能源消耗的建筑和客运交通能耗在四种情景下的能耗变化如图3－27所示。基础情景下，2050年直接能源消耗增长为32.2亿吨标准煤，是2010年的3.5倍，是六类能耗中增长最快的；而通过技术进步和低碳生活方式的实现，在低碳理想情景下仅增长为18.1亿吨标准煤，实现14亿吨标准煤的节能量，也是六类能耗中能够实现的节能潜力最大的。因此，直接能源消耗是低碳发展的重点。

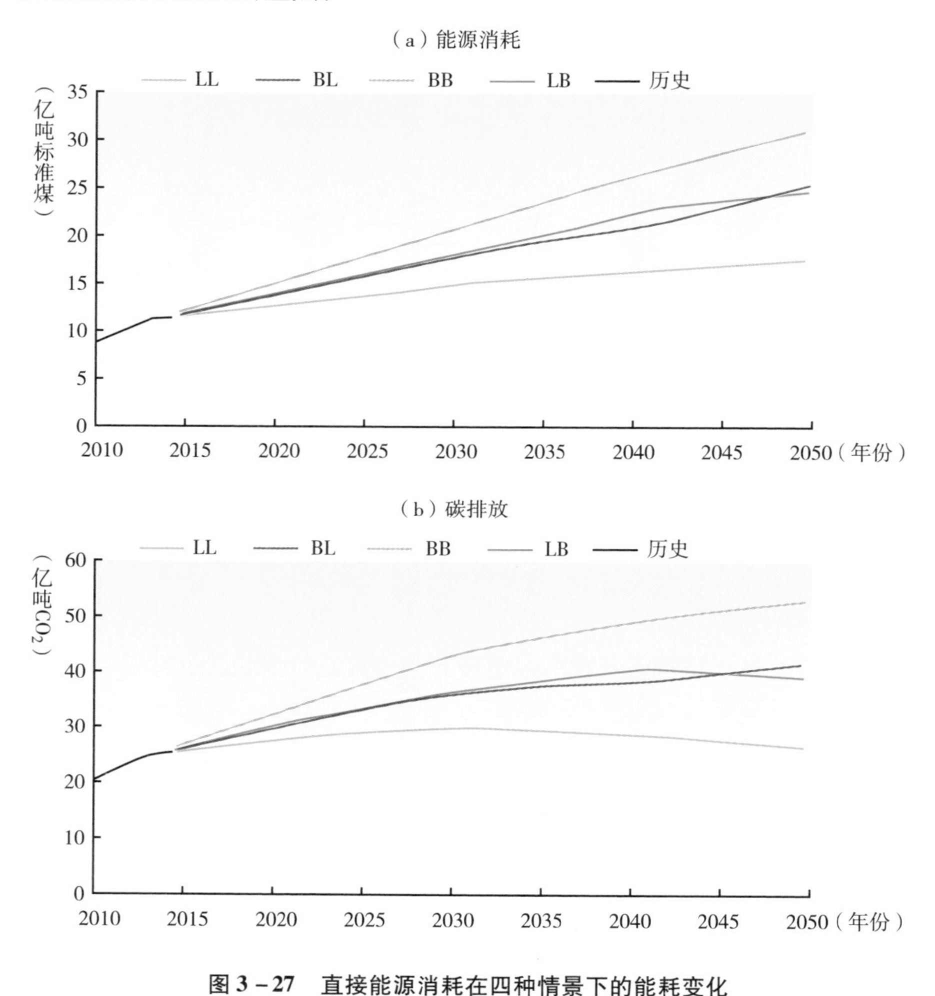

图 3－27　直接能源消耗在四种情景下的能耗变化

6）受惠于能源结构的调整，碳排放增速远低于能耗。

未来天然气、可再生能源在一次能耗中的比例将大大提高，分别由2014 年的 5. 3% 和 11. 2% 提高至 2050 年的 10% 和 30% 左右。与此相应，煤炭在一次能耗中的比例大大下降，由 2014 年的 67% 下降至 2050 年的 40% 左右。得益于能源结构的优化，未来社会的碳排放增速将远远低于能耗。

四 实现绿色低碳转型的途径

中国正处于经济和社会快速发展的阶段。房屋和基础设施的积累、人民对物质产品需求的增加以及对高品质用能服务的追求都对能源与环境提出了前所未有的挑战。人们不仅通过家用电器、厨具、机动车等的使用直接消耗能源，更重要的是通过物质产品和服务的使用间接消耗各类能源。随着小康社会的全面推进，未来中国社会的消费水平将大幅度提高；与此同时，消费结构正由“吃穿”为主转向能耗水平较高的“住行”时代；更加值得关注的是，中国居民的消费行为模式正在逐步走向西方国家消费主义的模式。本文从需求侧入手分析中国未来的能源消耗及碳排放，研究发现，中国需要从技术进步、调整消费需求与优化出口贸易结构三方面入手来控制能源需求与碳排放，且调整消费需求的节能减排潜力远远大于技术进步和出口贸易升级的节能减排潜力，是实现中国低碳发展的关键。

1）依靠技术进步可在2050年实现11亿吨标准煤的节能量

在技术进步情景下，2050年全社会总能耗为62.8亿吨标准煤，与基础情景相比可实现11.2亿吨标准煤的节能量，其中建筑与交通节能是节能效益最大的领域，占技术节能量的53%；强化提高耐用消费品（汽车、家电、家具等）和快速消费品（衣、食、日化产品等）的全过程生产能效（包括产品制造、原材料生产和运输）可实现技术节能量的27%；基础设施的积累（包括建筑业和增加产能设备）以及提高建材与原料生产和建设过程能效也可实现近15%的技术节能量。

2）消费需求转型可实现28亿吨标准煤的节能量

在消费需求转型情景下，2050年中国社会的总能耗为46.3亿吨标准煤，与基础情景相比可实现27.8亿吨标准煤的节能量。由此可见，消费需求转型的节能潜力是技术进步节能潜力的2.5倍，是实现中国低碳发展的关键。调整消费需求带来的最大节能收益来自控制房屋等基础设施建设规模，其节能量约为8.7亿吨标准煤，占消费需求节能量的32%；交通出行与建筑内用能的需求控制可以实现7.3亿吨标准煤的节能量，占消费需求节能量的26%；优化进出口结构可实现的节能量约为4.0亿吨标准煤，占消费需求节能量的14%。实现消费需求的低碳转型意味着中国要在经济与社会持续健康发展的同时，及时调整消费结构和生活方式，避免重蹈美国等发达国家的覆辙。中国必须在没有历史范例的情况下勇敢开拓出一条低碳消费转型之路，尽管挑战重重，但这条道路对于全世界，尤其是与中国一样必须在面临诸多社会问题的同时就要权衡经济增长与资源环境的关系的发展中国家来说，意义非凡。

调整消费需求并不意味着生活质量的降低，相反，通过低碳消费环境的营造，人们的生活将向更加健康的方向发展。在“食”方面，通过发展绿色低碳农业，以及膳食模式的改变，在降低碳排放的同时，人们可以吃得的更健康。在“穿”方面，通过生产方式、购物方式、使用方式、回收方式的改变，不仅可以有效降低碳排放，还可以让人们穿得更舒服、更自信。在“住”方面，通过区域规划、技术革新以及生活方式的改变，与住房相关的碳排放可以大幅度降低，同时使人们的居住环境更加温馨舒适，也使人们更多地体会到家的感觉。在“出行”方面，合理的城市规划使人们的出行距离大大缩短，公共交通使人们的出行更加便捷，低碳的交通工具使出行的能耗和碳排放大大降低。在“用”的方面，通过适当延长家电、家具等消费品的使用年限，可以有效地降低碳排放。

3）进出口贸易使我国的能源消耗和碳排放增加约15%，出口贸易结构亟待升级

研究发现，在纯国内消费驱动（不包含进出口）的情景①下，2010年与2014年我国能源消耗分别降低5.7亿吨与6.1亿吨标准煤，对应碳排放分别为15.1亿吨与16.1亿吨，这说明我国目前属于隐含能与隐含碳净出口国，并且国内存在大量纯粹为了追求产品出口与财富积累而产生的产能。这也是为什么在当前全球经济发展缓慢、出口需求不强时，我国出现大量的产能过

① 需要指出的是，在这种情景下，一方面，不再需要消费能源与额外生产设备来生产出口产品与服务，但另一方面，需要增加能源消耗与相应的生产设备等来生产出口产品与服务中用于国内消费的部分。

剩的重要原因。这种产能过剩对经济的影响是巨大的。与现实情景相比，在纯国内消费驱动的情景下（不包含进出口），GDP 总量分别下降约 17% 与 15%[①]。到 2050 年，虽然进出口总规模持续扩大，但受国内消费增长与进出口结构调整的影响，国内消费对能耗与碳排放的驱动作用加强，进出口的作用减弱。进出口驱动的能耗与碳排放在“美国消费模式”消费需求的两个情景下降至不足当前水平的一半；而在“低碳模式”消费需求的两个情景下，我国将变为隐含能与隐含碳的净进口国。相应地，到 2050 年，与考虑进出口的四个情景相比，纯国内消费驱动情景下的 GDP 分别下降约 10%（基础情景）、10%（技术进步情景）、6%（适度消费情景）和 5%（低碳理想情景）。“三产”结构亦发生一定变化，第二产业在四个情景下的占比分别下降 1%、1%、4%、4%。

4）仅由国内消费驱动的 2050 年 GDP 产出将远低于预期的 GDP 产出

经济发展的目的一方面是为了满足本国人民日益增长的消费需求（即物质与文化需要），另一方面则是为了满足对财富增长的需求。为了考察为满足对财富追求而对能源消耗和碳排放所造成的影响，本研究进行了一项思想实验：在国内消费驱动的情景下，即仅考虑国内居民的消费需求而不含进出口（亦即排除纯粹为了追求财富增长而进行的生产活动）的情景下，我国的能耗、碳排放以及对应的 GDP 产出情况如何？需要特别指出的是，这种情景在全球化背景下是不可能实现也是无效率的，但该情景可以反映纯粹由国内需求驱动的经济运行的情况。

研究发现，即使是在美国消费模式的消费水平情景下，2050 年的 GDP（2010 年不变价）仅为 185 万亿元，人均 12.9 万元（折合 1.9 万美元），低于按国家发展和改革委员会能源研究所预计的经济增速所计算的 2050 年 300 万亿元 GDP 的总量预期。这说明，倘若要达到预期的 GDP 增长，除了满足国内居民的基本需求外，仍然需要大量以追求财富（以 GDP 衡量）为目的的生产活动。这不仅意味着未来中国居民的消费水平将比美国消费模式

① 此值低于国家估计的进出口对经济增长的贡献，是因为本研究的模型计算中将进口产品转为国内生产时对国内经济的驱动作用亦纳入考虑。

更加奢侈，例如消费更多的肉食、出行高度依赖汽车、更加频繁地更换手机家电等；也意味着必须出现更加强劲的进出口市场（比如高铁技术出口、“一带一路”广泛推进等）；或者诞生目前尚未发现的新型消费需求。

致谢：感谢江亿院士首先提出从消费侧出发的六类能耗曲线的研究思路，以及对于基于投入产出进行定量分析的建议，研究团队基于这一思路完成了本项目的研究。

附录1　模型方法简要介绍

本研究借用产品与服务隐含能的概念来研究需求与能耗的对应关系。由于目前我国的能源统计都是从“工厂法”或者“行业法”出发，考察生产产品或提供服务的行业的能耗，如纺织业、建筑业、金融业等，并不能直接获得产品与服务隐含能数据，因此本研究采用投入产出分析方法进行计算。一般来说，某个工厂或行业的能耗，随着产出流向不同，通常分为用于中间投入与用于最终使用两类。前者按其最终流入的行业对应相应的六类需求，而后者则直接归于该行业对应的六类需求。以某造纸厂为例，其生产的纸张，一部分作为其他终端产品部门（比如杂志）的原材料，即所谓的中间投入，其对应的造纸厂能耗计入杂志隐含能中；一部分卖给国内消费者，直接计入纸张隐含能；还有一部分出口到国外，直接计入进出口的隐含能。再如第三产业的交通业既包括客运又包括货运，其中客运能耗直接计入直接能源产品需求，用于满足消费者出行的需要，而货运能耗则体现为产品与服务的隐含能，按其最终流向分别计入不同的需求种类。

本研究根据3.1节定义的六类能耗的具体内容进行能耗计算。能耗计算模型结构如附图1所示。

本研究的六类能耗为研究消费驱动能耗的框架，采用 Visioning and Backcasting 模型方法（Hickman & Banister，2007）。该方法首先定义2050年社会生活情景，对应一定水平的产品与服务数量，再结合2010～2014年实际数据

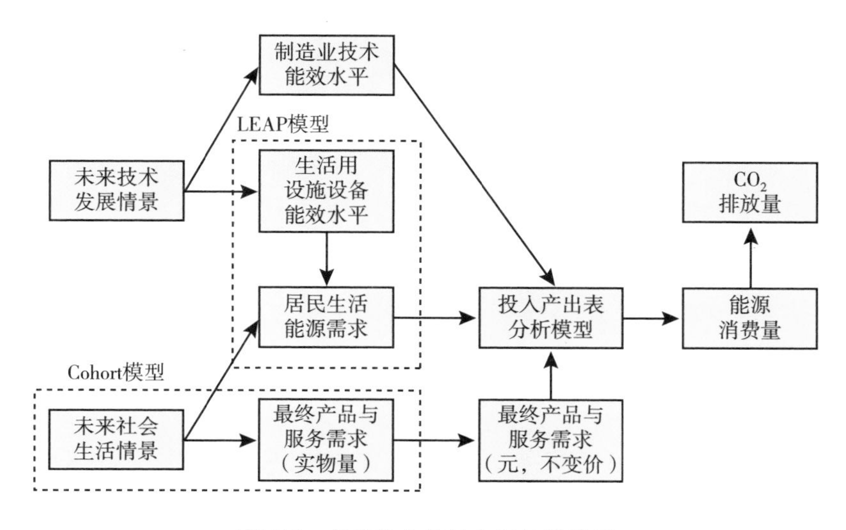

附图 1　从消费出发的能耗计算模型

与发展趋势，倒推 2015～2050 年间逐年最终需求与技术水平的发展变化。

2050 年的社会生活情景如 3.2 节所示，不再赘述。逐年产品与服务需求量的倒推，使用 Cohort 模型计算。本研究中考虑 35 个行业部门的终端产品与服务，其大致可分为 4 类，计算原理如下。

第 1 类对应快速消费品与进出口商品，如衣物、食品、报纸杂志等，其特点是生产与消费仅体现在当年国民经济活动中，2015～2050 年的当年产量满足平滑以及边际递减规律，亦即在数学上满足下述边界条件：1）产量一阶连续可微。该边界条件是为了满足消费曲线平滑理论（Campbell，1989）。2）产量一阶导数线性递减。一方面，实际情况中，产量的一阶导数仅在长期中存在递增或递减的规律；本研究不考虑未来极端社会情景（如经济危机、气候灾害等），只考虑其单调递增或递减。另一方面，中国处于发展中阶段，生活与生产各方面均处于增长时期，但增长对应的宏观物质条件消费往往存在天花板，故本研究考虑常见的边际递减的增长型，并为了简化计算，将边界条件简化为产量一阶导数线性递减。

第 2 类对应基础设施与耐用消费品，如电视、电脑、冰箱、手机等，其特点是生产体现在当年国民经济活动中，而消费发生在之后的年份直至寿命到期。其产量满足下式：

$$保有量_t = 保有量_{t-1} + 新建量_t - 拆除报废量_t$$
$$产量_t = 新建量_t$$

其中，t 是年份。上述公式的边界条件同前所述。

第 3 类亦对应基础设施与耐用消费品，如道路等，其特点是生产体现在当年国民经济活动中，而消费发生在之后的年份，并且其使用寿命可通过维修保养不断延长。其产量满足下式：

$$保有量_t = 保有量_{t-1} + 新建量_t - 拆除报废量_t$$
$$产量_t = 新建量_t + \beta 保养维护量_t$$

其中，β 是单位道路长度的寿命到期后的每年保养维护量，取为 3%。其边界条件同前所述。

第 4 类对应产能设备，如挖掘机、起重机、车床等，其总保有量受产能过剩率与国民经济活动水平影响，其特征与一般耐用消费品类似。这里的产能过剩率仅指设备使用百分比低于 100% 的情况，不包括产品与服务生产量大于消费量而造成的库存积压。其产量满足下式：

$$保有量_t = \lambda \Sigma (产量_t)$$
$$保有量_t = 保有量_{t-1} + 新建量_t - 拆除报废量_t$$
$$产量_t = 新建量_t$$

其中，λ 反映单位设备对应的商品与服务产出率，受数据所限，该系数由 2010 年经济数据求得。其边界条件同前所述。

基于上述求得的 35 个行业的逐年需求与技术水平，利用投入产出方法（B. , E. , & Hendrickson C. T. , 1995；C. T. , B. , & S. , 2006；付峰，2010；常远和王要武，2011）可计算对应的能耗，并归类为 2. 1 节中定义的六类能耗。投入产出方法的基本计算原理如下式所示：

碳排放 = 单位能源碳排放系数 × 单位产值能耗 × 单位产品对应各产业产值 × 产品需求量。

其中，本研究考虑煤、煤产品、原油、油产品、热、电、其他等七类二次能耗，对应煤、油、气、可再生能源等四类一次能耗，单位能源碳排放系数参考（齐晔，2014b）。2010～2014 年单位产值能耗参考国家能源统计年鉴与实际经济数据，2015～2050 年的单位产值能耗参考各产业部门主要产品能耗的发展变化，具体见 3.2 节和 3.3 节内容。2010 年单位产品对应的各产业产值由 2010 年投入产出表的直接流量表（Direct Input Table）延长表对应的完全消耗系数表（Total Input Table）求得（Miller & Blair，2009）。

一般来说，投入产出方法较少用于中长期情景研究，究其原因，是由于直接流量表反映各产业部门间的使用关系，仅可在短期内认为变化不大。在中长期研究中，往往需要对直接流量表进行修正。本研究主要采用 Marginal input coefficient（Tilanus，1967）方法进行修正；对于可能存在重大产业结构变化与技术突破的部门，如电动车在整车制造行业的比例迅速提升等，采用 Best Practice Firms（Miernyk，1965）方法进行修正。

附录2　主要参数

附表 1　四种情景的主要参数

需求			单位	2014 年水平	2050 年情景	
					美国模式	低碳模式
快消	衣	服装	件/人/年	10	35，香港水平	15，法国水平
	食	动物性食物	千克/人/年	159	265，美国水平（肉类）	200，日本水平
住	建筑物	城镇住宅	平方米/人	28.1	60，美国水平	40，日本水平
		农村住宅	平方米/人	38.4	60，美国水平	50，欧洲水平
		公共建筑	平方米/人	7.3	20，美国水平	15，日本水平
		建筑物寿命	年	25～30 年	25～30 年	50～100 年
	能源消耗	城镇住宅	$kgce/m^2$	14.8	16.5，当前中国城镇	9.0
		农村住宅	$kgce/m^2$	15.2	16.4，当前中国城镇	4.0
		公共建筑	$kgce/m^2$	24.2	19.4，低于日本水平	11.5

续表

需求			单位	2014 年水平	2050 年情景	
					美国模式	低碳模式
住	耐用消费品	电冰箱	台/百户	101 – 城镇; 75 – 农村	130 – 城镇; 125 – 农村	115 – 城镇; 110 – 农村
		彩电	台/百户	139 – 城镇; 120 – 农村	177 – 城镇; 167 – 农村	157 – 城镇; 157 – 农村
		空调	台/百户	133 – 城镇; 36 – 农村	260 – 城镇; 220 – 农村	260 – 城镇; 220 – 农村
行	车辆	汽车保有量	辆/千人	107	353	255
		电动车比例	%	0.031	19.8	28.7
	铁路	保有量	m/人	0.1	0.5,德国水平	0.3,日本水平
		高铁	m/km^2	1.1	8,日本水平	8,日本水平
	道路	保有量	m/人	3.2	8,日本水平	6,德国水平
		高速公路	m/km^2	10.9	40,德国水平	30,日本水平

附表 2　低碳理想情景下主要能效参数

	项目	单位	2010 年	2020 年	2030 年	2040 年	2050 年
衣	纺织业单位 GDP 能耗	吨标准煤/万元	0.76	0.52	0.41	0.35	0.31
食	合成氨综合能耗	kgce/t	1587	1270	1190	1130	1075
	乙烯综合能耗	kgce/t	950	790	700	670	660
	吨钢可比能耗	kgce/t	681	617	560	550	538
	饲料能耗(2010 年为 1)	tce/t	1	0.9	0.8	0.7	0.7
	农业单位机械动力能耗(2010 年为 1)	tce/kW	1	0.9	0.8	0.7	0.7
	吨食物加工(2010 年为 1)	吨标准煤/吨	1	0.9	0.8	0.7	0.7
	食品运输综合能耗	吨标准煤/万吨公里	0.826	0.739	0.695	0.652	0.608
生产生活	纯碱综合能耗	kgce/t	330	310	290	285	280
	烧碱综合能耗	kgce/t	1250	990	890	870	860
	乙烯综合能耗	kgce/t	950	790	700	670	660
	纸与纸板平均综合能耗	kgce/t	680	400	290	240	220
	玻璃综合能耗	kgce/重量箱	16.9	13.5	12.2	11.7	11.3
	墨盒等其他单产能耗下降率	%	-0.7	-0.5	-0.3	-0.3	-0.2
耐用消费品	汽车整车制造能耗	MWh	3.09	2.03	1.72	1.46	1.24
	电解铝交流电耗	kWh/t	13979	12870	12170	11923	11877

附表 3　2010～2050 年低碳理想情景下建筑部门的主要参数

		2010 年	2020 年	2030 年	2040 年	2050 年
面积（亿平方米）	城宅	180	271	352	414	451
	公建	229	231	207	180	155
	农宅	78	142	188	213	215
	大型公共建筑占公建总量的比例(%)	7	8	8	9	10
用能需求	严寒和寒冷地区冬季室内采暖的热量需求($kgce/m^2$)	15.1	13.83	12.55	11.28	10
	长江流域冬季室内采暖的热量需求($kgce/m^2$)	2	4	8	8	8
	寒冷地区夏季室内空调的制冷需求(kWh/m^2)	6.3	8.1	10	10	10
	长江流域夏季室内空调的制冷需求(kWh/m^2)	10.4	12.7	15	15	15
	夏热冬暖地区夏季室内空调的制冷需求(kWh/m^2)	18.5	19.2	20	20	20
	城镇家庭其他用能需求($kgce/m^2$)	11.5	11.2	10.9	10.6	10.3
	农村家庭用能需求($kgce/m^2$)	15.2	13.4	11.6	9.8	8
	大型公建用能需求($kgce/m^2$)	63.3	59.98	56.65	53.33	50
	一般公建用能需求($kgce/m^2$)	21.3	20.98	20.65	20.33	20
用能结构	农村家庭生物质能使用比例(%)	44	53	62	71	80
	北方采暖使用天然气比例(%)	10	20	30	40	50
	长江流域采暖使用天然气比例(%)	30	45	50	70	90
	城镇住宅用电占总能耗的比例(%)	60	68	75	83	90
	农村家庭用电占总能耗的比例(%)	30	45	60	75	90
	农村家庭非电商品能耗中天然气比例(%)	5	29	53	76	100
	公共建筑用电占总能耗比例(%)	70	75	80	85	90
	公共建筑非电商品能耗中天然气比例(%)	80	80	80	80	80
综合用能效率比（无量纲，2010 年为 1）	北方采暖	1	1.25	1.50	1.75	2
	其他地区采暖	1	1.13	1.25	1.38	1.5
	夏季空调	1	1.25	1.50	1.75	2
	城镇家庭	1	1.25	1.50	1.75	2
	农村家庭	1	1.25	1.50	1.75	2
	公共建筑	1	1.25	1.50	1.75	2

附表 4　低碳理想情景下客运交通的输入参数

		2010 年	2020 年	2030 年	2040 年	2050 年
出行活动（10^4 亿人公里）		5. 17	9. 84	15. 7	20. 1	22. 9
出行结构（100%）	私人乘用车(%)	37	37	28	19	10
	公路营运(%)	29	29	25	21	17
	城市公交(%)	9	9	9	10	11
	铁路(%)	17	17	23	30	36
	地铁(%)	1	1	8	15	21
	水路(%)	0	0	0	0	0
	民航(%)	8	8	7	6	5
单位出行能耗（千克标准煤/千人公里）	私人乘用车	61. 14	55. 71	48. 29	40. 87	33. 45
	公路营运	11. 17	10. 49	7. 5	5. 26	3. 02
	城市公交	0. 85	0. 79	0. 73	0. 66	0. 6
	铁路	7. 3	9	10. 5	12. 06	13. 62
	地铁	0. 242	0. 2315	0. 221	0. 2105	0. 2
	水路	8. 5	8	7. 1	6. 22	5. 34
	民航	47. 1	43. 8	38. 1	32. 6	27. 1

附表 5　四种情景下中国货物贸易的结构

单位：%

		2010 年	2020 年	2030 年	2040 年	2050 年
基础情景	出口：					
	服务出口占总出口的比重	9. 3	12	15	18	21
	消费品出口占货物总出口的比重	32. 3	32. 8	33. 5	34. 3	35
	原料出口占货物总出口的比重	17. 8	13. 3	12. 2	11. 1	10
	资本品出口占货物总出口的比重	49. 9	53. 8	54. 3	54. 6	55
	进口：					
	服务进口占总进口的比重	12. 1	15	18	21	24
	消费品进口占货物总进口的比重	15. 1	16. 9	17. 3	17. 6	18
	原料进口占货物总进口的比重	37. 5	35. 5	33. 6	31. 8	30
	资本品进口占货物总进口的比重	47. 3	47. 6	49. 0	50. 5	52

续表

		2010 年	2020 年	2030 年	2040 年	2050 年
技术进步情景	出口：					
	服务出口占总出口的比重	9.3	12	15	18	21
	消费品出口占货物总出口的比重	32.3	32.8	33.5	34.3	35
	原料出口占总货物出口的比重	17.8	13.3	12.2	11.1	10
	资本品出口占货物总出口的比重	49.9	53.8	54.3	54.6	55
	进口：					
	服务进口占总进口的比重	12.1	15	18	21	24
	消费品进口占货物总进口的比重	15.1	16.9	17.3	17.6	18
	原料进口占货物总进口的比重	37.5	35.5	33.6	31.8	30
	资本品进口占货物总进口的比重	47.3	47.6	49.0	50.5	52
适度消费情景	出口：					
	服务出口占总出口的比重	9.3	15	20	25	30
	消费品出口占货物总出口的比重	32.3	32.8	33.5	34.3	35
	原料出口占货物总出口的比重	17.8	12.1	9.7	7.4	5
	资本品出口占货物总出口的比重	49.9	55.1	56.8	58.4	60
	进口：					
	服务进口占总进口的比重	12.1	14	16	18	20
	消费品进口占货物总进口的比重	15.1	17.4	18.3	19.1	20
	原料进口占总货物进口的比重	37.5	38	38.6	39.3	40
	资本品进口占货物总进口的比重	47.3	44.6	43.1	41.5	40
低碳理想情景	出口：					
	服务出口占总出口的比重	9.3	15	20	25	30
	消费品出口占货物总出口的比重	32.3	32.8	33.5	34.3	35
	原料出口占货物总出口的比重	17.8	12.1	9.7	7.4	5
	资本品出口占货物总出口的比重	49.9	55.1	56.8	58.4	60
	进口：					
	服务进口占总进口的比重	12.1	14	16	18	20
	消费品进口占货物总进口的比重	15.1	17.4	18.3	19.1	20
	原料进口占总货物进口的比重	37.5	38	38.6	39.3	40
	资本品进口占货物总进口的比重	47.3	44.6	43.1	41.5	40

附表 6　不同情景下各类贸易商品的单位能耗年下降率

单位：%

		2000～2010 年	2010～2020 年	2020～2030 年	2030～2040 年	2040～2050 年
基础情景	出口：					
	消费品	2.33	2.33	2.33	2	2
	原料	2.72	2.72	2.72	2	2
	资本品	2.78	2.78	2.78	2	2
	进口：					
	消费品	3.08	3.08	3.08	2	2
	原料	3.67	3.67	3.67	2	2
	资本品	3.05	3.05	3.05	2	2
技术进步情景	出口：					
	消费品	2.33	3.9	4.4	3.3	2.2
	原料	2.72	3.9	4.4	3.3	2.2
	资本品	2.78	3.9	4.4	3.3	2.2
	进口：					
	消费品	3.08	3.9	4.4	3.3	2.2
	原料	3.67	3.9	4.4	3.3	2.2
	资本品	3.05	3.9	4.4	3.3	2.2
适度消费情景	出口：					
	消费品	2.33	2.33	2.33	2	2
	原料	2.72	2.72	2.72	2	2
	资本品	2.78	2.78	2.78	2	2
	进口：					
	消费品	3.08	3.08	3.08	2	2
	原料	3.67	3.67	3.67	2	2
	资本品	3.05	3.05	3.05	2	2
低碳理想情景	出口：					
	消费品	2.33	3.9	4.4	3.3	2.2
	原料	2.72	3.9	4.4	3.3	2.2
	资本品	2.78	3.9	4.4	3.3	2.2
	进口：					
	消费品	3.08	3.9	4.4	3.3	2.2
	原料	3.67	3.9	4.4	3.3	2.2
	资本品	3.05	3.9	4.4	3.3	2.2

附表 7　不同情景下各类贸易商品的单位能耗

单位：吨标准煤/万元

		2010 年	2020 年	2030 年	2040 年	2050 年
基础情景	出口：					
	消费品	0.94	0.74	0.59	0.46	0.38
	原料	1.52	1.20	0.95	0.75	0.61
	资本品	1.05	0.83	0.66	0.52	0.42
	进口：					
	消费品	1.07	0.85	0.67	0.53	0.43
	原料	1.32	1.04	0.82	0.65	0.53
	资本品	1.03	0.81	0.64	0.51	0.41
技术进步情景	出口：					
	消费品	0.94	0.63	0.40	0.29	0.23
	原料	1.52	1.02	0.65	0.46	0.37
	资本品	1.05	0.70	0.45	0.32	0.26
	进口：					
	消费品	1.07	0.72	0.46	0.33	0.26
	原料	1.32	0.89	0.56	0.40	0.32
	资本品	1.03	0.69	0.44	0.31	0.25
适度消费情景	出口：					
	消费品	0.94	0.74	0.59	0.46	0.38
	原料	1.52	1.20	0.95	0.75	0.61
	资本品	1.05	0.83	0.66	0.52	0.42
	进口：					
	消费品	1.07	0.85	0.67	0.53	0.43
	原料	1.32	1.04	0.82	0.65	0.53
	资本品	1.03	0.81	0.64	0.51	0.41
低碳理想情景	出口：					
	消费品	0.94	0.63	0.40	0.29	0.23
	原料	1.52	1.02	0.65	0.46	0.37
	资本品	1.05	0.70	0.45	0.32	0.26
	进口：					
	消费品	1.07	0.72	0.46	0.33	0.26
	原料	1.32	0.89	0.56	0.40	0.32
	资本品	1.03	0.69	0.44	0.31	0.25

参考文献

1. BP, "BP Statistical Review of World Energy 2015", http://www.bp.com/en/global/corporate/energy-economics/statistical-review-of-world-energy.html, 2015.

2. Campbell, D., "Why is consumption so smooth?", The Review of Economic Studies, 1989.

3. FAO, "Global food losses and food waste", Paper presented at the Food and Agriculture Organization of the United Nations Rome, 2011.

4. Ford, "Sustainability Report", 2014, http://corporate.ford.com/microsites/sustainability-report-2014-15/index.html, 2015-12-12.

5. Hendrickson, C. T., Lave, L. B., Matthews, H. S., "Environmental life cycle assessment of goods andservices: an input-output approach", Resources for the Future Press, 2006.

6. Hickman, R., & Banister, D., "Looking over the horizon: transport and reduced CO_2 emissions in the UK by 2030", Transport Policy, 2007.

7. Lave L. B., Cobas E., Hendrickson C. T., et al., "Using input-output analysis to estimate economy-wide discharges", Environmental Science & Technology, 1995.

8. Miernyk, W. H., "The elements of input-output analysis", New York: Random House, 1965.

9. Miller, R. E., & Blair, P. D., "Input-output analysis: foundations and extensions (2nd ed.)", Cambridge, England: Cambridge University Press, 2009.

10. Scott, J., "At Home with Madame Chic: Becoming a Connoisseur of Daily Life", Simon & Schuster, 2014.

11. Tilanus, C. B., "Marginals vs. average input coefficients in input-output forecasting", Quarterly Journal of Economics, 1967.

12. United Nations, UN data, 2015, http://data.un.org/Data.aspx?q=population&d=PopDiv&f=variableID%3a12, 2015-11-20.

13. World Bank, World Bank Data, http://data.worldbank.org/indicator/NY.GDP.MKTP.KD, 2015-11-22.

14. WorldPay:《全球用户网络购物态度调查报告》, http://www.199it.com/archives/37969.html, 2012-05-03。

15. 曹明德:《论消费方式的变革》,《哲学研究》2002年第5期。

16. 常远、王要武:《基于经济投入-产出生命周期评价模型的我国建筑隐含能与大气影响分析》,《土木工程学报》2011年第5期。

17. 《“双十一”狂欢冷热并存多少“激情消费”成鸡肋?》，Cnbeta 网站，http：//digi. 163. com/14/1113/08/AATTAHDO00162OUT. html，2014－11－13。
18. Deloitt：《迎接全民移动时代，2014 中国移动终端消费者调查》，http：//wenku. baidu. com/link? url = oE3z330nxJWGD8T1sG5cmpzD2dQoGwfo4Te5dLFMfd0Wrwk01vtJDReUD0jttSn4BCrWGF8Sq1B4N1HMwrRZwEb6bceG4LpMncZ4ZP7UZf7，2015－11－13。
19. 邓向辉、李惠民、齐晔：《中国衣着低碳消费的路径选择》，《生态经济》2012 年第 11 期。
20. 付峰：《我国节能若干重要问题的系统分析》，清华大学博士学位毕业论文，2013。
21. 高盛：《“千禧一代”消费研究》，2015。
22. 国家发展和改革委员会能源研究所课题组：《中国 2050 年低碳发展之路：能源需求暨碳排放情景分析》，科学出版社，2009。
23. 刘汉奇、吴金梅、马聪：《中国自驾游发展报告 2013～2013》，中国旅游出版社，2014。
24. 胡金凤、胡宝元：《关于消费的哲学考察》，《自然辩证法研究》2003 年第 19 期。
25. 《快递包装存在浪费“胶带能绕地球 200 圈”》，《华商晨报》2015 年 3 月 11 日。
26. 欧阳志远：《最后的消费：文明的自毁与补救》，人民出版社，2000。
27. 齐晔等主编《中国低碳发展报告（2014）》，社会科学文献出版社，2014。
28. 清华大学建筑节能研究中心：《中国建筑节能年度发展研究报告 2013》，中国建筑工业出版社，2013。
29. 《“舌尖上的浪费”情况调查》，人民网，http：//www. people. com. cn/32306/355718/357150，2013－02－28。
30. 商务部：《2013 年我国家电行业出口情况》，http：//www. ciedata. com/News/201403/32edde7b－25b1－4568－8b84－f0a89657ee81. html，2014－03－19。
31. 《美媒：中国国产车风光不再中国人买车 3/4 系国外品牌》，搜狐财经，http：//business. sohu. com/20150226/n409164107. shtml，2015－02－26。
32. 《10 至 15 年内中国持驾照人数将达 10 亿》，新浪汽车，http：//auto. sina. com. cn/news/2014－06－03/09251298466. shtml，2014－06－03。
33. 新华信国际信息咨询（北京）有限公司：《汽车，是生活必需品吗?》，腾讯汽车频道，http：//www. autohome. com. cn/dealer/201206/1224590. html，2012－06－16。
34. 夏茵、王丽娟、丁蕾：《儒家价值观对面子消费观的影响研究》，《消费经济》2015 年第 1 期。
35. 中国电子商务研究中心：《30 亿纸箱：2015 年快递包装将会持续火热》，http：//b2b. toocle. com/detail－6236077. html，2015－03－11。
36. 《2013 年中国机制纸及纸板制造行业经济运行回顾》，中国产业信息网，http：//www. chyxx. com/industry/201407/261151. html，2014－07－03。

37. 《2013 年我国日用塑料制品产量统计及区域格局分析》，中国产业信息网，http://www.chyxx.com/industry/201402/229093.html，2014-02-17。
38. 《2015 年我国日用玻璃行业供求状况分析》，中国产业信息网，http://www.chyxx.com/industry/201501/305195.html，2015-01-03。
39. 中国科学院可持续发展战略研究组：《2009 中国可持续发展战略报告：探索中国特色的低碳道路》，科学出版社，2009。
40. 中国能源中长期发展战略研究项目组：《中国能源中长期（2030、2050）发展战略研究：综合卷》，科学出版社，2011。
41. 《中国人买进口车被指“人傻钱多”不卖高价白不卖》，中国新闻网，http://www.chinanews.com/auto/2013/08-21/5185955.shtml，2013-08-21。
42. 驻马来西亚经商参处：《中国移动电商规模超美，明年或成全球最大移动电商国家》，http://www.mofcom.gov.cn/article/i/jyjl/j/201412/20141200843694.shtml，2014-12-13。

B.4
建设生态文明必须重塑能源生产和消费体系

戴彦德*

摘　要：　当前，我国巨大的能源消费总量及长期以煤为主的高碳能源利用模式导致生态环境不断恶化，严重制约了经济社会的可持续发展。未来要实现“两个百年”的既定经济发展目标，经济仍要持续发展，对能源的需求还将持续增长，如延续过去的高碳能源利用模式，将给生态环境带来更大压力。因此，保护生态环境，推进生态文明建设已迫在眉睫。未来必须重塑能源生产和消费体系，从源头上减少环境污染与温室气体排放，加快推进生态文明建设，最终在实现既定经济发展目标的同时，重现天蓝、地绿、山青、水秀的生态环境。

关键词：　生态文明　能源革命　能源生产　能源消费

生态文明建设事关中国特色社会主义事业“五位一体”总布局和“美丽中国”愿景目标实现，是贯穿我国小康社会和现代化建设全过程的一项长期战略任务。当前，我国经济社会发展面临新常态诸多不确定性因素，党中央、国务院做出加快推进生态文明建设重大战略部署，是自加压力、主动求变的体现，也是探索转型、谋求创新的体现。作为全球最大的能源生产和

* 戴彦德，国家发展和改革委员会能源研究所副所长、研究员，主要研究领域为能源经济、能源发展战略和能源规划、能源系统效率分析以及低碳发展。

消费国，我国要全面完成工业化、城市化，在较短时间内解决发达国家上百年分阶段出现的生态环境问题，必须从根本上重塑能源生产和消费体系，这是加快推进生态文明建设的必然选择和必由之路。

一　我国生态环境问题日趋突出，推进生态文明建设迫在眉睫

当前，我国生态环境已不堪重负，不仅大气、淡水、土壤、海洋等常规污染日趋严重，而且在影响全球气候变化的温室气体排放方面也备受世界瞩目，整个生态环境均面临着灾难性的破坏。

在大气污染方面，自2013年以来，席卷我国整个中东部地区的雾霾问题正使仰望蓝天成为一种奢望。环保部、气象局公布的数据显示，2014年全国共出现13次大范围、持续性雾霾天气，其中2月份中东部大部分地区出现持续一周的雾霾天气，涉及11省（区、市），覆盖面积达207万平方千米（中国气象局，2015）。2015年进入冬季以来，华北、东北地区频频出现重度雾霾过程，影响范围、污染程度、持续时间再创新高，致使北京、天津、河北等地相继首发空气重污染红色预警，橙色预警更是频现各地。2014年全国开展空气质量新标准监测的161个地级及以上城市中（新标准第一、二阶段监测实施城市），空气质量超标的城市超过90%。其中京津冀地区更为严重，13个地级以上城市空气质量均有不同程度的超标，全年$PM_{2.5}$平均值达到93微克/立方米，是WHO标准值的12倍，国内标准值的3倍（中国环境保护部，2015）。

在水污染方面，水污染问题已发展成为遍布全国大部分地区的流域性污染问题。2014年长江、黄河、珠江、松花江、淮河、海河、辽河等七大流域和浙闽片河流、西北诸河、西南诸河的国控断面中，Ⅳ类、Ⅴ类及劣Ⅴ类水质断面占比分别达到15.0%、4.8%和9.0%，其中海河、淮河、黄河三大流域劣Ⅴ类水质超过10%，海河则已接近40%。地下水污染也在不断加剧，2014年全国61.5%的地下水资源水质较差或极差，水质优良的地下水

仅占 10.8%（中国环境保护部，2015）。

在土壤方面，污染情况也越来越严重，根据我国首次开展的全国土壤污染状况调查结果，全国土壤污染物超标率达 16.1%，其中耕地土壤点位超标率近 20%；重污染企业及周边、工业废弃地、采矿区等区域超过三分之一的土壤污染物超标。此外，全国水土流失面积约占国土总面积的近三分之一；沙化土地面积占国土总面积的近五分之一（中国环境保护部等，2014）。

在海洋污染方面，国家海洋局于 2012 年 10 月完成的中国海洋调查结果显示，过去十几年中流入我国海洋的污染排放的四分之三不符合标准，全国 48 个入海口均遭到重金属、滴滴涕和石油烃的污染，再加上来自农田的化学肥料和粪肥的流入，造成我国沿海海域富营养化程度提高，出现大量有害水藻；与 20 世纪 50 年代相比，红树林面积减少 73%，珊瑚礁减少 80%，沿海湿地面积减少 57%；沿海渔业资源大幅减少，如东海的磷虾已濒临灭绝，进而将给小黄鱼资源带来毁灭性打击（简丘，2012）。

目前我国整个生态环境恶化日趋严重，环境污染正从城市向农村转移；从人口稠密区、经济发达区向人口稀疏、经济欠发达地区转移；从常规性污染向非常规性污染、有毒有害污染转化；从局地向区域扩散；从江河城市段向流域蔓延；从浅层次向深层次的环境问题演变，呈现压缩型、叠加型、复合型、祸合型的特点（戴彦德等，2015）。这些生态破坏和环境污染的结果，不仅造成了巨大的经济损失，严重损害人类健康，而且极易发展成为群体性事件，严重危及公共安全与社会和谐。细数历史变迁，我国生态环境从没有像今天这样令人触目惊心，已经成为整个社会最重要、最迫切需要解决的问题之一。

不仅如此，在温室气体排放方面，我国也已成为世界第一温室气体排放大国，排放总量接近美国及欧盟的排放总和，人均排放量已超过世界平均水平，甚至已超过部分欧盟国家的人均排放水平。每年的排放增量已占据全球主导地位，我国如何减排越来越受到世界各国的重视，要求控制温室气体排放总量，承担更大国际责任的呼声也在不断上升（国家发展和改革委员会能源研究所，2009）。

党中央、国务院提出的生态文明建设，从广义上来看，是指整个人类社会自历经原始文明、农业文明以及工业文明后的一种新型文明形态；从狭义上看，则是与物质文明、政治文明、精神文明并列的文明形态之一，立足当前，生态文明建设的意义更在于对整个生态环境的保护与改善。回望过去，我们的经济和生活水平在日益提升，但生活环境和生活质量却变得愈加恶劣，金山银山赚到了，绿水青山却在慢慢消失。放眼未来，生活在一个重度雾霾笼罩、水体污染严重、土壤质量无法保障、海域污染持续增加的生态环境中，即使是经济水平高度发达，也将使得社会发展水平大打折扣，保护生态环境，推进生态文明建设已迫在眉睫。

二　能源是引起生态环境恶化的重要源头，推进生态文明建设必须重塑能源体系

生态环境问题突出，最主要的原因是巨大的化石能源消费以及长期以来高碳、粗放的发展模式。2014 年我国一次能源消费总量达到 42.6 亿吨标准煤（中国国家统计局，2015），已是世界第一能源消费大国，且长期以来能源消费结构以低质、高碳能源为主，与发达国家普遍进入油气时代、部分发达国家开始逐步步入可再生能源时代相比，煤炭长期在我国能源消费总量和增量中占主导地位。2014 年，煤炭在一次能源消费中所占比重达 66%（中国国家统计局，2015），远高于发达国家水平。煤炭的大规模开发和利用，对水、土地、大气等生态环境造成了严重影响。目前二氧化硫排放量的 90%、氮氧化物排放量的 67%、烟尘排放量的 70%、人为源大气汞排放量的 40% 以及二氧化碳排放量的 70% 以上均来自燃煤。同时，煤炭消费总量大、单位面积煤炭消费密度过高是形成严重雾霾的最主要原因，2014 年我国单位国土面积的煤炭消费量超过 400 吨/平方千米，是美国的 4 倍还多，其中京津冀和长三角地区 2012 年单位国土面积的煤炭消费量更是分别达到 1794 和 2267 吨/平方千米。

虽然当前我国巨大的能源消费总量及以煤为主的能源消费结构已给生态

环境带来了巨大压力，但从当前经济社会发展的基本面及能源消费水平来看，对能源的需求还远未达到拐点阶段。一方面，从经济社会发展的基本面来看，尽管我国已是世界第二大经济体，但经济发展水平还很低，2014 年人均 GDP 7591 美元[①]，不到发达国家的四分之一；每千人汽车保有量约 107 辆，不到发达国家的五分之一，为世界平均水平的 70%；城镇化率不到 55%，比发达国家低近 30 个百分点。而且经济发展也很不均衡，中、西部地区的人均 GDP 不足东南沿海地区的一半；农村人均可支配收入只有城镇居民的 40%；按照世界银行的标准，全国尚有上亿人口处于贫困线以下。因此，在未来相当长的一段时间内，发展经济、消除贫困、走向富强仍是我国的首要任务。党的十八大做出了我国社会经济发展“三个不变”（阶段没变、矛盾没变、国际地位没变）的论断，明确提出了“以经济建设为中心是兴国之要，发展仍是解决我国所有问题的关键”的重要论述，并重申了“两个百年”的奋斗目标。而要实现这“两个百年”目标，需要能源强有力的支持。

另一方面，从能源消费水平来看，尽管我国能源消费总量很大，但与西方发达国家相比人均水平还很低，2014 年人均能耗仅为 3.1 吨标准煤左右，略高于全球平均水平，不到发达国家的一半；人均电力装机容量仅为 1 千瓦左右，不到美国的 30%、日本的 50%。而从发达国家走过的历程来看，生活水平和质量要达到比较高的程度，其人均能源消费量一般不低于 4 吨标准油，人均有效装机容量不低于 1.5 千瓦（戴彦德等，2013）。未来要实现 2050 年既定的经济发展目标，经济仍要持续增长，对能源的需求也将成倍增长，这无疑给生态环境将造成更大压力，为生态文明建设带来更大挑战，未来要推进生态文明建设必须从能源入手，采取有效措施，从源头上减少能源消费带来的污染物及温室气体排放。

目前，从国际上看，全球“重塑能源体系”正悄然进行（卢安武，2014）。世界主要发达国家在应对全球气候变化的压力下，纷纷根据各自的

---

① 注：按照 2014 年平均汇率计算。

国情制定了一系列的能源转型、应对气候变化的目标，欧盟提出到2050年可再生能源占终端能源消费的比重达到75%，温室气体排放相比1990年水平减少80%～95%；德国提出到2050年一次能源消费比1990年下降50%，可再生能源利用比重提高到60%；2015年6月举行的发达国家七国集团领导人峰会也提出，到2050年全球碳排放量比2010年降低40%～70%，到2100年全球实现彻底脱碳。

通过重塑能源体系减少温室气体排放，应对全球气候变化，走出一条后工业文明时期可持续发展的道路正成为全球的一大热点。我国作为一个能源利用大国，继续延续高碳、粗放式的能源利用模式，将带来更加严重的环境污染，有可能导致生态环境走向崩溃边缘。未来我国必须要重塑能源生产和消费模式，推动能源转型，控制能源消费总量。只有大幅减少对能源的需求，从源头上削减污染物排放源，才能从根本上保护生态环境。

三　重塑能源体系，提高效率是关键，发展清洁低碳能源是根本，转变发展方式是前提，引导消费模式是基础

重塑能源生产和消费体系，从国际上看，是全球走向可持续发展的大势所趋，从国内看，是加快推进生态文明建设的必然要求。重塑能源体系是一个长期的过程，并非一朝一夕可以完成的，未来必须通过提高能源利用效率、推进清洁低碳能源利用、加快转变经济发展方式、引导居民绿色消费等一系列有针对性措施，全面、系统地予以推动。

第一，提高能源利用效率，控制能源消费总量是重塑能源体系的关键。

目前我国生态环境持续恶化的根本原因是巨大的能源消费总量及以煤为主的能源消费结构，然而更加令人担忧的是，未来对能源需求持续增长的势头短时期内仍难以改变，生态环境所承受的压力将有增无减。虽然近年来经济形势下滑以及工业化进程逐步迈入中后期导致工业增长缓慢，对能源需求的增速放缓，但从发达国家走过的历程来看，工业能源消费达到

顶峰后，建筑、交通和民生部门将快速增长，未来尽管我国工业部门部分高耗能产品产量趋于峰值，其能源需求的增速不会像前十年那样快速强劲，但建筑、交通和民生部门的能源需求将呈现快速增长态势，这“一消三涨”，最终使能源需求的增量同以往相比，不会有大的改变。从发展阶段来看，未来城镇化进程还将不断加快，对铁路、公路、机场等基础设施的需求依然较大，尤其是我国地区间发展不均衡，中西部部分落后地区仍处于家园建设的初级阶段，要实现全面建成小康社会的阶段性目标，局部地区还需加快发展。特别是2013年国家主席习近平提出了推进经济发展的“一带一路”战略构想，“新丝绸之路经济带”西北沿线的陕西、甘肃、青海、宁夏、新疆等五省区，西南沿线的重庆、四川、云南、广西等四省市区在内的大部分中、西部地区，必将迎来新一轮基础设施建设浪潮，对能源的需求也将持续增长。

展望未来，到2050年我国人口将超过14亿，若实现既定经济发展目标，GDP总量将超过44万亿美元①，人均GDP约3.2万美元，届时如果按照OECD国家的人均能耗水平（2011年OECD国家人均能耗6.2吨标准煤），我国能源需求将接近90亿吨标准煤，即使按照世界上能源经济效率最高的日本和德国的人均能耗水平（2011年日本人均能耗5.6吨标准煤），也要接近80亿吨标准煤，这一需求无疑将给生态环境带来更大压力，在当前可再生能源难以等量替代化石能源的情况下，必须采取有效措施，对能源消费总量进行控制。德国生态经济学家魏伯乐在其所著的《5倍级——缩减资源消耗，转型绿色经济》一书中提出，利用当今世界的技术和手段，可以将资源生产率提高五倍，在提高全人类社会福利的基础上，将资源消耗减少80%，类比我国，改革开放以来粗放式的发展模式造成了能源利用的大规模浪费，有着巨大的节能潜力，通过提高能效能够显著减少对能源的需求。由国家发展和改革委员会能源研究所、美国劳伦斯伯克利国家实验室、美国落基山研究所联合组成的课题组的研究表明，到2050年，通过提高能

---

① 注：按照2010年不变价格计算。

源利用效率、调整产业结构等一系列措施，在实现既定经济发展目标的前提下，将一次能源消费总量控制在50亿吨标准煤[①]以内是完全有可能的。若届时这一目标能够实现，且可再生能源比重大幅提高，则主要污染物排放总量即可从当前的千万吨级下降到百万吨级，同时温室气体排放也将大幅下降，从而可实现天蓝、地绿、山青、水秀的发展目标。因此，提高能源利用效率，控制能源消费总量是重塑能源体系的关键。

在过去的十几年中，尽管我国节能工作已经取得了显著成效，能源利用效率大幅提升，但总体来说，全社会仍有较大的节能空间。相关研究表明，到2020年仅钢铁、水泥、石化和化工、有色、电力及通用领域既有产能技术上可行的节能潜力就达4亿吨标准煤以上（戴彦德等，2013），而全国技术上可行、经济上合理的节能潜力高达6亿多吨标准煤。此外，在全球应对气候变化的大背景下，新一轮产业革命正在兴起，节能技术仍在不断创新，未来在信息、通信、智能控制等技术的支撑下，工业生产将从局部、单点工艺节能优化向全流程、系统性优化转变；互联网、物联网等新一代信息技术将对能源生产、储存、输送和使用状况进行实时监控、分析并最终给出最优利用模式；通过在工厂中预制模块完成90%的建设，进而现场安装组建的预制建筑技术可有效实现建筑施工的节能减碳；建筑“一体化”节能设计可对既有建筑实施深度节能改造；交通运输用能方式将逐步向清洁、多元、电气化转变；自动驾驶、车联网技术将极大优化交通运输效率，可以说，工业、建筑、交通等各领域节能技术的开发与推广有望不断加速，从而进一步释放节能潜力。未来应加大节能减排力度，采取有针对性的节能措施，把节能作为继石油、天然气、煤炭和非化石能源以外的第五大“能源”来开发，通过推广先进节能技术、提高能源效率、挖掘节能潜力来减缓未来能源需求的快速增长，控制能源消费总量，推进生态文明建设。

第二，推进能源供应模式向清洁低碳化发展，提高清洁能源消费比重是重塑能源体系的根本。

① 注：电力折标系数按照0.1229kgce/kWh计算。

2050年，在实现既定经济发展目标的情况下，如果能源消费结构不加以改变，煤炭消费仍占到60%以上，即使通过提高能效将能源消费总量控制在50亿吨标准煤以内，煤炭消费量也将超过30亿吨标准煤，这比2014年高出近20%，低质、高碳能源消费仍在持续增加，常规污染物及温室气体排放源将有增无减，仅靠末端治理，很难做到主要污染物排放的大规模下降。因此，未来必须大力推进化石能源中相对清洁、低碳的天然气，以及低碳、无碳的核能及可再生能源的供应，提高清洁能源消费比例，这是重塑能源体系的根本。

近年来，虽然我国一直在大力推进能源供应模式向清洁、低碳发展，天然气、核能及可再生能源利用量持续快速增长，但其在一次能源消费中所占比例还很低。2000~2014年，天然气消费量由245亿立方米增长到1816亿立方米，增长了6.4倍；核电装机容量由210万kW增长到1988万kW，增长了8.5倍；水电装机容量由7935万kW增长到3亿kW，增长了2.8倍；并网风电装机容量由32.9万kW增长到9581万kW，增长了290余倍；并网太阳能发电装机容量更是从无到有增长到2652万kW。但从在一次能源消费中所占比例来看，2014年天然气、核电、水电、风电、太阳能发电等清洁、低碳能源总量仅占16.9%。

相比于近40亿吨的煤炭消费量，当前清洁能源的利用规模还较小，未来还应加快发展，从资源上看，清洁低碳能源储量及来源非常丰富，发展极具潜力。首先，在天然气方面，虽然常规天然气储量相对较少，但非常规天然气储量可观，世界能源研究所（WRI）2014年的一项研究表明，页岩气储量高达30万亿立方米以上，居世界第一位。此外，正在不断加强的国际能源合作也将为拓展海外气源提供有利条件，尤其是“一带一路”战略构想中新丝绸之路经济带沿线地区天然气资源极为丰富，其中2014年哈萨克斯坦天然气探明储量1.5万亿立方米；土库曼斯坦17.5万亿立方米；乌兹别克斯坦1.1万亿立方米。其次，在可再生能源方面，我国资源较为丰富，据统计，全国水能资源理论蕴藏量6.9亿kW；70m高度陆上风能源资源技术可开发量约25.7亿kW，近海100m高度内，水深在5~25m范围内的风电技术可开发量约1.9亿kW，水深25~30m范围内的风电技术可开发量约

3.2 亿 kW；全国三分之二以上国土面积年日照小时数超过 2200 小时，平均每年辐射到国土面积上的太阳能能量相当于 1.7 万亿吨标准煤；目前我国的农作物秸秆、林业剩余物等各类生物质资源超过 3 亿吨标准煤；全国主要盆地地热资源折合标准煤达 8530 亿吨，年可利用量 6.4 亿吨标准煤（国家可再生能源中心，2015）。丰富的清洁能源资源为加快推进能源供应模式向清洁低碳化发展提供了保障，若 2050 年能够实现能源消费总量控制在 50 亿吨标准煤以内的目标，那么将清洁低碳能源利用比例提高到 60% 左右是完全有条件的。未来完全可以在控制能源消费总量的基础上，发展高比例可再生能源，减少对化石能源，尤其是煤炭的依赖，从根本上减少常规污染物和温室气体的排放，推进生态文明的建设。

第三，转变经济发展方式，减少能源间接性出口及周期性浪费是推动重塑能源体系的前提。

改革开放以来，我国粗放式的经济发展方式造成了大量不必要的能源消耗，尤其是经济发展高度依赖出口造成大量的能源间接性出口，以及大拆大建造成了严重的周期性浪费。首先，过去三十多年里，我国经济增长高度依赖出口，自加入 WTO 以来世界工厂的角色日渐浓重，“中国制造”的低端产品充斥全球各地，初步测算，每年直接、间接出口的能源占全国能源消耗总量的 20% 以上。其次，改革开放以来，我国在快速发展的过程中，走了一条建设、淘汰、再建设、再淘汰的路子，这种“重速度、轻质量、只顾眼前”的发展模式，不仅导致财富积累缓慢，还造成周期性能源浪费。在工业领域，仅“十一五”期间，我国就关停小火电 7000 万 kW；淘汰落后炼铁产能超过 1.1 亿吨；淘汰落后炼钢产能 6683 万吨；淘汰落后水泥产能 3.4 亿吨；淘汰落后造纸产能 1030 万吨，虽然这是为推动节能减排，改善生态环境而不得不采取的“阵痛”措施，但大量产能的淘汰使得资本沉陷，造成了大量的经济损失及资源浪费。在交通领域，道路建设过程中由于规划设计不合理，各施工部门组织协调不当等原因，路面铺设与地下管线工程施工交叉，为铺设各类管线而将刚刚铺设完成的路面反复开挖的现象比比皆是，“拉链”马路随处可见；此外，近年来桥梁坍塌事故屡屡发生，众多正值“当年”的桥梁轰然塌陷，这不仅严重威胁到人身安全，带来极大的交通不便，同时也造成了大量的资源浪费。在建筑领域，我国是世界上年新建建筑最多的国家，但片面追求发展速度、缺乏科学规划等原因导致“短命建筑”层出不穷，目前大量能源浪费在“一建”“一爆”之中。未来必须要加快转变经济发展方式，提高经济发展质量，减少能源间接性出口及周期性浪费，这是重塑能源体系的前提条件，否则能源需求将是填不满的漏斗，周而复始，无穷无尽。

目前我国正处于经济转型的有利时期，一方面外汇储备世界第一，经济总量世界第二，综合国力显著增强，已具备经济转型的物质基础和综合实力；另一方面能源资源、环境、劳动力、土地等方面的优势正在逐渐消失，出口市场面临发达国家和发展中国家的双向挤压，出口导向型发展方式已难以为继。未来应注重发展知识经济、品牌经济、创意经济，大力调整出口结构，从根本上扭转“能源消费留给自己、污染留给自己，世界消费我埋单”的发展模式，真正落实“十二五”规划和十八大提出的“以科学发展为主题，以加快经济发展方式为主线，促进经济长期平稳加快发展”的战略部署。同时，在未来城市化建设过程中，应更加注重规划的合理性、科学性，在建筑物的设计上强调弹性和灵活性，充分考虑长期利用的用途变化；在建筑材料的使用上加强监督和审查，强化耐久材料使用，杜绝大拆大建，延长建筑使用寿命，努力减少和避免周期性能源浪费。

第四，引导居民消费模式转变，推动绿色、低碳消费是重塑能源体系的基础。

近年来，随着居民生活水平的日益提高，越来越多的消费者开始追逐美国式的以超前消费、追逐奢侈为特征的消费文化带来的大排量汽车、大住宅等“浪费式消费”模式，这无疑将会造成资源的极大浪费。不仅如此，为迎合消费者的这种高消费心理，很多消费品自设计至生产均渗透着大量奢侈气息，如一盒简单的月饼，其外盒装潢设计奢华，高档木材、皮革、金属、丝绸、水晶等过度用料的包装里三层外三层，耗材过多，远远超出产品包装的基本需要，不仅产生大量无用的固体废物垃圾，而且这些奢华的包装在制

造过程中造成了资源的极大浪费。我国人口占到全球的近20%，但耕地面积、淡水资源仅占7%和6%。相比于如此巨大的人口基数，矿产资源人均占有量很低，多数还不到世界平均水平的一半，人均煤炭、石油、天然气可采储量仅分别为全球平均水平的67%、5%和9%（BP，2015）。若未来“浪费式”的消费、生产理念成为主流，必然给资源供应带来更大压力。因此，必须对居民的消费模式及消费品的生产模式加以引导，推动绿色、低碳消费，这是重塑能源体系的基础。

未来一方面应未雨绸缪，建立长效节能环保公众宣传机制，强化公众节能意识转变，利用能效标准、标志、认证等手段，鼓励消费者购买带有绿色标志的产品，引导居民消费升级换代，促使人们生活消费方式向可持续的能源消费方式转变，减缓能源需求的快速增长。另一方面要大力推广绿色供应链管理，以消费品生产链中大型采购企业为纽带，依托其在整个产业链中的资金优势、信誉优势，带动上游供货企业共同参与节能，整合供应链中各环节企业的节能资源，从而推动消费品完成绿色设计、绿色工艺规划、绿色材料选择、绿色生产、绿色营销等，实现整个产业链的系统化节能及绿色化管理。

总之，能源引起的生态环境恶化已成为威胁中华民族生存与发展的重大问题。更令人担忧的是，未来要实现既定的经济发展目标，经济仍要持续发展，对能源的需求还将成倍增长，若延续传统的发展路径，将对生态环境保护带来更大挑战。未来必须依靠提高能源利用效率，推进能源供应模式清洁低碳发展，转变经济发展方式，引导居民消费模式向绿色、低碳转变等一系列针对性措施，重塑能源生产和消费体系，从源头上减少环境污染与温室气体排放，加快推进生态文明建设，最终在实现既定经济发展目标的同时，重现天蓝、地绿、山青、水秀的生态环境。

参考文献

1. BP：《Statistical Review of World Energy 2015》，http：//www.bp.com/en/global/

corporate/energy - economics/statistical - review - of - world - energy. html，2015 - 06 - 20。
2. 中国气象局：《中国气候公报 2014》，http：//www. cma. gov. cn/，2015 - 01 - 09。
3. 中国环境保护部：《中国环境状况公报 2014》，http：//www. zhb. gov. cn/gkml/hbb/qt/201506/t20150604_ 302942. htm，2015 - 06 - 04。
4. 中国环境保护部、国土资源部：《全国土壤污染状况调查公报》，2014，http：//www. zhb. gov. cn/gkml/hbb/qt/201404/t20140417_ 270670. htm，2014 - 04 - 17。
5. 简丘：《中国沿海环境污染令人担忧》，2013，http：//oversea. huanqiu. com/economy/2013 - 11/3259006. html，2013 - 11 - 09。
6. 戴彦德、吕斌、冯超：《“十三五”中国能源消费总量控制与节能》，《北京理工大学学报》（社会科学版）2015 年第 1 期。
7. 国家发展和改革委员会能源研究所：《中国 2050 年低碳发展之路——能源需求暨碳排放情景分析》，科学出版社，2009。
8. 中国国家统计局：《2014 年国民经济和社会发展统计公报》，http：//www. stats. gov. cn/tjsj/zxfb/201502/t20150226_ 685799. html，2015 - 03 - 26。
9. 戴彦德、朱跃中：《重塑能源，实现可持续发展》，《中国科学院院刊》2013 年第 2 期。
10. 〔美〕卢安武：《重塑能源》，鉴衡认证中心译，湖南科学技术出版社，2014。
11. 戴彦德、熊华文、焦健：《2020 年中国工业部门实现节能潜力的技术路线图研究》，中国科学技术出版社，2013。
12. 国家可再生能源中心：《2015 年中国可再生能源产业发展报告》，中国经济出版社，2015。

节能与可再生能源

Energy Efficiency and Renewable Energy

B.5 工业企业节能量计算与目标考核

赵小凡　邬 亮*

摘　要：　自“十一五”开始，政府对高耗能工业企业设定了约束性的节能量目标作为考核其节能效果的主要量化指标。根据官方统计，“十一五”期间，纳入“千家企业节能行动”考核的881家企业共实现节能量1.65亿吨标准煤，超额65%完成节能1亿吨的目标。进入“十二五”时期，“千家企业节能行动”升级为“万家企业节能低碳行动”。根据国家发展和改革委员会公布的2013年万家企业节能目标责任考核结果，2011~2013年，参加考核的14119家企业累计实现节能量2.49亿吨标准煤，已完成“十二五”万家企业节能量目标的97.72%，预计2015年将超额完成2.5亿吨标准煤的节能目标。

* 赵小凡，清华大学公共管理学院在读博士研究生，研究领域为中国的节能与环境政策；邬亮，北京林业大学人文社会科学学院讲师，主要研究领域为自然资源开发与环境保护中的治理机制。

本报告通过对10家案例企业的深入调查，探索工业企业对节能量目标的执行情况，讨论节能量目标的合理性，探寻未来中国企业节能考核指标的改进方向。研究表明，用节能量作为考核指标存在三大问题：1）10家案例企业上报的节能量共分为四类：定比法产品节能量、环比法产品节能量、定比法产值节能量，以及环比法产值节能量。采用不同方法计算、不同类别的节能量并不具有可比性；2）案例企业通过产量扩张完成了部分节能量目标，而这部分节能量实际上是企业应对市场需求的结果，而非节能行动所致，因此无法对企业的节能行为产生强大的激励作用；3）由于节能量类别及计算方法多样，且计算步骤相对复杂，因此政府部门对节能量的核查难度超过对能耗总量以及能耗强度等其他常见的节能量化指标的核查难度。鉴于节能量目标缺乏企业间可比性，也无法剔除产量扩张引起的节能效应，且核查难度大，建议尽快以能耗总量和能耗强度的“双控”指标替代现有的节能量目标。

关键词：　工业企业　节能量目标　节能考核指标　政策执行

一　工业企业节能量目标考核

中国的工业能源消费总量长期占全社会能源消耗总量的70%以上，2012年首次下降至70%以下，但依然高达69.8%，因此工业节能历来是中国节能政策的重点（国宏美亚（北京）工业节能减排技术促进中心，2014）。自“十一五”开始，各级政府对其辖区内的重点用能企业设定了约束性的节能量目标作为考核其节能效果的主要量化指标。根据《企业节能量计算方法》（GB/T13234－2009），节能量特指在满足同等需要或达到相

同目的条件下，使能源消费减少的数量，一般以吨标准煤为单位，它是节能效果的主要量化表示方法与指标。对于企业来说，节能量是指企业统计报告期内实际能源消耗量与按照比较基准值计算的能源消耗量之差。节能量主要分为五类，分别是产品节能量、产值节能量、技术措施节能量、产品结构节能量，以及单项能源节能量，其中最常见的是产品节能量以及产值节能量。以产品节能量为例，节能量是指企业在统计报告期内实际能源消耗量与按照基准年的单位产品能耗计算的能源消耗量（基准年的单位产品能耗与报告当年的产量之积）之差（见附录1）。

“十一五”期间，纳入“千家企业节能行动”考核的881家企业共实现节能量1.65亿吨标准煤（881家企业节能量的加总），超额65%完成1亿吨的节能目标（国家发展和改革委员会，2011）。进入“十二五”时期，“千家企业节能行动”升级为“万家企业节能低碳行动”，节能量目标提高到2.5亿吨标准煤。2014年12月20日，国家发展和改革委员会公布2013年万家企业节能目标考核结果。2011～2013年，参加考核的14119家“万家企业”累计实现节能量2.49亿吨标准煤，完成“十二五”万家企业节能量目标的97.72%。未完成企业数量占考核企业总数的8.44%（见图5－1），低于2012年万家企业考核结果中9.5%的未完成比例。按照当前的进度，预计2015年将超额完成2.5亿吨标准煤的节能目标。许多省、市级政府都效仿“万家企业节能低碳行动”，在其辖区内开展了省级、市级的重点用能企业节能低碳行动。

各级政府的考核数据显示，高耗能工业企业均超额完成了节能量目标，却从未说明工业企业的节能量具体是如何计算的。现有文献亦鲜少检验和探究工业企业节能量数据的有效性。考核指标是节能目标责任制的核心，选取什么指标来考核工业企业的节能效果是节能目标责任制成功与否的关键。理解节能量指标的合理性、有效性对未来节能政策的制定至关重要。我们通过对10家案例企业的深入调查，探索工业企业对节能量目标的执行情况，讨论节能量目标的潜在问题，以探寻未来中国企业节能量化指标的改进方向。具体来说，本报告将回答以下三个研究问题：第一，案例企业主要采用了哪些计算方法来满足政府对其节能量的要求？这些方法是否符合《企业节能

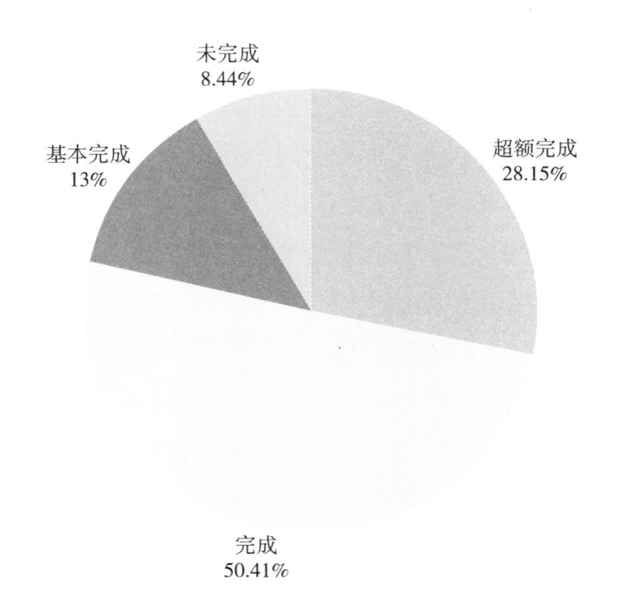

图 5－1　2013 年万家企业节能目标完成情况

资料来源：国家发展和改革委员会：《中华人民共和国国家发展和改革委员会公告》（2014 年第 20 号），2014。

量计算方法》（GB/T13234－2009）的规定？第二，节能量这一指标是否存在一些潜在的问题？第三，应当如何改进节能量化指标的设计？

二　案例企业如何计算节能量

（一）十个调研案例

我们选取了 S 省 NJ 市的 10 家工业企业作为研究对象。由于案例中涉及企业的具体数据，为避免给企业带来不利影响，本报告特意隐去具体的企业名称及其所在地信息，所引数字均为企业实际情况。企业具体数据主要包括企业在 2005～2012 年间计算及上报其节能量完成情况时所使用的各类产品的能耗、产量及产值，数据来源包括案例企业、S 省人民政府节约能源办公室（以下简称“节能办”）以及 NJ 市节能办主管工作人员提供的资料以及实地访谈记录。

2013～2013 年间，我们在 S 省节能办、NJ 市节能办工作人员的协助下前往S省NJ市的10家工业企业调研，其中9家案例企业均属于全国万家企业（见表5-1）。案例企业的选取主要基于案例代表性以及数据可得性。为了了解节能量目标执行情况在不同行业间的差异，首先我们选取了隶属于六大高耗能行业（钢铁、电力、石油石化、化工、建材及纺织）的10家企业。其次，为了考察节能量目标执行情况在不同规模企业间的差异，我们在选取案例企业时将企业按照用能规模分为三个等级，从高至低分别是全国千家重点用能单位（6家）、省级重点用能单位（2家），以及市级重点用能单位（2家）。最后，我们与S省NJ市的节能主管部门以及当地工业企业长期密切的合作关系保障了案例企业的一手资料和数据的准确性（见表5-2）。

表5-1　案例企业列表

行业	企业	能耗水平	“十二五”时期是否属于全国万家企业
钢铁	NJ钢铁	全国千家重点用能企业	是
	GC钢铁	全国千家重点用能企业	是
建材	SS水泥	全国千家重点用能企业	是
石化	中石化NJ分公司	全国千家重点用能企业	是
	LX石油	S省千家重点用能企业	是
化工	MS化工	全国千家重点用能企业	是
电力	HT电厂	全国千家重点用能企业	是
	NJ热电	S省千家重点用能企业	是
纺织	YS针织	NJ市百家重点用能企业	否
	TRK织染	NJ市百家重点用能企业	是

表5-2　数据类型列表

种类	2012年	2013年
工业企业访谈(次)	9	3
地方节能官员访谈(次)	2	2
省节能办与市节能办组织的座谈会(10家案例企业全部参加)(次)	1	0
企业的节能自查报告(2006~2012年)(份)	10	3
地方政府和企业提供的其他资料(如NJ市百家重点耗能企业节能考核表)	多份	多份

（二）案例企业节能量目标的设定及考核结果

案例企业的节能量目标包括两部分：一个是企业在一个五年规划期末需要完成的总目标，另一个则是将五年规划周期的总节能量目标均摊到五年中所得到的年度目标。目标的设定主要基于该企业能耗在所有受管制耗能企业中的占比，并根据企业的节能技术进步潜力微调。以全国千家企业节能行动为例。如果 A 企业的能耗在全国千家企业中占比 0.5%，则 A 企业的节能量目标原则上定为千家企业节能量目标（即 1 亿吨标准煤）的 0.5%，即 50 万吨标准煤。但倘若 A 企业的能效水平已经达到行业领先水平，继续提高能效的潜力有限，则可以适当调低最终的节能量目标。

S 省对重点用能企业的节能量目标考核遵循属地原则。NJ 市节能主管部门，即 NJ 市节能办，不仅负责对辖区内的市级百家重点用能企业进行考核，还受 S 省节能办委托，对辖区内的省级千家重点用能企业以及全国千家重点用能企业进行考核。“十一五”期间，考核指标为企业每年相对于基期的累计节能量。例如，A 企业“十一五”时期的节能量总目标为 500 吨标准煤，则 2006 年年末应该完成五年目标的 20%，即 100 吨标准煤；2007 年年末应当完成五年目标的 40%，即 200 吨标准煤。自“十二五”开始，NJ 市不仅考核企业的累计节能量完成情况（相对于基期），还增加了对企业相对于上一年的节能量完成情况的考核。考核步骤为企业每年自行计算节能量完成情况，如实填写“节能目标完成情况自查报告”，上交省、市级节能办，其后节能办审核自查报告，并组织专家现场考核，最终公布考核结果。由于参与现场考核的专家组成员并非全职节能监察人员，且一年中仅有几小时时间对一家企业进行现场考核，最终考核结果在很大程度上基于企业的自查报告，再根据现场考核情况微调。

从中央政府以及地方政府公布的节能目标完成情况来看，10 家案例企业均超额完成了政府为其设定的节能量目标：八家企业超额完成了“十一五”的节能目标，另外两家企业也超额完成了 2011～2012 年的节能量目标（见表 5－3）。

表 5－3　案例企业的节能量完成情况考核结果

行业	企业	节能量目标（吨标准煤）	节能量完成情况（吨标准煤）	完成比例（%）
钢铁	NJ 钢铁	666400	677900	102
	GC 钢铁	38800	47600	123
建材	SS 水泥	170000	425400	250
石化	中石化 NJ 分公司	58500	87492	150
	LX 石油	11900（“十二五”时期）	14737（截至 2012 年）	124（两年内）
化工	MS 化工	36000	48061	134
电力	HT 电厂	157100	250500	159
	NJ 热电	25000（“十二五”时期）	17480（截至 2012 年）	70（两年内）
纺织	YS 针织	600	925	154
	TRK 织染	800	966	121

（三）案例企业节能量的计算

案例企业在不同年份所计算和上报的节能量可大致归为四类，分为定比法和环比法以及产品节能量和产值节能量两个维度（见表 5－4）。附录 2 详细介绍了这四类节能量。

表 5－4　案例企业节能量分类

	定比法	环比法
产品节能量	HT 电厂（2007～2010） GC 钢铁 MS 大化 NJ 钢铁（2007～2008） SS 水泥	NJ 钢铁（2009～2010）(1) LX 石油（2011～2012） HT 电厂（2011～2012） NJ 热电（2011～2012）
产值节能量	YS 针织 TRK 织染 NJ 钢铁（2007～2008）	中石化 NJ 分公司

注：（1）NJ 钢铁在 2009～2010 年计算的并不是严格意义上的产品节能量，而是一种“变异”的产品节能量，且不在《企业节能量计算方法》（GB/T13234－2009）所允许的范围之内。

尽管考核结果显示10家案例企业均超额完成了节能量目标，其中4家企业的节能量计算实际并不完全符合《企业节能量计算方法》（GB/T13234－2009）的要求（见图5－2）。首先，NJ钢铁在2009年及2010年所计算的"变异"的产品节能量并不属于《企业节能量计算方法》（GB/T13234－2009）中的任意一种，且与2007～2008年的计算方法不一致。NJ钢铁2007～2008年采用了定比法计算企业的累计产品节能量，但在2009年改用环比法计算生产单元产品节能量，2010年又运用了环比法计算出2009～2010年的新增产品节能量，与2009年的累计节能量加总计算出2010年的累计节能量。尽管NJ钢铁并未对其变换计算方法的做法做出任何解释，但一个不争的事实是，倘若NJ钢铁在2009～2010年继续采用2007～2008年的定比法计算产品节能量，则无法完成当年的节能量目标。其次，四家案例企业未按照可比价计算产值节能量，而是采用了现价，因此没有剔除通货膨胀的因素，夸大了实际节能量。最后，中石化NJ分公司作为全国千家重点用能企业，未按照国家发展和改革委员会要求计算产品节能量（78363吨标准煤），

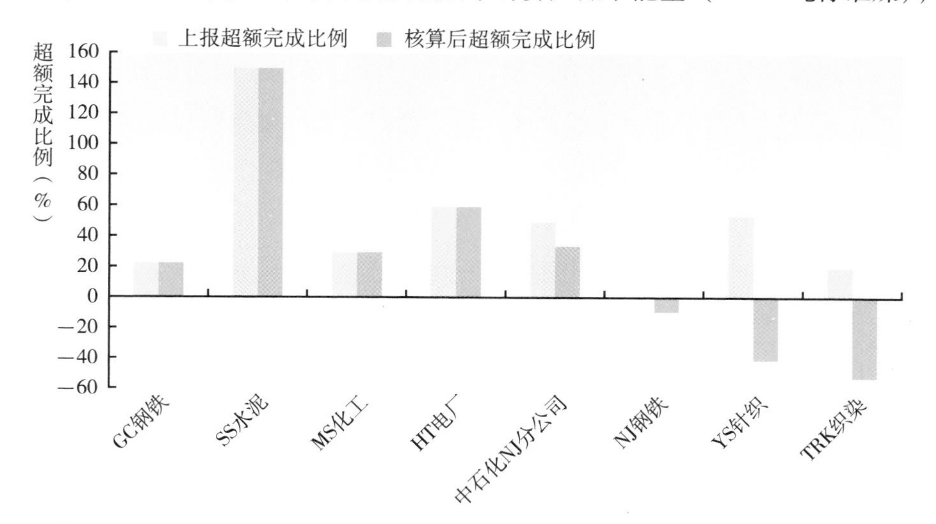

图5－2 "十一五"时期8家案例企业的上报节能量完成情况以及核算后节能量完成情况

注：核算后节能量为笔者对照《企业节能量计算方法》（GB/T13234－2009）核算校正后的节能量。

而是计算了产值节能量（87492 吨标准煤），且没有按照可比价计算。尽管中石化 NJ 分公司即便计算产品节能量也可以完成其 58500 吨标准煤的节能量目标，但通过计算产值节能量，中石化 NJ 分公司将实际节能量夸大了 12%。

三　节能量目标中存在的问题

10 家案例企业对节能量目标的执行情况暴露出节能量目标考核的三大问题，分别是：1）不同类别、由不同方法计算的节能量不具可比性，2）无法剔除产量扩张造成的“节能”效应，3）政府部门核查节能量目标完成情况的难度较大。

（一）不同企业在节能量计算上存在差异、缺乏可比性

由于《企业节能量计算方法》（GB/T13234－2009）规定了 5 类节能量（产品节能量、产值节能量、技术措施节能量、产品结构节能量及单项能源节能量），而且各级政府大多未对节能量类别做出具体规定，实际操作中企业可以选择最有利于其实现节能量目标的节能量类别。调研中发现，10 家案例企业分别上报了产品节能量或产值节能量。节能量类别的选择反映出行业性偏好。案例企业中的两家纺织企业均选择了产值节能量，而电力、建材、化工等行业的企业则选择了产品节能量。如附表 2 所示，产品节能量的计算需要各种产品的产量和能耗数据，因此对数据质量和能源统计的要求较高，这对于产品种类繁多的企业来说无疑增添了大量的负担（Phylipsen et al.，1998）。在本研究所涵盖的行业当中，纺织行业的产品种类最多。以 TRK 织染公司为例，2010 年生产 500 余种产品，这使得该企业难以计算其产品节能量。事实上，据两家纺织类的案例企业反映，计算产值节能量已经成为纺织行业的通行做法。而对于电力、建材、化工等行业的企业来说，由于产品种类较少，一般选择计算产品节能量。

另外，在具体计算节能量时，案例企业又分别选择了定比法或环比法计算。“十一五”期间，绝大多数案例企业倾向于使用定比法计算节能量，仅

有两家企业使用环比法。这一发现恰好印证了附图1所反映的信息：由于大部分企业在“十一五”时期都经历了扩产，定比法计算出的节能量高于环比法计算出的节能量，因此更有助于企业实现节能量目标。值得注意的是，“十一五”时期企业对定比法的倾向性在“十二五”时期却发生了变化。2011～2012年，案例企业均使用了环比法计算节能量。这是由于自“十二五”开始，NJ市节能办要求当地的重点耗能企业既上报当年节能量（即相对于上一年的环比节能量），又上报累计节能量，这无形中要求企业按照环比法计算节能量。而早在“十一五”时期，当地政府仅要求企业上报累计节能量，因此企业便可以直接采用定比法计算节能量。

总之，由于节能量类别的不同（产品节能量或产值节能量）以及计算方法的差异（定比法或环比法），10家案例企业上报的节能量共分为四类：定比法产品节能量、环比法产品节能量、定比法产值节能量及环比法产值节能量。四类节能量之间不具有可比性。

（二）无法剔除产量扩张造成的“节能”效应

节能量目标的第二个问题是企业可以通过产量的扩张完成部分节能量。附表1中《企业节能量计算方法》（GB/T13234－2009）表达式说明，无论企业选择何种计算方法，节能量的完成情况都既取决于单位产品或单位产值能耗，又取决于产量（可比价的产值实际取决于产量）。这意味着，即便企业的单位能耗下降极少，也可以因为产量增加而完成节能量目标。然而，产量扩张的选择主要来自企业对市场需求的反应，而非出于节能的目的。因此，节能量目标无法对企业的节能行为产生强大的激励作用。事实上，由于节能量目标允许企业通过产量扩张完成部分节能量，在8家上报“十一五”时期节能量完成情况的案例企业中，4家企业都出现了总能耗上升的情形，分别为：SS水泥总能耗上涨127%，TRK织染上涨81%，GC钢铁上涨6%，YS针织上涨5%。然而，进入“十二五”时期，受经济下行和市场需求双重疲软的影响，企业的产量扩张势头难以持续，未来必须依靠技术改造、结构调整以及管理升级提高能效。

（三）政府部门核查节能量目标完成情况难度大

由于节能量类别及计算方法多样，且计算步骤相对复杂，其核查工作量远远超过对能耗总量、能耗强度等其他常见节能量化指标的核查工作量。倘若政府对工业企业设定能耗总量目标，则只需监督和确认企业的总能耗，而相关数据可以直接从统计局获得，无须企业单独上报。这不仅降低了政府的核查成本，还由于限制了企业的操纵空间而确保了数据的真实性。但对于节能量目标而言，相关政府部门不得不仔细审核企业上报的节能量的计算过程，保证其符合《企业节能量计算方法》（GB/T13234—2009）的要求。然而，在现有的机制设计下，地方政府节能监管部门不具备充分的节能量核查能力与资源。在10家案例企业中，4家企业的节能量计算不符合国家标准，但是地方政府节能监管部门在核查中并未发现这些问题。进入“十二五”时期，随着工业企业节能行动的范围由“千家企业”扩展到“万家企业”，地方政府节能监管的负担显著加重，更加难以投入足够的力量与资源进行节能量目标的核查。

四　研究结果和政策启示

S省NJ市10家案例企业对节能量目标的执行暴露了节能量目标考核存在的问题，这对于未来中国节能量化指标的改进具有重要的启示意义。考虑到节能量目标缺乏企业间可比性、无法剔除产量扩张引起的“节能”效应、核查难度大，建议尽快以能耗总量和能耗强度的“双控”指标替代现有的节能量指标。事实上，自“十二五”开始，北京市政府就为重点用能单位设定了能耗总量－能耗强度“双控”节能指标体系，其中能耗总量目标规定了企业的总能耗下降的绝对值，为指导性指标；而能耗强度目标则由两部分组成，分别是单位产品能耗下降率以及单位产值能耗下降率，均为约束性指标。在企业间可比性方面，能耗强度目标较之节能量目标以及能耗总量目标具有明显的优势。而能耗总量目标则可以有效控制企业的能源消耗总量，避免节能量目标无法剔除产量扩张造成的“节能”效应的问题，并且大大减轻地方政府的核查负担。“双控”指标体系兼具总量目标以及强度目标的比较优势，可以有效规避节能量目标中存在的问题，还能够更好地与国家层面的能耗强度与能耗总量目标相衔接，代表了中国未来节能考核指标的改进方向。

致谢：作者在调研中得到了 10 家案例企业以及当地省、市节能办工作人员的大力支持，不胜感激。感谢李惠民、郁宇青、马丽协助完成调研工作。感谢齐晔教授、董文娟、李惠民以及王宇飞对本报告初稿提出的宝贵修改意见。

附　录

1.《企业节能量计算方法》（GB/T13234－2009）

按照《企业节能量计算方法（GB/T13234－2009），节能量主要分为五类，其中最常见的是产品节能量以及产值节能量（见附表 1）。值得注意的是，在计算产值节能量时，必须使用可比价而不能使用现价，目的是剔除价格变动对节能量的影响，否则仅仅价格上升这一原因就可以引起单位产值能耗的下降。除了节能量单位改为物理量以外，如 t 或 kWh，单项能源节能量本质上与产品节能量相同。

附表 1　节能量分类及计算方法

类别	计算方法
产品节能量	$\Delta E_{\mathrm{p}}=\sum_{i=1}^{n}(e_{\mathrm{r}i}-e_{\mathrm{b}i})M_{\mathrm{r}i}$
产值节能量	$\Delta E_{\mathrm{ov}}=(e_{\mathrm{ovr}}-e_{\mathrm{ovb}})G_{\mathrm{r}}=\Delta e_{\mathrm{ov}}G_{\mathrm{r}}$
技术措施节能量	$\Delta E_{t}=\sum_{i=1}^{m}\Delta E_{ti}=\sum_{i=1}^{m}(e_{ta}-e_{tb})P_{ta}$
产品结构节能量	$\Delta E_{pm}=G_{\mathrm{r}}\times\sum_{i=1}^{n}(K_{\mathrm{r}i}-K_{\mathrm{b}i})\times e_{\mathrm{bov}i}$
单项能源节能量	$\Delta E_{cn}=\sum_{i=1}^{n}(e_{\mathrm{rc}i}-e_{\mathrm{bc}i})M_{\mathrm{r}i}$

表达式中各变量含义如下：

1）产品节能量

$$\Delta E_{\mathrm{p}} = \sum_{i=1}^{n} (e_{\mathrm{ri}} - e_{\mathrm{bi}}) M_{\mathrm{ri}} \tag{1}$$

其中

ΔE_{p}：产品节能量（吨标准煤）；

e_{ri}：第 i 种产品在统计报告期的单位产品能耗（吨标准煤/件）；

e_{bi}：第 i 种产品在基期的单位产品能耗（吨标准煤/件）；

M_{ri}：统计报告期第 i 种产品的产量（件）；

n：统计报告期生产的产品种类。

2）产值节能量

$$\Delta E_{\mathrm{ov}} = (e_{\mathrm{ovr}} - e_{\mathrm{ovb}}) G_{\mathrm{r}} = \Delta e_{\mathrm{ov}} G_{\mathrm{r}} \tag{2}$$

ΔE_{ov}：产值总节能量（吨标准煤）；

e_{ovr}：统计报告期单位产值能耗（吨标准煤/万元）；

e_{ovb}：基期单位产值能耗（吨标准煤/万元）；

Δe_{ov}：单位产值能耗下降幅度（吨标准煤/万元）；

G_{r}：企业在统计报告期的总产值（可比价）（万元）。

3）技术措施节能量

$$\Delta E_{t} = \sum_{i=1}^{m} \Delta E_{ti} = \sum_{i=1}^{m} (e_{ta} - e_{tb}) P_{ta} \tag{3}$$

ΔE_{t}：技术措施节能量（吨标准煤）；

ΔE_{ti}：技术措施第 i 的节能量（吨标准煤）；

e_{ta}：实施技术措施第 i 之后的单位产品能耗（吨标准煤/件）；

e_{tb}：实施技术措施第 i 之前的单位产品能耗（吨标准煤/件）；

P_{ta}：实施技术措施第 i 之后的产量（件）；

m：企业技术措施项目数。

4）产品结构节能量

$$\Delta E_{pm} = G_{\mathrm{r}} \times \sum_{i=1}^{n} (K_{ri} - K_{\mathrm{b}i}) \times e_{\mathrm{bov}i} \tag{4}$$

$\Delta \mathrm{E}_{\mathrm{pm}}$：产品结构节能量（吨标准煤）；

K_{ri}：统计报告期第 i 种产品的总产值占总产值的比重（%）；

K_{bi}：基期第 i 种产品的产值占总产值比例（%）；

$\mathrm{e}_{\mathrm{bov}i}$：基期第 i 种产品的单位产值能耗（吨标准煤/万元）；

G_{r} 统计报告期总产值（可比价）（万元）；

n：产品种类数。

5）单项能源节能量

$$\Delta E_{cn} = \sum_{i=1}^{n} (e_{\mathrm{rc}i} - e_{\mathrm{bc}i}) M_{\mathrm{r}i} \tag{5}$$

ΔE_{cn}：产品某单项能源品种节能量（t，kWh，m^3 等）；

$\mathrm{e}_{\mathrm{rci}}$：统计报告期第 i 种单位产品某单项能源品种能源消耗量（t，kWh，m^3 等/件）；

e_{bci}：基期第 i 种单位产品某单项能源品种能源消耗量或单位产品某单项能源品种能源消耗限额（t，kWh，m^3/等/件）；

M_{ri}：统计报告期企业生产的第 i 种合格产品数量（件）；

n：统计报告期企业生产的产品种类数。

2. 案例企业所采用的节能量计算方法

案例企业在产品节能量与产值节能量之间的选择以及定比法和环比法之间的选择共产生了四种节能量组合（见附表 2）。

附表 2　统计报告期 r 相对于基期 b 的总节能量

	定比法	环比法
产品节能量	$\Delta E_{pf\_r} = \sum_{j=1}^{n_r} (e_{pj\_r} - e_{pj\_b}) M_{jr}$	$\Delta E_{py\_r} = \sum^{r-1} \sum^{n_{i+1}} (e_{pj\_i+1} - e_{pj\_i}) M ji$
产值节能量	$\Delta E_{ovf\_r} = (e_{ov\_r} - e_{ov\_b}) G_2$	$\Delta E_{ovy\_r} = \sum_{i=b}^{r-1} (e_{ov\_i+1} - e_{ov\_i}) G_{i+1}$

以下详细介绍和对比产品节能量与产值节能量，定比法与环比法之间的差异。

1）产品节能量与产值节能量

附表3对比了产品节能量与产值节能量各自的利弊。两种节能量的一大区别在于，产值节能量能够反映企业由于产品结构优化而产生的节能量，而产品节能量则无法反映这部分节能量。当一家企业的产品中，产值能耗低的产品占据了更高比例，我们就说这家企业的产品结构得到了优化。由此可以推测，产品结构优化的企业更倾向产值节能量而不是产品节能量，否则无法体现产品结构优化所带来的节能量。

附表3　产品节能量与产值节能量对比

	优	劣
产品节能量	反映了能源利用技术的进步	• 无法反映因结构变化造成的节能量变化； • 对产品品种较多的企业来说，各项能源消费统计数据都要细化到每一种产品上，对企业能源统计数据质量要求较高，计算难度较大
产值节能量	对产品品种较多的企业来说，各项能源消费统计数据都要求细化到每一种产品上，对企业能源统计数据质量要求较高，计算难度较大	产品结构调整是一种对市场需求的反应，有时甚至是不得已而为之，由此而导致的“虚增”节能量或完不成节能量达不到考核企业实质节能的目的

资料来源：官义高：《关于企业节能量计算问题的探讨》，《中国能源》2010年第4期。

2）环比法与定比法

环比法与定比法的区别在于基期的不同。定比法中的基期固定不变，即每个五年周期的第一年，因此以定比法计算的累计节能量等于企业在统计报告期和基期的单位能耗之差乘以企业在统计报告期的产量或产值。而在环比法中，基期不再固定，对于每一年来说，基期即是上一年，因此环比法的累计节能量就是在统计报告期之前的每两年之间的节能量加总之和。为了更直观地图解定比法与环比法之间的区别，附图 1 展示了一家虚拟企业的能耗。这家企业在 2005 ~ 2010 年期间产量（或产值）呈直线扩张趋势。A、B、C、D、E 和 F 分别代表了这家企业在 2005、2006、2007、2008、2009 和 2010 年的单位产品或单位产值能耗。基于附表 1 的节能量公式，我们可以计算出这家企业在“十一五”期间每一年的节能量，分别以附图 1 中的一个矩形面积来表示（具体公式见附表 4）。附图 1 揭示了一条重要信息：对一家产量不断扩张的企业来说，定比法比环比法更容易帮助企业完成节能量目标。

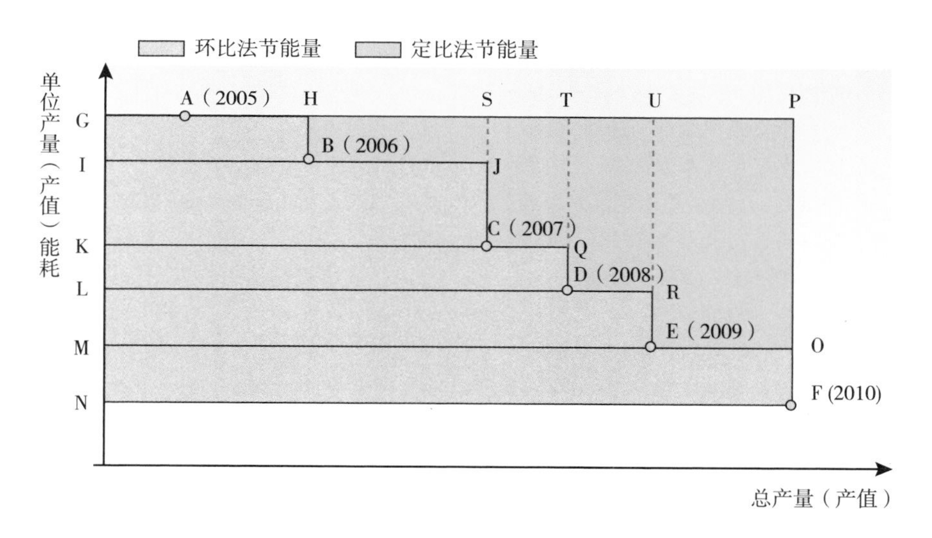

附图 1　“十一五”期间的累计节能量：定比法与环比法

附表 4　附图 1　中“十一五”时期的累计节能量

统计报告期(年份)	定比法	环比法
2006	GHBI	GHBI
2007	GSCK	GHBI + IJCK
2008	GTDL	GHBI + IJCK + KQDL
2009	GUEM	GHBI + IJCK + KQDL + LREM
2010	GPFN	GHBI + IJCK + KQDL + LREM + MOFN

参考文献

1. 北京市人民政府：《“十二五”节能目标责任书》，LX 石油有限公司 NJ 分公司内部资料，2012。
2. 国宏美亚（北京）工业节能减排技术促进中心：《中国工业节能进展报告 2013——“十二五”中期进展》，2014。
3. 国家质量监督检验检疫总局、国家标准化管理委员会：《企业节能量计算方法（GB/T 13234 -2009）》，2009。
4. 官义高：《关于企业节能量计算问题的探讨》，《中国能源》2010 年第 4 期。
5. 李惠民等：《政策执行篇：节能目标责任制》，《中国低碳发展报告（2013）》，社会科学文献出版社，2013。
6. 国家发展和改革委员会：《中华人民共和国国民经济和社会发展第十一个五年规划纲要》（第一篇，第三章，表 2），http：//news. xinhuanet. com/misc/2006 -03/16/content_ 4309517. htm，2006 -03 -16。
7. 国家发展和改革委员会等：《关于印发千家企业节能行动实施方案的通知》（发改环资〔2006〕571 号），http：//hzs. ndrc. gov. cn/newzwxx/200604/t20060413_ 66111. html，2006 -04 -07。
8. 国家发展和改革委员会：《中华人民共和国国家发展和改革委员会公告 -2011 年第 31 号》附件一：《“十一五”期间千家企业节能目标完成情况》，http：//www. sdpc. gov. cn/zcfb/zcfbgg/201112/t20111227_ 452721. html，2011 -12 -02。
9. 国家发展和改革委员会：《中华人民共和国国家发展和改革委员会公告》（2014 年第 20 号），http：//www. sdpc. gov. cn/gzdt/201412/t20141211 _ 651849. html，2014 -12 -03。
10. 国家工业和信息化部：《关于进一步加强中小企业节能减排工作的指导意见》（工信部办〔2010〕173 号），http：//www. miit. gov. cn/n11293472/n11295091/n11299329/13171419. html，2010 -04 -14。
11. 国务院：《国务院关于印发能源发展“十二五”规划的通知》（国发〔2013〕2 号），http：//www. gov. cn/zwgk/2013 -01/23/content _ 2318554. htm，2013 -01 -01。
12. 赵小凡、王宇飞：《工业企业对节能政策的响应》，《中国低碳发展报告（2014）》，社会科学文献出版社，2014。

B.6
可再生能源投融资2014

董文娟*

摘　要：　2014 年中国继续领跑全球可再生能源融资，那么其背后的融资机制是怎样的呢？本研究追溯了 2013 年进入中国可再生能源领域的资金及其流动情况，研究发现，2013 年中国可再生能源融资总额和投资额比 2012 年分别增加了 2.6% 和 6%。具体来看，2013 年中国可再生能源投融资主要呈现以下变化：（1）投资侧财政补贴减少，政策支持重点、对象和范围均发生变化。（2）融资渠道减少，可再生能源融资严重依赖银行贷款，中小型分布式光伏发电项目融资模式亟待突破。（3）可再生能源发电领域投资减少，非发电领域可再生能源应用投资增幅较大。（4）可再生能源开发利用能源替代和减碳效果显著。在可再生能源投融资总量继续保持增长的同时，可再生能源领域急需融资渠道和融资模式的变革和创新。如果要实现可再生能源的长期可持续发展，急需解决可再生能源融资渠道的多元化问题、中小型可再生能源开发企业融资难问题和分布式光伏发电项目融资模式的问题。

关键词：　可再生能源融资　可再生能源投资　可再生能源开发利用

---

* 董文娟，清华－布鲁金斯公共政策研究中心副研究员，主要研究领域为低碳投融资和能源政策。

一　全球可再生能源投融资概况

（一）全球可再生能源投融资概况

2014年全球可再生能源相关融资①额比2013年增长16%，达到3100亿美元。这一数字与史上最高融资额——2011年的3175亿美元相差无几，恢复幅度超过预期。从不同领域来看，光伏发电居首，比上年增长25%，为1496亿美元，占可再生能源相关融资的约一半。第二位为风力发电，比上年增长11%，为995亿美元，创历史最高纪录。分国家来看，主要可再生能源利用国的融资额都有增加，其中中国的融资额比上年增长32%，为895亿美元，占全球可再生能源融资总额的29%（Bloomberg New Energy Finance，2015）。

2013年全球可再生能源融资的情况不太乐观。2013年全球可再生能源领域融资比2012年下降了12%，从2440亿美元下降到2140亿美元。作为全球支持可再生能源发展的领导者，欧盟在该领域的融资2013年大幅下降了44%至480亿美元，而美国降至360亿美元。在连续9年增长之后，2013年，新兴经济体的可再生能源领域的融资首次下降。全球可再生能源领域融资的下降主要是由于“政治的不确定性”，即政府对可再生能源部门的支持不够明确，以及太阳能领域成本的下降（Frankfurt School-UNEP Center，2014）。

（二）本研究的意义与2013年中国可再生能源投融资概况

本研究侧重于分析中国可再生能源领域的资金流动情况，从融资侧开始，追溯每年进入中国可再生能源领域的资金及其流动情况，到资金

① 本研究所称的融资是指从各个渠道进入可再生能源制造和应用领域的资金，而投资是指开发商、公众等主体实际投入可再生能源应用领域的资金。

最后投入的领域结束。本研究重点分析中国可再生能源的资金性质（包括财政资金、社会资金和国际资金）、资金来源及渠道（包括中央财政、地方财政、银行、股市/债券、风投/私募、企业自筹资金和公众资金）、投资主体、政策工具和投资领域；评估中国可再生能源融资渠道的分布以及各渠道是否畅通、融资模式的多样性、政策变化及其影响以及投资的效果。

本研究所称的融资是指从各个渠道进入可再生能源制造和应用领域的资金，而投资是指开发商、公众等主体实际投入可再生能源应用领域的资金。例如，图6－2 和图 6－3 分别是 2012 年和 2013 年中国可再生能源投融资的全景图，图中“资金性质”和“资金来源”两栏是当年的融资情况，而“资金去向”和“投资领域”则是投资情况。大多数情况下当年融资额和投资额并不相等，以 2013 年小水电为例，当年融资额为 346 亿元，而当年实际完成建设投资额为 263 亿元。

本研究与上文中联合国环境规划署（UNEP）发布的《全球可再生能源投融资 2014》报告的统计口径和数据源都不一致。UNEP 发布的报告中不包含分散的可再生能源应用，即太阳能热利用、沼气和地热利用的部分，而本研究中包含了这部分投资。实际情况是，中国是世界上最大的太阳能热水器生产和利用国，沼气利用、地热利用都是中国政府政策支持的可再生能源利用方式；从数量上来看，分散的可再生能源应用占比显著，其投资占到 2013 年中国可再生能源投资的 24%，其开发利用量占当年可再生能源利用总量的 16.6%，因此本研究的统计中包含了这部分内容。

根据本研究的测算，2013 年中国可再生能源融资总额为 6044 亿元（976 亿美元），2012 年为 5997 亿元（950 亿美元），2013 年比 2012 年小幅增长了 0.8%。与此同时，2013 年中国可再生能源领域投资也保持了增长趋势，但增速略有下降。2013 年可再生能源领域投资额为 5885 亿元，比 2012 年（5557 亿元）增加了 5.9%，比 2011 年（4163 亿元）增加了 41%（见图 6－1）。从投资领域来看，投向可再生能源发电（包括小水电、大中型水电、风力发电、光伏发电、生物质和垃圾发电）领域的资金最多。2011 年以来，投向分散式应用领域的资金迅速增长（包括沼气、燃料乙醇、太阳能热水器、地热采暖、地源热泵）。

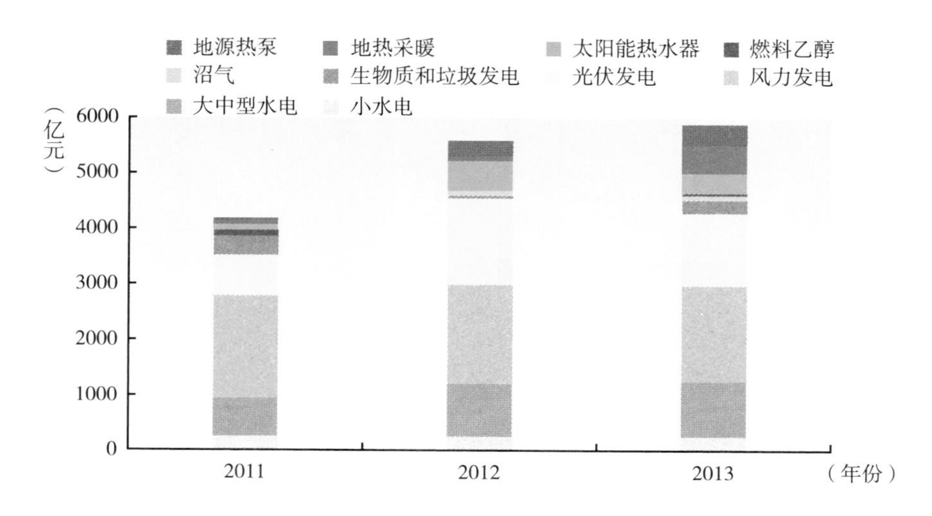

图 6-1　2011～2013 年中国可再生能源领域投资构成

注：数据来源和计算过程详见附录。

（三）定义与数据来源

本研究所称的可再生能源包括可再生能源发电、供热和燃气及液体燃料三类。可再生能源发电包括大中型水电（50MW 以上）[①]、小水电（大于 1MW 小于 50MW）、风力发电、光伏发电和生物质发电。供热和燃气包括农村沼气、太阳能热水器、地热采暖和地源热泵。液体燃料包括生物乙醇和生物柴油。本研究所称的可再生能源不包括离网型风能和光伏发电应用。

① 尽管大中型水电的技术已经非常成熟，且国际惯例中可再生能源统计不包括大中型水电，但是鉴于中国的大中型水电仍处于快速发展的阶段，所以本研究中包含了大中型水电的投资。

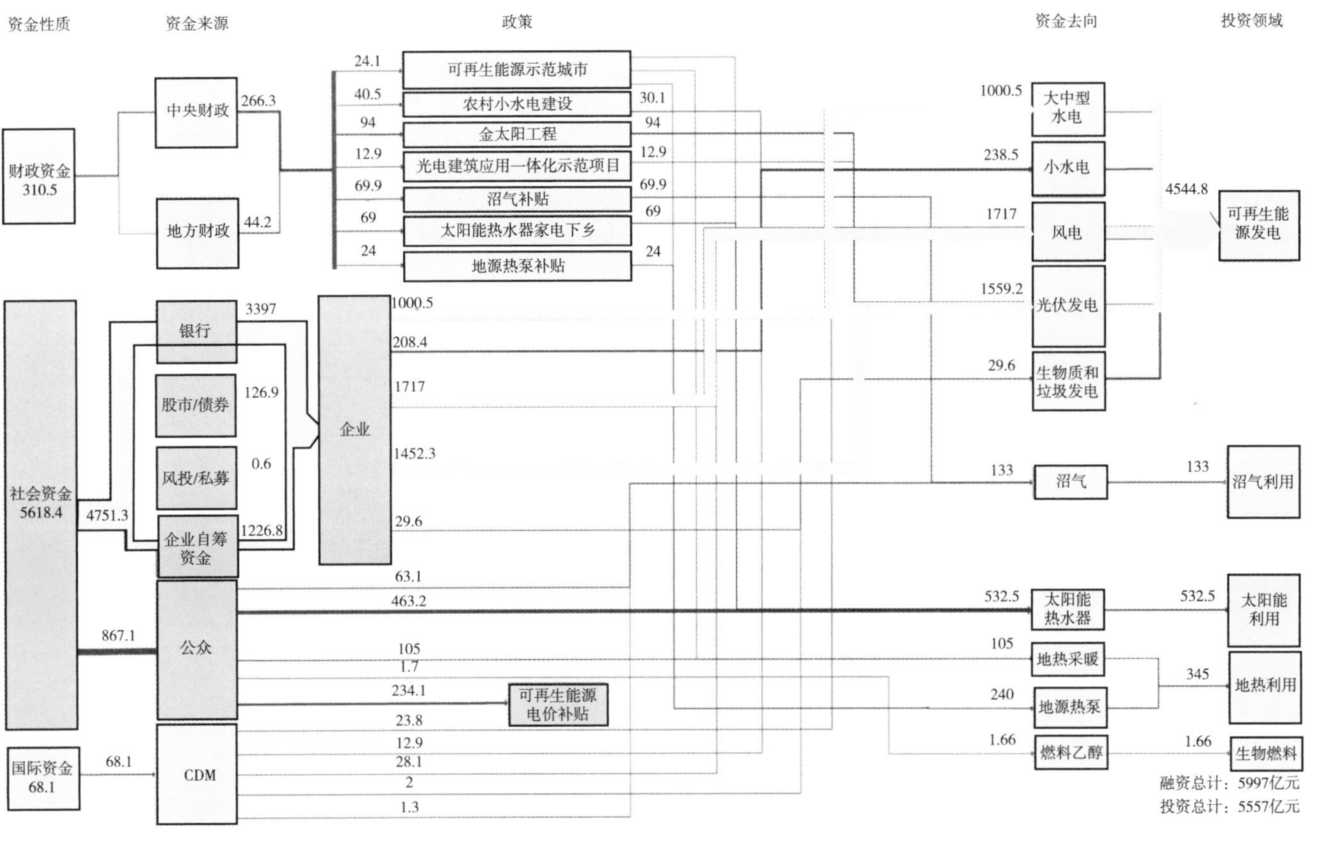

图6－2　2012年可再生能源投融资全景图（单位：亿元）

说明：图中前后的数据分别表示融资和投资，因此，前后数据是不一致的。

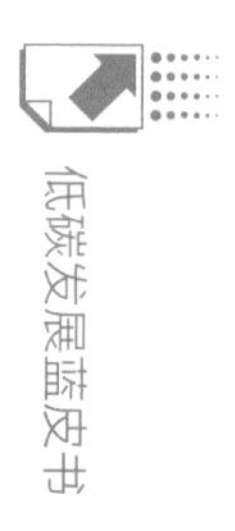

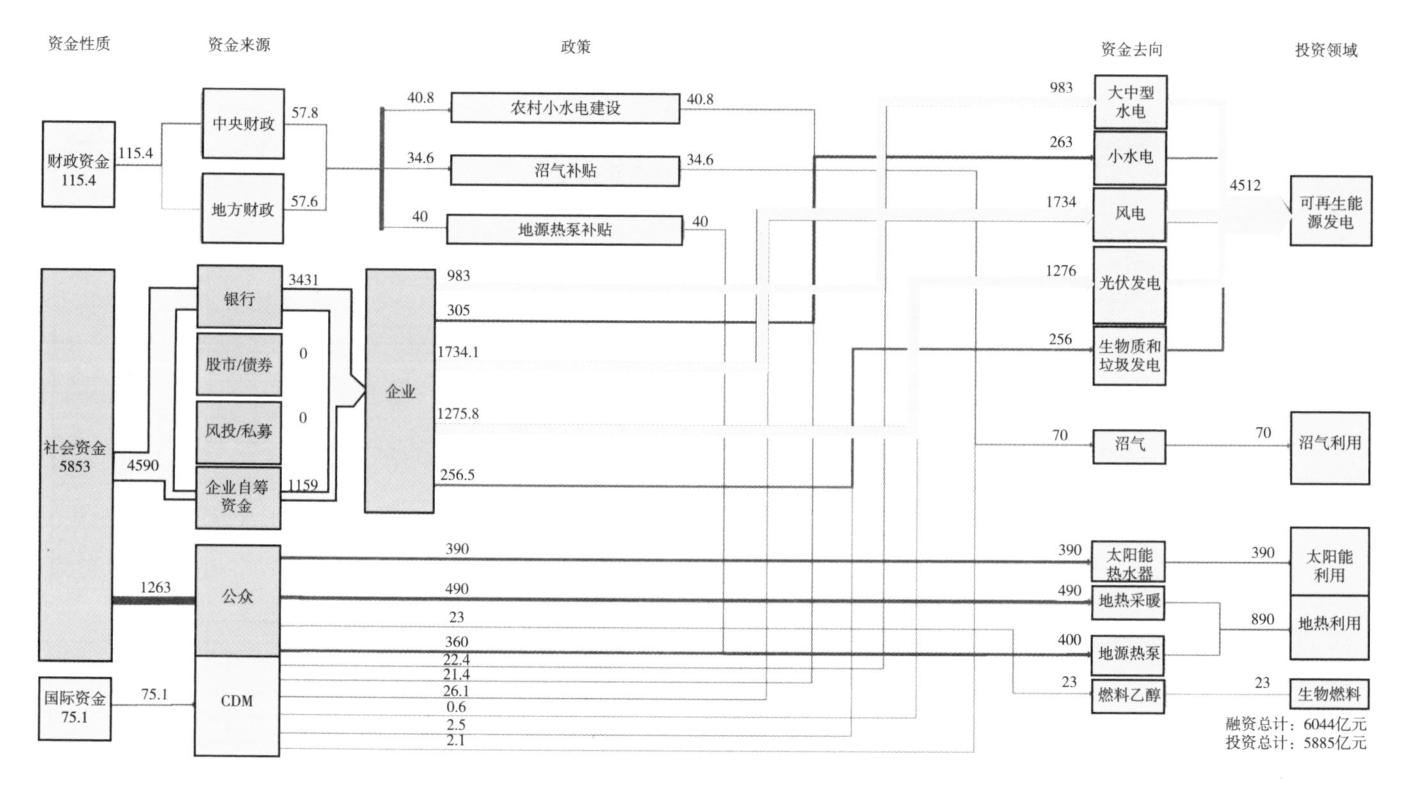

图 6－3　2013 年可再生能源投融资全景图（单位：亿元）

本研究所称的可再生能源投资指的是以上各类可再生能源应用的投资，既不包含研发投入，也不包含对制造业的投资。中国是可再生能源制造大国，例如光伏产品大部分用于出口，这部分产品并未在中国国内产生实际的能源替代和减排效应，因而不包含在本研究的统计中。本研究计算2013年可再生能源投资的口径是该年度各类社会主体对于特定领域可再生能源的资金投入，主要是新增发电系统投资和分散式可再生能源利用，其中水电也包括了原有发电设施的扩产扩容。

本研究的数据来源为：（1）统计年鉴，如《中国机械工业统计年鉴2014》；（2）国家发展和改革委员会、财政部、水利部、农业部、中国电力企业联合会等政府部门的公报、统计数据与政策性文件；（3）国内各个能源领域的行业性研究机构公开发表的报告，如《中国电力行业年度发展报告2014》；（4）期刊论文；（5）门户网站的新闻等。

二　中国可再生能源融资的资金来源

根据资金性质的不同，我们将资金分为财政资金、社会资金和国外资金三类。根据不同的来源将资金划分为中央财政资金、地方财政资金、银行贷款资金、股市/债券资金、企业自筹资金和公众资金。2013年财政资金、社会资金、国际资金（CDM资金）所占比例分别为1.9%、96.8%和1.2%。与2012年相比，2013年的资金来源发生了很大变化，最为显著的两个变化是：（1）财政资金占比缩小，从2012年的5.2%降到2013年的1.9%；（2）社会资金占比增加，从2012年的93.7%上升到2013年的96.8%（见图6-4和图6-5）。

表6-1为2012年和2013年中国可再生能源融资的资金构成。从资金总量来看，2013年比2012年增加了46.5亿元，增幅不大。从融资渠道来看，2013年融资渠道显著减少。2012年来自股市/债券和风投/私募渠道的资金比2011年也显著减少。2011年来自股市/债券和风投/私募渠道的资金仍有528.7亿元，占当年融资总额的11%；而2012年仅有127.5亿元的资金流入可再生能源领域，占当年融资总额的2.1%。2013年融资形势进一步

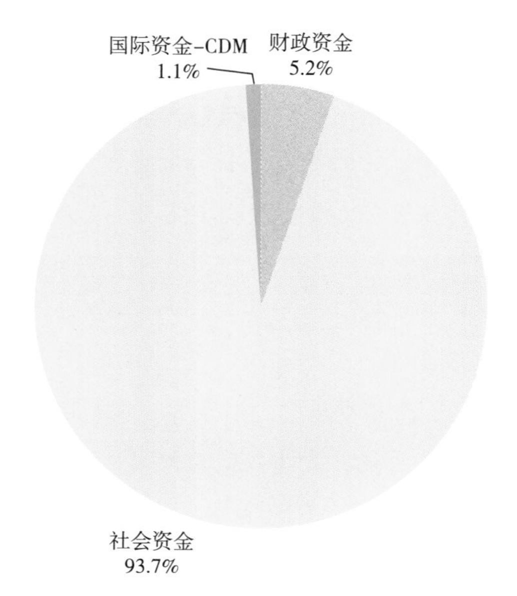

图 6－4　2012 年中国可再生能源资金来源占比

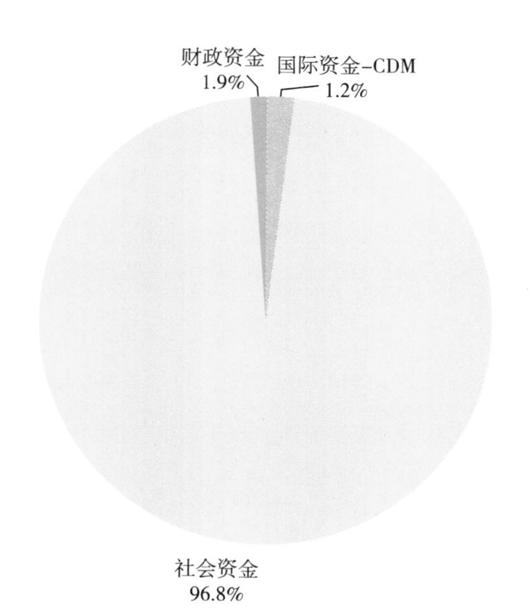

图 6－5　2013 年中国可再生能源资金来源占比

恶化，股市/债券和风投/私募融资渠道完全断裂，市场融资渠道显著减少，当年没有资金从股市/债券和风投/私募渠道进入可再生能源市场（Frankfurt School-UNEP Center，2014）。在这种情况下，2013 年可再生能源市场的国内资金来源仅有财政资金、银行贷款资金、企业自筹资金和公众资金，融资严重依赖银行，融资形势严峻。

表 6-1　2012 年和 2013 年中国可再生能源融资的资金构成

资金性质	资金来源	2012 年		2013 年	
		金额(亿元)	占比(%)	金额(亿元)	占比(%)
财政资金	中央财政/地方财政	310.5	5.2	115.4	1.9
社会资金	企业自筹	1226.8	20.5	1159	19.2
	银行	3397.0	56.6	3431	56.8
	股市/债券	126.9	2.1	0	0
	风投/私募	0.6	0.01	0	0
	公众	867.1	14.4	1263	20.9
	小计	5618.4	93.7	5853	96.9
国际资金	CDM	68.1	1.1	75.1	1.2
合计		5997	100	6043.5	100

（一）财政资金

2013 年财政补贴资金显著减少。2012 年来自中央和地方的财政补贴资金为 310.5 亿元，2013 年减少为 115.4 亿元。从表 6-2 可以看出，2013 年有三项政策到期，分别是金太阳工程、光伏建筑应用一体化示范项目和太阳能热水器家电下乡政策。这三项政策均开始于 2009 年前后，当时推出的目的主要是支持在金融危机中市场受到影响的家电制造业和光伏制造业。另外，这三项政策均为投资侧补贴政策，例如金太阳工程推出之初，补贴分布式光伏发电项目总投资额的 50%，后来虽然在执行中对该项政策进行了调整，但总体来看该项政策仍为投资侧补贴政策，在政策执行过程中难以做到有效监管，暴露出了一些工程质量问题和骗取补贴的行为。

表 6－2　2012 年和 2013 年财政补贴资金比较

单位：亿元

	2012 年		2013 年	
	中央财政	地方财政	中央财政	地方财政
农村小水电建设	30.2	10.3	33.8	7.0
金太阳工程	94	—	政策到期	
光电建筑应用一体化示范项目	12.97	—	政策到期	
沼气补贴	60	9.9	24.0	10.6
太阳能热水器家电下乡	69	NA	政策到期	
地源热泵	—	24	—	40
合　计	266.2	44.2	57.8	57.6

农村小水电建设：从农村小水电建设政策来看，2011 年以来中央财政的支持力度持续加大，从 2012 年的 30.2 亿元增加到 2013 年的 33.8 亿元，2012 年又比 2011 年增加 12 亿元；同时地方财政的支持力度略有减小，2013 年比 2012 年减少了 3.3 亿元（曲鹏，2013；曲鹏，2014）。

金太阳工程：金太阳工程是 2009 年由财政部、科技部、国家能源局联合发布的支持用电侧光伏发电应用的一项政策。2011 年金太阳工程项目总量为 600MW，2013 年为 1709MW。从政府财政支出来看，2012 年 1709MW 的总补贴金额为 94 亿元，2011 年 600MW 的总补贴金额约 54 亿元（张晓霞，2015）。

光电建筑应用一体化示范项目：该项目是由财政部、住房和城乡建设部在 2009 年推出的支持建筑光伏应用的一项政策。该政策 2009 年补贴规模为 12.7 亿元（补贴建筑光伏发电 91MW），2010 年为 11.9 亿元（补贴 90.2MW），2011 年约为 12 亿元（补贴 354.4MW），2012 年为 12.97 亿元（补贴 225.4MW）（财政部经济建设司、住房和城乡建设部建筑节能与科技司，2013）。

沼气补贴：2013 年中央财政资金补贴支持力度减小，补贴资金从 2012 年的 60 亿元减少到 2013 年的 24 亿元，计算地方财政补贴资金为 10.6 亿元。2008～2012 年，农村沼气建设被当成应对金融危机、拉动内需的重要措施之一，投资额度大幅提升，每年中央财政补贴资金约为 60 亿元，其中大多数用于户用沼气项目的补贴。

太阳能热水器家电下乡："家电下乡"政策开始于2008年，于2013年1月31日到期。对于彩电、冰箱、太阳能热水器等家电，中央政府对厂家补贴其销售价格的13%。2012年太阳能热水器获得的中央财政补贴约为69亿元。

地源热泵：从地源热泵应用的支持政策来看，其一直由地方政府提供财政补贴，各地的补贴标准不尽相同，总的来看，由于2013年地源热泵应用面积显著增加，地方政府提供的补贴资金从2012年的24亿元增加到40亿元。

可再生能源建筑应用示范城市：本研究的统计中，不包括可再生能源建筑应用示范城市项目的财政补贴。2009年财政部、住房和城乡建设部联合推出可再生能源建筑应用示范城市政策，在该项政策的推行中，以太阳能、浅层地能建筑一体化应用为重点。至2012年共批准示范城市93个，示范县198个，集中连片示范区6个，集中连片示范镇16个，批准追加示范面积的市县16个，省级集中连片示范区14个。2012年共需支付中央财政补贴资金24.2亿元，2012年预拨18.5亿元。地方财政配套支持资金数据不详。2013年可再生能源建筑应用示范城市的工作改由地方政府负责。

绿色能源示范县项目：本研究的统计中，不包括绿色能源示范县项目的财政补贴。2011年5月，国家能源局、财政部、农业部启动国家"绿色能源示范县"建设，2011年批准示范县26个，2012年批准示范县29个，2013年批准示范县21个。按照每个县中央财政补贴资金2500万元计算，2011、2012和2013年中央财政补贴资金分别为6.5亿元、7.25亿元和5.25亿元。地方财政配套支持资金数据不详（见表6－3）。目前批准的绿色能源示范县都是生物质资源条件较好的地区。

表6－3　可再生能源建筑应用示范城市和绿色能源示范县补贴情况

单位：亿元

	2012		2013	
	中央财政	地方财政	中央财政	地方财政
可再生能源建筑应用示范城市	24.2	NA	NA	NA
绿色能源示范县项目	7.25	NA	5.25	NA

（二）社会资金

社会资金是中国可再生能源融资的主要来源[①]。2013年社会资金占可再生能源融资额的96.9%，比2012年增加了3.2个百分点。从所占份额来看，银行是中国可再生能源融资的主要渠道，2012年银行贷款资金占融资总额的56.6%，2013年占融资总额的56.8%。股市/债券市场以及风投、私募应该是融资的重要渠道，但2011年以来上述渠道融资所占份额急剧缩小，至2013年这些融资渠道完全中断（Frankfurt School-UNEP Center，2014）。公众资金是可再生能源电价补贴等资金的主要来源，2012年公众资金共计867.1亿元，占总融资额的14.5%；2013年为1263亿元，占总融资额的20.9%（见图6－6和图6－7）。

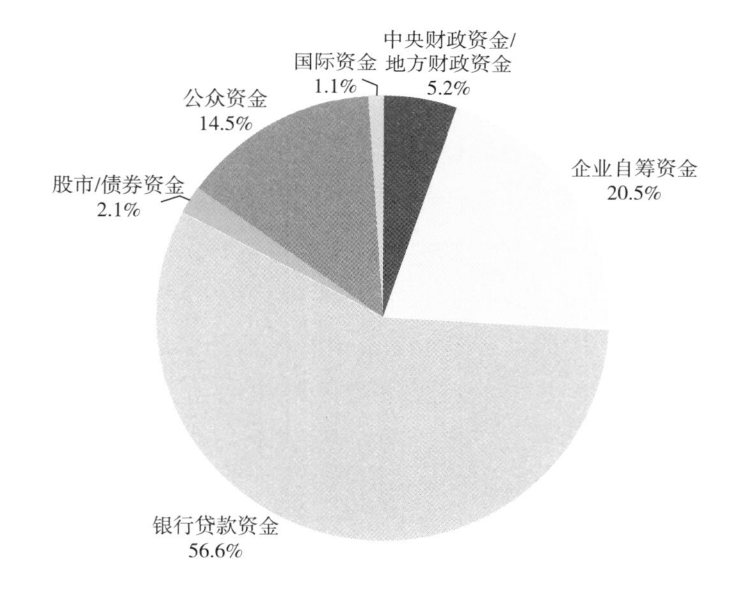

图6－6　2012年中国可再生能源融资构成

① 本文中的社会资金主要包括银行贷款资金、股市/债券资金、风投/私募资金、企业自筹资金和公众资金。

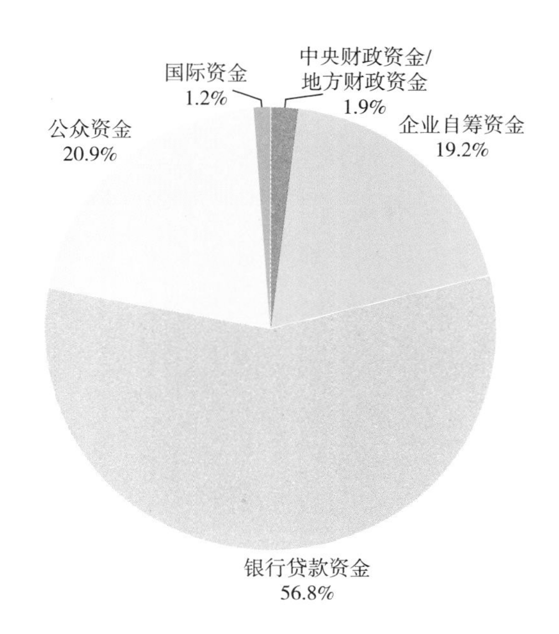

图 6－7　2013 年中国可再生能源融资构成

银行：银行是中国可再生能源融资的主要渠道。2012 年和 2013 年银行贷款资金分别占融资总额的 56.6% 和 56.8%。2011 年以前，可再生能源制造业（主要是风机制造业和光伏制造业）容易得到银行贷款资金，2011 年后流入该行业的银行贷款资金显著减少。从流向来看，银行贷款资金主要流入可再生能源发电项目和工业废弃物处理沼气工程方面。

股市/债券市场：2005～2010 年，大批可再生能源制造商上市融资，发行债券，使得股市和债券市场成为当时可再生能源融资的重要渠道。2011 年后随着可再生能源制造行业的普遍产能过剩，从这些渠道募集的资金迅速减少。2013 年从股市/债券市场进入可再生能源领域的资金为 0。

风投/私募：随着可再生能源制造业的逐渐成熟并转向产能过剩，风投/私募资金在其中所占的比例逐渐减少。2013 年从风投/私募领域进入可再生能源领域的资金为 0。

企业自筹资金：企业自筹资金主要是可再生能源制造商和开发商的自有

资金。2012 年和 2013 年企业自筹资金占可再生能源融资总额的 20.5% 和 19.2%。企业自筹资金主要用于可再生能源发电投资和大型沼气工程开发。

公众资金：公众是分散型可再生能源应用的主体。公众资金主要包括可再生能源电价补贴和用于户用沼气、太阳能热利用、地热利用的投资。2012 年和 2013 年公众资金占可再生能源融资总额的比例分别为 14.5% 和 20.9%。2012 年可再生能源电价补贴支出为 234.1 亿元，2013 年全年未支付可再生能源电价补贴。

（三）国际资金

本研究中国际资金主要指清洁发展机制（Clean Development Mechanism，CDM）资金。2012 年和 2013 年中国可再生能源项目所获得的 CDM 资金分别为 68.1 亿元和 75.1 亿元，占当年可再生能源融资额的比例分别为 1.1% 和 1.2%，该项资金主要用于补贴小水电、风力发电、光伏发电和太阳能热发电、生物质发电和垃圾发电等项目（见表 6-4）。从 CDM 资金资助的类别来看，风力发电领域和水电领域获得的资助最多，2012 年上述领域获得的资助占比为 95%，2013 年为 93%。

表 6-4　2012 年和 2013 年 CDM 资金比较

单位：亿元

类别	2012 年	2013 年
风力发电	28.1	26.1
小水电	12.9	21.4
大中型水电	23.8	22.4
生物质发电	2.0	2.5
沼气/填埋气	1.3	2.1
光伏发电和太阳能热发电	0	0.6
合　计	68.1	75.1

注：2012 年和 2013 年人民币对美元平均汇率分别为 6.3125 和 6.1932。
资料来源：CDM Pipeline，http://cdmpipeline.org/。

三　中国可再生能源的投资领域

中国可再生能源应用投资的主要领域包括可再生能源发电、沼气利用、太阳能热利用、生物燃料和地热利用。2012 年和 2013 年中国可再生能源领域投资额分别为 5557 亿元和 5885 亿元。从不同投资领域所占份额来看，可再生能源发电领域投资占总投资的比例最大，2011、2012 和 2013 年所占比例分别为 92%、81.8% 和 76.7%；分散式可再生能源应用中不同种类在不同年份占比不同。从发展趋势来看，发电领域投资占可再生能源领域投资总额的比例在不断缩小，与此同时，非发电领域投资所占比例在逐渐增加，地热利用和地源热泵领域的投资增幅较大。

图 6－8 和图 6－9 分别是 2012 年和 2013 年可再生能源领域投资构成。以 2013 年为例，发电领域占比最大，为 76.7%；其次是地热利用领域，占比为 15.1%；然后是太阳能热利用领域，占比为 6.6%；沼气和生物燃料领域占比较小，分别占当年投资总额的 1.2% 和 0.4%。与 2012 年相比，发电领域投资占比减小，地热利用领域投资占比增加最为显著。

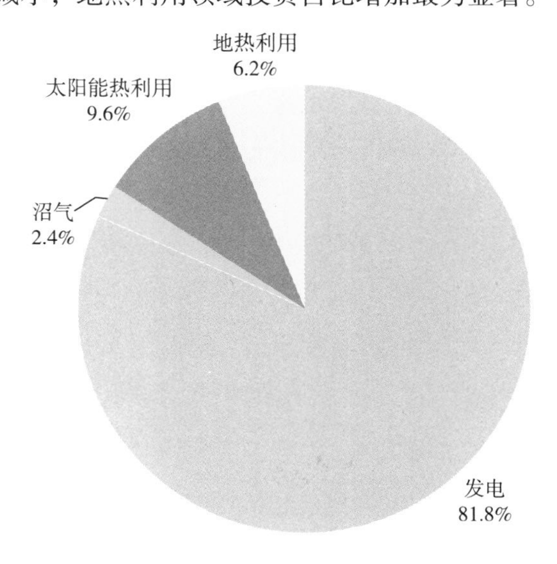

图 6－8　2012 年可再生能源投资构成

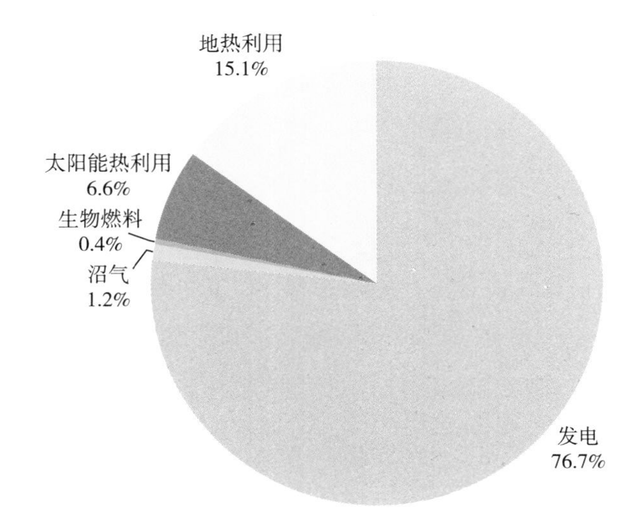

图 6－9　2013 年可再生能源投资构成

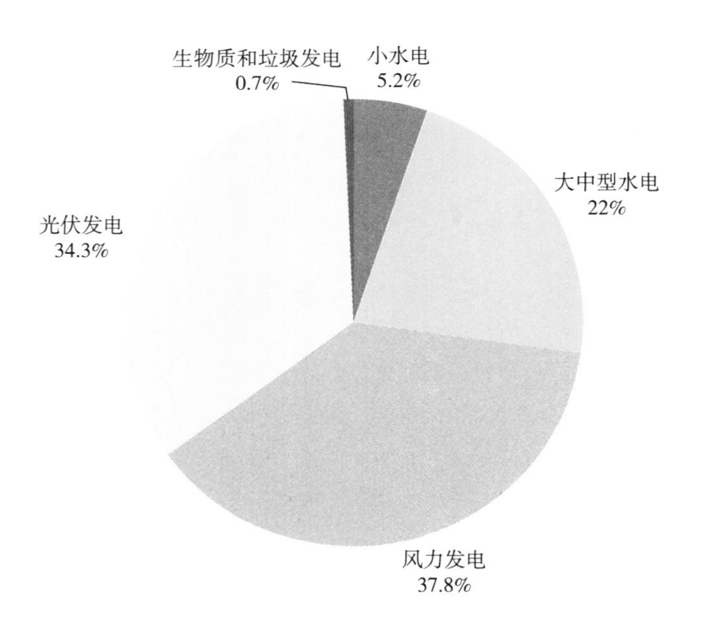

图 6－10　2012 年可再生能源发电领域投资构成

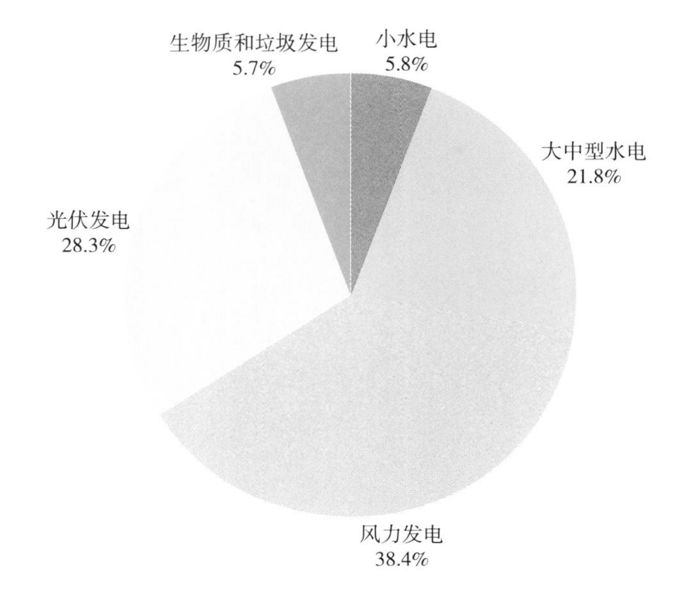

图6－11 2013年可再生能源发电领域投资构成

图6－10和图6－11分别是2012年和2013年可再生能源发电领域投资构成。2012年和2013年可再生能源发电领域投资分别为4545亿元和4512亿元，2013年发电领域投资比2012年略有减少。从占比来看，2012年可再生能源发电领域投资占总投资的81.8%，而2013年这一比例已下降至76.7%。从2013年发电领域投资构成来看，风力发电投资占比最大（38.4%），其次为光伏发电（28.3%），然后是大中型水电（21.8%），生物质和垃圾发电与小水电占比较小，分别为5.7%和5.8%。

四　中国可再生能源投资效果

2014年中国可再生能源应用继续保持了增长的势头。从发电装机容量来看，风电新增装机容量为20.9GW，累计并网装机容量为96.4GW，占全国发电装机容量的7%，占全球风电装机容量的27%。光伏并网装机容量为28GW，当年新增装机容量为9.7GW。从发电量来看，2014年风电上网电量为153.4TWh，占总发电量的2.78%；光伏发电年发电量约为25TWh，约占总发电量的0.45%；风电和光伏发电的发电量之和约占总发电量的3.23%（国家能源局，2015）[①]。

与2012年相比，2013年中国可再生能源开发利用量增加显著。2013年中国可再生能源发电装机容量为383GW，比2012年增加了60.6GW；可再生能源发电装机容量占电源装机容量的比例为31.3%，比2012年增加了3.2%。2013年可再生能源发电量占总发电量的比例为20.1%，比2012年增加了0.3%。与此同时，非发电领域的可再生能源开发利用量也显著增加（生物乙醇除外）：农村沼气利用量增加了4亿立方米，太阳能热水器集热面积增加了0.6亿平方米，地热利用面积等也显著增加（见表6-5）。

表6-5　2012年和2013年中国可再生能源开发利用量

	2012年	2013年
发电		
小水电（GW;TWh）	65;217.3	68;227.3
大中型水电（GW;TWh）	183.9;643.6	212;669
风力发电（GW;TWh）	60.8;100.4	75.5;140.1
光伏发电（GW;TWh）	8;3.7	19.4;8.1
生物质和垃圾发电（GW;TWh）	5.8;21.1	7.8;35.6
供热和燃气		
农村沼气（亿立方米）	160	164
太阳能热水器集热面积（亿平方米）	2.6	3.2
地热采暖（亿平方米）	0.8	2.2
地源热泵（亿平方米）	3	4
液体燃料		
生物柴油/Mt	0.5	1
燃料乙醇/Mt	2.1	2

资料来源：（曲鹏，2013）；（水利部水电局，2014）；（中国电力企业联合会，2014）；（中国电力企业联合会，2013）；（水电水利规划设计总院，国家可再生能源信息管理中心，2014a）；（水电水利规划设计总院，国家风电信息管理中心，2013）；（水电水利规划设计总院，国家可再生能源信息管理中心，2014b）；（水电水利规划设计总院，国家可再生能源信息管理中心，2015）；（王庆一，2014）；（中国农村能源行业协会，2014）；（太阳界蓝德智库，2013）；（太阳界蓝德智库，2014）；（农业部农业贸易促进中心政策研究所，中国农业科学院农业信息研究所国际情报研究室，2014）；（王庆一，2015）。

---

① 本文中2014年水电、风电、光伏发电累计装机容量采用了国家能源局的数据，而当年新增装机容量数据则是本文中2014年与2013年总装机容量之差，与国家能源局统计的当年新增装机容量数据不一致。

2013 年以上领域的可再生能源利用量占一次能源消费总量的比例为 10.8%[①]。2013 年以上领域的可再生能源利用量折合为 4.16 亿吨标准煤，折合 CO_2 减排量为 11.3 亿吨。从各领域的贡献来看，发电领域占可再生能源利用量的 83.4%，其次是太阳能热水器，占 9.1%，其余类别占比较小。在发电领域中，大中型水电、小水电、风力发电、光伏发电、生物质和垃圾发电占可再生能源开发利用量的比例分别为 51.6%、17.5%、10.8%、0.6% 和 2.7%。此外，2013 年由于可再生能源利用新增的能源供应能力为 0.66 亿吨标准煤，折合新增 CO_2 减排能力为 1.79 亿吨（具体计算方法见附录）。

五　结论与建议

2013 年中国可再生能源新增装机容量首次超过火电新增装机容量。2013 年中国可再生能源融资继续保持增长趋势，比 2012 年增加了 0.8%。与此同时，可再生能源领域投资也保持了增长趋势，2013 年可再生能源领域投资比 2012 年增加了 5.9%。具体来看，2013 年中国可再生能源投融资呈现以下变化：

（1）投资侧财政补贴减少，政策支持重点、对象和范围均发生变化。随着为应对 2008 年全球金融危机而推出的“金太阳工程”、“家电下乡（太阳能热水器）”等政策的相继到期，投资侧补贴的政策数目迅速减少。当前的投资侧补贴政策呈现以下特点：1）支持重点从可再生能源制造转为可再生能源应用；2）支持对象从可再生能源发电转为太阳能热利用、生物质能和地热应用；3）支持范围扩大，从原来的项目示范为主转为城市示范和区域示范为主。目前这些政策仍然以投资侧补贴为主要支持方式，具体的效果需要进一步观察和研究。

（2）2013 年融资渠道减少，可再生能源融资严重依赖银行贷款，中小

① 按照 2013 年一次能源消费量 41.7 亿吨计算。

型分布式光伏发电项目融资模式亟待突破。银行仍是我国可再生能源融资的最重要的渠道，2013 年股市/债券和风投/私募融资渠道对当年融资无贡献。2011 年后银行从重点支持可再生能源制造业转为支持发电应用，现阶段银行支持的对象仍然以具有国有背景的开发商为主，这使得私营企业和规模较小的可再生能源开发企业难以得到银行资金的支持。在针对分布式光伏发电的“金太阳工程”和“光电建筑应用一体化示范项目”结束后，2013 年我国分布式光伏发电安装容量仅为 0.8GW。除政策原因外，分布式光伏发电项目缺乏融资渠道和有效的融资模式也是主要原因。长远来看，这将会制约我国分布式发电项目，尤其是中小型分布式发电项目的发展。若要解决我国可再生能源融资的可持续问题，亟须解决可再生能源融资渠道的多元化问题、中小型可再生能源开发企业融资难问题和分布式光伏发电项目融资模式的问题。

（3）可再生能源发电领域投资减少，分散式可再生能源应用投资增幅较大。2013 年我国可再生能源发电领域投资比 2012 年减少了 33 亿元，从可再生能源发电领域投资占总投资的比例来看，2012 年其占总投资的 81.8%，而 2013 年这一比例已下降至 76.7%。2011 年以来分散式可再生能源应用投资在中国可再生能源总投资中的占比不断增加，2011 年这一比例仅为 8%，而 2013 年这一比例已接近 23%。“可再生能源建筑应用示范城市”和“绿色能源示范县”政策对推动分散式可再生能源应用起到了重要作用。

（4）可再生能源开发利用能源替代和减碳效果显著。2013 年可再生能源发电装机容量占电源装机容量的比例为 31.3%，比 2012 年增加了 3.2%；可再生能源发电量占总发电量的比例为 20.1%，比 2012 年增加了 0.3%。2013 年以上领域的可再生能源利用量折合为 4.16 亿吨标准煤，约为当年一次能源消费量的十分之一；折合 CO_2 减排量为 11.3 亿吨。

在可再生能源投融资总量继续保持增长的同时，2013 年该领域内也存在严峻的问题，需要融资渠道和模式的变革与创新。如果要实现可再生能源的长期可持续发展，亟须解决可再生能源融资渠道的多元化问题、中小型可再生能源开发企业融资难问题和分布式光伏发电项目融资模式的问题。

致谢：本文在数据收集的过程中得到了水利部水电局、农业部规划设计研究院的大力支持，在此表示诚挚的谢意。感谢王庆一老师数年来对我们可再生能源投融资、能效投融资研究分析的帮助和支持。本文的完成还有赖于崔洪阳、谢禹韬、戴瑶在数据收集计算、绘图方面的帮助，在此一并致谢。

附　录

1. 可再生能源投融资计算方法

按照可再生能源发电、供热和燃气与液体燃料三类计算融资。

1）分渠道融资说明

投资：本研究中风力发电和光伏发电融资数据引自 UNEP 发布的《全球可再生能源融资报告 2013》和《全球可再生能源融资报告 2014》中的数据，即附表 1 和附表 2 中资产融资一栏的数据（见附表 1 和附表 2）。

风投/私募：在本研究中，小水电、风力发电、光伏发电融资中来自风投/私募渠道的资金数据，引自 UNEP 发布的《全球可再生能源融资报告 2013》和《全球可再生能源融资报告 2014》中的数据，即附表 1 和附表 2 中风投/私募一栏的数据（见附表 1 和附表 2）。

股市/债券：在本研究中，小水电、风力发电、光伏发电融资中来自股市/债券渠道的资金数据，引自 UNEP 发布的《全球可再生能源融资报告 2013》和《全球可再生能源融资报告 2014》中的数据，即附表 1 和附表 2 中股市/债券一栏的数据（见附表 1 和附表 2）。

附表 1　2012 年中国分行业可再生能源融资

单位：亿元

	资产融资	风投/私募	股市/债券	共计
风力发电	1717.0	—	56.8	1773.8
光伏发电	1559.2	0.6	69.4	1629.2
小水电	170.4	—	0.6	171

资料来源：（Frankfurt School – UNEP Centre，2013）。

附表 2　2013 年中国分行业可再生能源融资

单位：亿元

	资产融资	风投/私募	股市/债券	共计
风力发电	1734.1	—	—	1734.1
光伏发电	1275.8	—	—	1275.8
小水电	167.2	—	—	167.2

资料来源：（Frankfurt School – UNEP Centre，2014）。

2）可再生能源发电投资计算方法说明

小水电：2012 年小水电投资数据采用《中国机械工业年鉴 2013》中的投资数 238.5 亿元（曲鹏，2013）。2013 年小水电融资数据采用《中国机械工业年鉴 2014》中当年完成投资数 346 亿元（本研究认为其是除 CDM 资金外的当年融资），投资数据采用当年完成的投资数（263 亿元）（曲鹏，2014）。

大中型水电：在相关的研究中没有发现专门的大中型水电投资数据。在本研究中水电总投资数据采用中国电力企业联合会 2012 年和 2013 年的数据（1239 亿元和 1223 亿元），大中型水电投资数据为水电总投资数据与小水电投资数据之差。

风力发电和光伏发电：2012 年和 2013 年风力发电投资数据和光伏发电投资数据为附表 1 和附表 2 中的资产融资数据。该研究中的资产融资数据在可再生能源发电中即为电力系统建设投资数据。

生物质和垃圾发电：生物质发电项目投资采用了单位装机成本与当

年新增装机容量的乘积计算。根据《2013中国生物质发电建设统计报告》，2013年农林生物质直接燃烧发电总并网容量为4195.3兆瓦，占比53.85%；垃圾焚烧发电总并网容量为3400.3兆瓦，占比43.65%；沼气发电并网容量为194.4兆瓦，占比2.5%。另外2013年全国农林生物质发电单位千瓦动态投资额为8000~10000元，平均9160元。全国垃圾焚烧发电平均单位千瓦投资额为15000~20000元，平均17763元。沼气发电单位千瓦投资额为10000~17000元，平均13015元。根据装机容量占比和不同技术类型的单位投资成本计算2013年生物质发电平均装机成本为13012元/kW。用该投资成本乘以当年新增生物质发电装机容量得到总投资。

3）供热和燃气投资计算方法说明

农村沼气：2012年新建户用沼气池225万座，养殖小区和联户沼气7500处。中央财政补贴30亿元，其中户用沼气23亿元，养殖小区和联户沼气2亿元，沼气服务建设5亿元；中央财政追加30亿元；地方财政补贴9.9亿元；社会资金投入63.1亿元；总计133亿元（王庆一，2014）。根据对农业部规划设计研究院的访谈，2013年中央政府沼气补贴财政支出为24亿。各部分出资的比例参照2003~2012年沼气投资的比例。根据澎湃新闻网报道，中国沼气协会秘书长李景明透露，2003年到2012年十年间，中央政府投入约315亿元专项用于沼气建设与发展（34.3%），若算上地方配套的139亿元（15.1%）、农户自筹的464亿元（50.5%），总投入达到918亿元（谭万能，2014）。根据这一比例计算2013年沼气总投资为70亿元，其中地方财政补贴10.6亿元，业主自筹35.4亿元。

太阳能热水器：2013年，传统零售渠道的太阳能热水器销售额约为410亿元，同比下降23%。2013年我国太阳能热水器集热面积31000万平方米，同比增长20.3%（新浪地产，2014）。此处的数据存在的问题是缺少工程市场的销售额，而2013年工程市场的销售额已占到整个太阳能热水器市场的30%以上（谢光明，2014）。

地热采暖：地热采暖也属于分散式可再生能源应用。在这里终端应用的投资额等于新增集热面积与单位面积投资的乘积。2011 年地热采暖面积为 5000 万平方米，2012 年地热采暖面积为 8000 万平方米，2013 年地热采暖面积为 22000 万平方米。单位面积投资为 350 元/平方米。

2013 年地热采暖投资额 = 2013 年新增地热采暖面积 × 单位面积投资

地源热泵：地源热泵终端应用的投资额等于新增集热面积与单位面积投资的乘积。2011 年地源热泵集热面积为 2.4 亿平方米，2012 年集热面积为 3 亿平方米，2013 年集热面积为 4 亿平方米。

2013 年地源热泵投资额 = 2013 年新增地源热泵集热面积 × 单位面积投资

4）液体燃料计算方法说明

燃料乙醇：中国燃料乙醇项目须经国家发展和改革委员会核准。2012 年和 2013 年各核准一个项目。2012 年批准项目的投资额为 1.66 亿元，2013 年批准项目的投资额为 23.19 亿元，即为当年的燃料乙醇投资额（见附表 3）。

附表 3　2012 年和 2013 年核准燃料乙醇项目信息

项目名称	原料	核准时间	投资额(亿元)
山东龙力生物科技股份有限公司 5 万吨/年纤维燃料乙醇项目	玉米芯、玉米秸秆	2012 年 5 月 15 日	项目总投资为 1.66 亿元，其中项目资本金为 8600 万元，约占项目总投资的 52%。资本金以外的投资申请银行贷款解决
浙江燃料乙醇有限公司 30 万吨木薯燃料乙醇项目	木薯	2013 年 11 月	占地面积 1078 亩，总投资 23.19 亿元，由浙江燃料乙醇有限公司出资建设

资料来源：（山东龙力生物科技股份有限公司董事会，2012）；（胡晓、虞兵科，2013）。

2. 新增能源供应能力及减排能力计算方法 （见表4）

1）并网发电计算方法说明

可再生能源年发电量受当年资源情况的影响较大，例如2011年因来水量减少水电发电量显著减少。因此本研究中选择以新增能源供应能力和减排能力反映可再生能源的效果，以当年新增装机容量和年平均发电小时数的乘积表示新增发电量，以新增发电量计入可再生能源利用量。将新增发电量折算为标准煤量，即为当年新增能源供应能力。将新增能源供应能力乘以标准煤排放系数，即为当年新增减排能力。

2）沼气利用计算方法说明

对于沼气利用，将沼气产量计算为可再生能源利用量。其新增能源供应能力用当年新增沼气产量折算为标准煤量，即为当年新增能源供应能力。将新增能源供应能力乘以标准煤排放系数，即为当年新增减排能力。

3）生物燃料计算方法说明

生物燃料以燃料产量计算可再生能源利用量。其新增能源供应能力用当年新增燃料产量折算为标准煤量，即为当年新增能源供应能力。将新增能源供应能力乘以标准煤排放系数，即为当年新增减排能力。

4）太阳能热利用计算方法说明

太阳能热利用项目。根据统计的总集热面积乘以全国平均的单位集热面积年替代燃煤量，以替代燃煤量计入可再生能源利用量。其新增能源供应能力用当年新增燃料产量折算为标准煤量，即为当年新增能源供应能力。将新增能源供应能力乘以标准煤排放系数，即为当年新增减排能力。

5）地热利用计算方法说明

地热利用根据统计的总采暖面积（建筑应用面积）乘以单位面积地热利用提供能量的替代燃煤量，以所替代燃煤量计入可再生能源利用量。

附表 4　可再生能源新增能源供应能力和减排能力计算

项目	参　数	计算公式
(1)可再生能源发电		
大中型水电	2011 年装机容量为 168.4GW;2012 年为 183.9GW;2013 年为 212GW; 2012 年供电煤耗 325gce/kWh;2013 年供电煤耗 321gce/kWh; 2012 年大中型水电发电小时数为 3591 小时;2013 年为 3359 小时; 标准煤折 CO_2 系数:2.71gCO_2/gce	新增能源供应能力 = 2013 年水电发电小时数 ×(2013 年装机容量 - 2012 年装机容量)×2013 供电煤耗 减排能力 = 新增能源供应能力 × 标准煤折 CO_2 系数
小水电	2011 年装机容量为 62.1GW;2012 年为 65GW;2013 年为 68GW; 2012 年供电煤耗 325gce/kWh; 2013 年供电煤耗 321gce/kWh; 小水电发电时数采用和大中型水电相同的数值; 标准煤折 CO_2 系数:2.71gCO_2/gce	新增能源供应能力 = 2013 年水电发电小时数 ×(2013 年装机容量 - 2012 年装机容量)×2013 供电煤耗 减排能力 = 新增能源供应能力 × 标准煤折 CO_2 系数
风力发电	2012 年新增装机容量为 14.6GW; 2013 年新增装机容量为 14.65GW; 2012 年风力发电小时数为 1929 小时;2013 年风力发电小时数为 2025 小时; 2012 年供电煤耗 325gce/kWh; 2013 年供电煤耗 321gce/kWh; 标准煤折 CO_2 系数:2.71gCO_2/gce	新增能源供应能力 = 2013 年风力发电发电小时数 ×(2013 年装机容量 - 2012 年装机容量)×2013 供电煤耗; 减排能力 = 新增能源供应能力 × 标准煤折 CO_2 系数
光伏发电	2012 年新增装机容量为 3.412GW; 2013 年新增装机容量为 12.92GW; 2012 年光伏发电小时数为 1250 小时;2012 年光伏发电小时数为 1250 小时(2011 年值); 2012 年供电煤耗 325gce/kWh; 2013 年供电煤耗 321gce/kWh; 标准煤折 CO_2 系数:2.71gCO_2/gce	新增能源供应能力 = 2013 年光伏电发电小时数 ×(2013 年装机容量 - 2012 年装机容量)×2013 发电煤耗 减排能力 = 新增能源供应能力 × 标准煤折 CO_2 系数
生物质和垃圾发电	2011 年装机容量为 5.6GW;2012 年装机容量为 5.82GW;2013 年装机容量为 7.79GW; 2012 和 2013 年生物质发电小时数为 4536 小时; 2012 年供电煤耗 325gce/kWh; 2013 年供电煤耗 321gce/kWh; 标准煤折 CO_2 系数:2.71gCO_2/gce	新增能源供应能力 = 2013 年生物质和垃圾发电小时数 ×(2013 年装机容量 - 2012 年装机容量)×2013 年发电煤耗; 减排能力 = 新增能源供应能力 × 标准煤折 CO_2 系数

续表

项目	参　数	计算公式
(2)供热和燃气投资		
农村户用沼气	2011年户用沼气产气量为138.44亿m^3;2012年为160亿m^3;2013年为164亿m^3; 沼气折标准煤系数:0.714kgce/m^3; 标准煤折CO_2系数:2.71gCO_2/gce	新增能源供应能力=沼气折标准煤系数×(2013年产气量-2012年产气量); 减排能力=新增能源供应能力×标准煤折CO_2系数
太阳能热水器	2011年太阳能热水器集热面积为1.936亿m^2;2012年为2.557亿m^2;2013年为3.17亿m^2; 单位面积太阳能热水器提供的能源为120kgce/m^2/a; 标准煤折CO_2系数:2.71gCO_2/gce	新增能源供应能力=单位面积太阳能热水器提供的能源×(2013年集热面积-2012年集热面积); 减排能力=新增能源供应能力×标准煤折CO_2系数
地热采暖	2011年地热采暖面积为0.5亿m^2;2012年为0.8亿m^2;2013年为2.2亿m^2; 单位面积地热采暖提供的能量为28kgce/m^2/采暖季; 标准煤折CO_2系数:2.71gCO_2/gce	新增能源供应能力=单位面积地热采暖提供的能量×(2013年采暖面积-2012年采暖面积); 减排能力=新增能源供应能力×标准煤折CO_2系数
地源热泵	2011年地源热泵建筑供热面积为2.4亿m^2;2012年为3亿m^2;2013年为4亿m^2; 单位面积地源热泵提供的能量为25kgce/m^2/采暖季; 标准煤折CO_2系数:2.71gCO_2/gce	新增能源供应能力=单位面积地源热泵提供的能量×(2011年建筑应用面积-2010年建筑应用面积); 减排能力=新增能源供应能力×标准煤折CO_2系数
(3)液体燃料		
燃料乙醇	2011年生物乙醇产量为1.9Mt,2012年为2Mt,2013年为1.7Mt; 生物乙醇折标准煤系数:1.025kgce/kg; 标准煤折CO_2系数:2.71gCO_2/gce	新增能源供应能力=生物乙醇折标准煤系数×(2011年产量-2010年产量); 减排能力=新增能源供应能力×标准煤折CO_2系数
生物柴油	2011年生物柴油产量为0.4Mt,2012年为0.5Mt,2013年为1Mt; 生物柴油折标准煤系数:1.43kgce/kg; 标准煤折CO_2系数:2.71gCO_2/gce	新增能源供应能力=生物柴油折标准煤系数×(2013年产量-2012年产量); 减排能力=新增能源供应能力×标准煤折CO_2系数

参考文献

1. Bloomberg New Energy Finance：《2014 年全球可再生能源相关投资额比上年增长 16%，达 3100 亿美元》，http://guangfu. bjx. com. cn/news/20150121/583707 - 2. shtml，2015 - 03 - 11。
2. Frankfurt School-UNEP Center，Bloomberg New Energy Finance，Global Trends in Sustainable Energy Investment 2013，http://fs - unep - centre. org/publications/global - trends - renewable - energy - investment - 2013，2013 - 10 - 11。
3. Frankfurt School-UNEP Center，Bloomberg New Energy Finance，Global Trends in Sustainable Energy Investment 2014，2014 - 10 - 15。
4. 财政部经济建设司、住房和城乡建设部建筑节能与科技司：《关于对 2012 年可再生能源建筑应用相关示范名单进行公示的通知》，http://jjs. mof. gov. cn/zhengwuxinxi/tongzhigonggao/201208/t20120803_ 672103. html，2013 - 08 - 03。
5. 国家能源局：《2014 年 1 ~ 9 月全国风电并网运行情况》，http://www. nea. gov. cn/2014 - 10/30/c_ 133754367. htm，2015 - 12 - 01。
6. 胡晓、虞兵科：《舟山生物燃料乙醇项目（一期）获国家发改委核准》，http://www. zjol. com. cn/zsxq/system/2013/11/21/019718435. shtml，2015 - 01 - 27。
7. 农业部农业贸易促进中心政策研究所、中国农业科学院农业信息研究所国际情报研究室：《2014 年全球燃料乙醇产量有望增长 5%》，《世界农业》2014 年第 2 期。
8. 曲鹏：《农村水电建设总体情况》，《中国机械工业年鉴 2013》，机械工业出版社，2013。
9. 曲鹏：《农村水电建设总体情况》，《中国机械工业年鉴 2014》，机械工业出版社，2014。
10. 山东龙力生物科技股份有限公司董事会：《山东龙力生物科技股份有限公司关于 5 万吨/年纤维燃料乙醇项目获国家发改委核准的公告》，http://finance. sina. com. cn/stock/t/20120516/013712072546. shtml，2015 - 01 - 27。
11. 水电水利规划设计总院、国家可再生能源信息管理中心：《2013 年度中国太阳能发电建设统计评价报告》，http://red. renewable. org. cn：9080/RED/report/pdf_ 297e648f457d240c014591a31c79003f_ - 1. html，2014 - 09 - 08。
12. 水电水利规划设计总院、国家可再生能源信息管理中心：《2013 中国生物质发电建设统计报告》，http://www. renewable. org. cn/list/insecond. jsp? modulid = 12，2014 - 10 - 09。

13. 水利部水电局：《2013 年农村水电工作 10 件大事》，《小水电》2014 年第 1 期。
14. 水利水电规划设计总院、国家风电信息管理中心：《2012 年度中国太阳能发电建设统计评价报告（B 版）》，http：//www. docin. com/p －802617885. html，2015 －03 －14。
15. 太阳界蓝德智库：《2012 中国太阳能热利用行业年鉴》，http：//www. cstif. com，2015 －03 －14。
16. 太阳界蓝德智库：《2013 ~2014 中国太阳能光热市场》，http：//www. 21tyn. com/zhuanti/2014 －05 －12/，2014 －05 －12。
17. 谭万能：《“沼气大跃进”反思：10 年投入近千亿，多地遭不同程度弃用》，http：//www. thepaper. cn/newsDetail_ forward_ 1288753，2014 －12 －25。
18. 王庆一：《2013 能源数据》，中国可持续能源项目参考资料，2014。
19. 王庆一：《2014 能源数据》，中国可持续能源项目参考资料，2015。
20. 谢光明：《2013 年中国太阳能光热产业发展报告》，《建设科技》2014 年第 14 期。
21. 《2013 年太阳能回顾：退潮大幕下突围之路》，新浪地产，http：//news. dichan. sina. com. cn/2014/04/01/1068081. html，2015 －01 －27。
22. 张晓霞：《金太阳装机总量超预期》，http：//data. eastmoney. com/reportold/ReportHyzw. aspx？rd = 20120504&ri = 4b0313d4 － cb31 － a264 － 66fd －363538521e31，2015 －05 －04。
23. 中国电力企业联合会：《中国电力行业年度发展报告 2013》，中国市场出版社，2013。
24. 中国电力企业联合会：《中国电力行业年度发展报告 2014》，中国市场出版社，2014。
25. 中国农村能源行业协会：《盘点 2014 年度中国农村能源行业发展概况》，http：//www. carei. org. cn/index. php？c = article&id = 2443，2014 －12 －25。

B.7
中国清洁能源产业发展中的政府行为与PPP模式

董文娟　齐 晔*

摘　要：实现能源生产和消费革命要靠创新，要依靠技术、管理、生产方式和消费模式等全方位创新。清洁能源在发展初期面对传统能源在成本、规模和市场乃至政策方面的巨大竞争优势，仅仅靠企业自身技术创新和市场培育的“自然增长”，很难在短期内见效。此时，政府给予政策扶持就显得特别重要。过去十年间，中国清洁能源产业经历了从无到有、蓬勃增长并领先世界的快速发展，除了企业自身因素外，政府的政策和行动发挥了关键的支撑作用。在此过程中形成了政府与企业之间特殊的公私合作（PPP）模式。之所以是特殊，是因为清洁能源这种新兴产业在中国特殊的政商环境中，经历了探索、磨合、震荡乃至分分合合而逐渐形成一种行之有效的模式。有效性意味着在短期内实现了清洁能源的经济供给。毋庸置疑，这种模式也有其不足甚至弊端。根据对典型案例的细致研究，本文试图概括、总结中国清洁能源产业发展中特殊的PPP模式，助益本行业健康发展，也希望对相关行业的PPP发展有所借鉴。

* 董文娟，清华－布鲁金斯公共政策研究中心副研究员，主要研究领域为低碳投融资和能源政策；齐晔，清华－布鲁金斯公共政策研究中心主任，主要研究领域包括资源环境政策与管理、气候变化与可持续发展治理理论与方法。

关键词：　清洁能源　政策扶持　PPP 模式

2010 年以来，中国一直领跑全球可再生能源融资。2014 年中国的可再生能源融资额达到 895 亿美元，占全球可再生能源融资总额的 29%（Bloomberg New Energy Finance，2015）。从 2005 年《可再生能源法》制定至今，从微不足道的小产业开始发展，逐渐建立起全球最大规模的清洁能源产业，从装备制造、项目施工，到装机发电、并网传输，直到终端消费，中国的清洁能源产业堪称全球产业发展的一个奇迹。

中国清洁能源产业发展最初受到国际市场需求和技术供给的刺激，目前的发展则更多是国内政策激励和能源发展大势所趋。2014 年 11 月 12 日，中美发布了《应对气候变化与清洁能源合作联合声明》，中国计划到 2030 年左右二氧化碳排放达到峰值，非化石能源在一次能源中的比重增加到 20%。要实现这一目标，需要新增清洁能源发电装机 800～1000GW，投资 1 万亿美元。此外，为全面治理空气污染，需要控制煤炭消费总量发展清洁能源。中国的绿色发展需要能源生产和消费革命，意味着大量能源需求将由清洁能源来满足，这就需要清洁能源产业先行。

在清洁能源产业发展过程中，政府和企业究竟应该如何合作？政策和市场各自发挥什么样的作用？何种治理模式适合中国的清洁能源发展？为回答这些问题，我们选取风电和光伏发电应用以及与其发展紧密相关的制造业作为研究对象，寻找行业发展的驱动因子，探讨政府的行为机制。中国的风能和太阳能资源丰富，风电和光伏发电是中国绿色转型的重要领域，在全球占有举足轻重的地位。2014 年中国风电新增装机容量为 19.8GW，累计并网装机容量为 96.4GW，占全球风电装机容量的 27%；2014 年新增光伏发电装机容量 10.6GW，约占当年全球新增装机容量的 20%，累计并网装机容量为 28GW（国家能源局，2015a；2015b）。从融资额来看，2014 年中国风电领域融资额为 383 亿美元，占全球风电融资额的 38%；2014 年中国光伏发电领域融资额为 304 亿美元，占全球光伏发电融资额的 20%（Bloomberg New

Energy Finance，2015）。

本研究中所指的政府包括中央政府和各级地方政府。各级政府的职责和权力不同，决定了它们在产业发展、市场应用和政策制定中所起的作用和参与程度。在研究风电和光伏发电领域发展中的政府行为时，需要将中央政府和地方政府区分开来。

一　研究方法和数据来源

本研究采用的研究方法主要有两种：（1）案例分析，（2）文献研究、访谈和调研。

（一）案例分析

本研究中，参考了 Bloomberg New Energy Finance 数据库 2008～2012 年风电和光伏发电领域不同时段的特点，选取了 10 个案例，这里面既包括了投资高峰期和低谷期的产业案例，也包括了有代表性的企业融资案例（见表 7－1）。

表 7－1　10 个案例及其投融资特点

	案例名称	时间	投融资特点
风电案例			
案例 1	金风集团上市融资	2007 年 11 月至 2007 年 12 月	股市融资显著
案例 2	2008 年 4 月至 10 月的风电投资高峰	2008 年 4 月至 2008 年 10 月	资产融资显著
案例 3	2010 年 9 月至 2011 年 5 月的风电投资高峰	2010 年 9 月至 2011 年 5 月	资产融资显著
案例 4	风电投资低谷时期	2011 年 9 月至今	各类融资显著减少
光伏案例			
案例 1	尚德公司的早期发展	2000 年至 2004 年	债务融资为主
案例 2	阿特斯太阳能公司的发展	2000 年至 2011 年	
案例 3	金融危机前的光伏企业上市热潮	2005 年 1 月至 2007 年 8 月	股市融资显著
案例 4	金融危机中的光伏企业投资增长	2008 年至 2011 年	债务融资显著
案例 5	光伏上网电价的出台	2010 年 7 月至 2011 年 5 月	资产融资显著
案例 6	拯救赛维公司	2013 年至 2013 年	企业融资困境中的政府救助行为

（二）文献研究、访谈和调研

本研究采用了文献研究、访谈和调研的方法。近年来关于风电企业和光伏企业融资的文献和新闻报道是非常重要的资料来源。访谈的对象包括风机制造商、光伏制造商、国有企业开发商、银行、地方政府官员、中央政府官员（商务部官员）以及研究者。江苏省和河北省是我国可再生能源制造大省，因此被选取作为调研的目的地。此外，江苏省还是可再生能源应用大省，在调研设计中选取了江苏省能源局、无锡市有关单位、射阳县有关单位三个不同的层级进行访谈，而河北省的调研全部在保定市进行，其中保定市高新技术开发区政府和企业是调研的重点。

（三）数据来源

本研究中所用的数据主要来源有：（1）Bloomberg New Energy Finance 数据库中 2008 ~2012 年中国风电和光伏发电的融资数据。在本研究中这些数据被用于分析风电和光伏发电领域的投资高峰和低谷，并找出最显著的融资金额。（2）企业的公开数据，包括其网站上的数据和资料以及上市公司的年报，用于分析企业的融资活动。（3）公开发表的研究报告和文章。（4）政府网站公开的政策及数据。（5）清华大学气候政策研究中心的访谈和调研数据。（6）媒体报道。

二 风电案例

（一）案例1——风机制造商金风科技股份公司有限上市融资

金风科技股份有限公司（以下简称金风公司）是中国较大的风机制造商之一，也是中国政府最早扶持的风机制造商之一，金风公司的发展被看作中国风机制造业发展的一个缩影。1997 年金风公司开始引进风机制造技术；2003 年在中国政府举行的第一次风电特许权招标中，金风公司赢得了

100MW 的风机制造大单；2006 年金风公司已经发展成为世界排名第十的风机制造商；2007 年金风科技在中国深圳证券交易所上市，成为中国第一家上市的风电制造企业；2010 年金风公司在香港联交所上市。金风公司发展过程中的重要事件见表 7－2。

表 7－2　金风公司发展过程中的主要事件

时间	主要事件
1989	新疆风能公司利用丹麦政府捐赠的 320 万美元,购买丹麦 Bonus 公司 13 台 150kW 机组,通过近一年的努力,于 1989 年 10 月实现了达坂城风电一厂的并网发电,积累了风电场的运营维护经验
1996	利用德国政府“黄金计划”援助项目,风电场总容量由 2050kW 增加至 6100kW,其中包括当时全国单机容量最大的 2 台 600kW 机组
1997～1999	新疆风能公司自主引进了 600kW 风机的制造技术,1998 年成立新疆新风科工贸有限责任公司,在自治区科技厅支持下,国家科技部批准新风科工贸与新疆风能公司、新疆风能研究所共同承担国家“九五”科技攻关项目——“600kW 风力发电机组研制”。1999 年顺利完成该类型风力发电机的研制工作,首批共 10 台风机下线。整个研发过程耗资超过 4000 万元,其中贷款 2000 多万元,科技资金支持 300 万元
2001	新疆新风科工贸有限责任公司改组为金风科技股份有限公司,注册资金为 3230 万元,国有资本占比 72%,私有企业占比 1.27%,自然人占比 26.73%
2002	金风公司大型风力发电机组总装基地建成投产,具备了年产 200 台 600kW～750kW 风力发电机的生产能力
2003	在第一批风电特许权招标中,金风公司和广东粤电公司捆绑投标,赢得 100MW 风电项目
2006	金风公司实现国内市场占有率 33%,国内排名第一,世界排名第十
2007	金风科技在中国深圳证券交易所上市,首次公开募集资金达 17.45 亿元(MYM238 million),成为中国第一家上市的风机制造企业
2010	金风科技 H 股(香港股份代码:2208)正式在香港联交所上市交易,发行价为 17.98 港元/股,募集资金净额约 80 亿港元

资料来源：金风科技股份有限公司网站，http：//www.goldwind.cn/web/about.do？action = story。

在金风公司的发展过程中，涉及的利益相关者主要包括：中央政府（包括国务院、财政部、科技部、国家发改委）、地方政府（新疆维吾尔自治区政府）、企业（新疆风能公司、金风公司）。在本案例中，中央政府是政策制定者和决策者，其政策效果非常明显。

1. 中央政府

在本案例中，中央政府的首要目标是发展国内风机制造技术，培育中国本土的风机品牌。中央政府对风机制造业的支持可以分为两个方面：国内市场支持和研发支持。

国内市场支持。1997 年之前中国在风电发展方面主要依靠国外赠款，风电设备全部从国外进口，缺少技术、设备，人才和风机制造能力。2003 年国家发改委开始组织陆上风电特许权招标[①]，明确要求开发商与风电机组制造商捆绑投标，设备国内采购的比例不得低于 70%（李俊峰等，2007）。该政策的目的是要以国内市场的逐步扩大，支持风电设备国产化、规模化发展。如表 7－3 所示，金风公司在第一、四、五、六次风电特许权招标中均中标，并分别取得了 25%～50% 的市场份额。

表 7－3　6 次陆上风电特许权招标情况

	时间	招标规模（MW）	金风科技中标情况（MW）
第一次特许权招标	2003	200	100
第二次特许权招标	2004	300	NA
第三次特许权招标	2005	450	NA
第四次特许权招标	2006	700	200
第五次特许权招标	2007	950	300
第六次特许权招标	2009	5250	1300. 5

资料来源：（1）李俊峰、高虎、施鹏飞：《中国风电发展报告 2007》，人民邮电出版社，2007。（2）金风公司网站。

研发支持。金风公司多年来连续得到科技部的研发资金支持。该公司承担并完成了国家“九五”重点科技攻关项目“600kW 国产化风力发电机组”

① 风电特许权招标：是指由风力资源区所在地政府或其授权公司，在对风力资源初步勘测基础上，划定一块有商业开发价值、可安装适当规模风力发电机组的区域，通过招标选择业主；中标业主应按特许权协议的规定承担项目的投资、建设和经营的所有投资和风险。2003 年，国家发改委开始推行风电特许权开发方式，旨在通过这种方式，引入竞争机制，降低风电上网电价，并推进风电设备国产化。2003～2009 年共开展了 6 期陆上风电特许权招标。

的研制生产，国家“十五”科技攻关项目“750kW 风力发电机组”的研制生产，国家“863 计划”课题“1.2MW 直驱式风力发电机组”“MW 级失速型风力发电机组及其关键部件研制”等课题。2008 年“国家风力发电工程技术研究中心”在金风公司建成。

2. 金风公司

在创立初期，新疆风能公司的首要目标是生存和利润。新疆风能公司是新疆水利厅下属的事业单位，但是也需要自负盈亏。1997 年之前，为了生存，新疆风能公司开拓了包括加油站运营在内的多种业务。在明确了风机制造的方向之后，新疆风能公司才将业务范围逐渐聚集在风电制造上。

金风公司创建之后，面临的主要困难有：制造技术、经验、市场和发展模式。在金风公司创业初期，中国还没有风机制造企业，也没有风机制造技术，缺乏现成的经验可以学习。金风公司位于中国偏远的西北部——新疆维吾尔自治区，相对于中国其他地区来说，没有很好的科技条件、方便的物流和交通。

从市场方面来看，在风电特许权招标政策启动之前，基本没有国内市场需求。金风公司从 1997 年开始 600kW 风机的研发工作，至 1999 年一共生产了 10 台风机，其中 4 台卖给了新疆风能公司，6 台留下来作为金风自己的运营资产。2000 年新疆一个兵团购买了 2 台。2001 年，河北承德电业局订购了 6 台。这一阶段的销售规模无法支持企业的持续发展。真正开启国内市场是在 2003 年，在国家发改委组织的第一期风电特许权招标中，金风公司成为广东惠来石碑山 100MW 风电场的设备供应商，卖出了 167 台风机。在接下来的几年中，不断扩大的国内市场规模为金风的快速发展提供了前所未有的机遇。

在本案例中，六次风电特许权招标属于典型的 PPP 模式，该模式有效地降低了项目前期费用和融资成本，具有风险分配合理、政府和企业互利的特点。特许权参与各方形成了战略联盟，金风公司作为制造商代表之一也参与了风电特许权的政策制定、执行和修改（国家应对气候变化战略研究和合作中心研究员访谈，2013）。需要指出的是，这一时期，中央政府支持的是中国的风机制造业，并希望在该行业引进竞争，因此同时受到中央政府支持的还有其他风机制造商。在风电特许权招标项目结束后，2009 年中国政府颁布了风电上网电价，风力发电市场改为由市场主导。此时金风公司已经发展成为排名在世界前十位的风机制造商，并且积累了研发和制造的能力。

（二）案例2——2008年4月至10月的风电场投资高峰

从 2008 年 4 月至 10 月，中国出现了一个风电投资高峰期。从投资数据来看，这一时期最显著的特点就是资产融资（即用于风电场建设的投资）显著增加。与这一时期关系密切的政策事件有两个，一个是《可再生能源法》及其一系列配套法规的出台；另外一个是第五次特许权招标修改了招标规则，使得风电上网电价趋于合理，相关事件详见表 7－4。

表 7－4　与该投资高峰期相关的主要事件

时间	事件
2006 年 1 月 1 日	《可再生能源法》正式实施
2006 年 1 月 4 日	国家发改委颁布《可再生能源发电价格和费用分摊管理试行办法》，明确可再生能源发电价格高于当地脱硫燃煤机组标杆上网电价的差额部分，在全国省级及以上电网销售电量中分摊
2006 年 5 月 30 日	财政部颁布《可再生能源发展专项资金管理暂行办法》，中央财政设立可再生能源发展专项资金，用于支持可再生能源开发利用
2007 年 6 月 25 日	电监会颁布《电网企业全额收购可再生能源电量监管办法》，明确电网企业全额收购其电网覆盖范围内可再生能源并网发电项目上网电量
2007 年 8 月 31 日	国务院颁布《可再生能源中长期发展规划》，提出了 2015 年和 2020 年中国可再生能源（包括大中型水电）占一次能源消费的比例分别为 10% 和 15% 的目标，同时还规定了大型能源企业和电网企业的可再生能源配额
2007 年 8 月至 2008 年 2 月	国家发改委举行了第五次风电特许权招标，总规模为 700MW。在这次招标中改变了规则，由原来的“最低价得标”改为“中间价得标”，即在所有投标者给出价格后，招标负责方计算所有价格的平均值，最接近于平均价格者得标。在前四次风电特许权招标中，都是价格最低者得标

资料来源：世华财讯，2008。

1.《可再生能源法》及其配套法规的出台过程

在《可再生能源法》及其配套法规的出台过程中，最主要的利益相关者包括中央政府（国务院、人大常委会、人大环资委、国家发改委、电监会和财政部）、国有企业（电网公司、风电开发商）、公共机构（大学、科研机构、行业

协会等社会团体)。在本案例中，人大常委会、人大环资委、国家发改委、电监会、财政部是立法者；国务院是协调机构，负责协调以上部门关于配套法规的起草工作；公共机构为《可再生能源法》及其配套法规提供了意见反馈。

2003 年人大常委会将《可再生能源法》列入年度国家立法计划，这是首部由人大常委会制定的法律。这一事件有一定的偶然性。2002 年在南非约翰内斯堡召开了全球环境发展大会，提出两个目标：千年目标和可再生能源法案目标。可再生能源法案目标提出要用可再生能源解决全球 30 亿无电人口的用电问题。当时全国人大也派出人员参加了此次大会，这一事件对《可再生能源法》的立法起到了决定性的作用。在 2003 年之前，学术界多次研究和推动《可再生能源法》的立法，但是都没有成功。《可再生能源法》从制定到通过非常顺利，只用了一年半的时间，比原定计划提前了一年（见表 7－5）。全国人大立法一般要经过三读，而《可再生能源法》二读时就通过了。该法申请立法用了三年半时间，而制定和通过只用了一年半时间（国家应对气候变化战略研究和合作中心研究员访谈，2013）。

表 7－5　《可再生能源法》的立法、制定和出台过程

时间	事件
2003 年 6 月	全国人大常委会将《可再生能源法》列入年度国家立法计划，并决定由全国人大环资委负责组织起草
2003 年 8 月	人大环资委委托国家发改委组织起草《可再生能源法》(政府部门建议稿)
2004 年 8 月	人大环资委完成草案征求意见稿，发给各方面征求意见，其中包括国务院各部门，各省、自治区、直辖市人大常委会，部分大学和研究团体，企业和社会团体等，共 100 多个单位
2004 年 11 月	人大环资委完成《可再生能源法(草案)》，提请全国人大常委会审议
2004 年 12 月	全国人大常委会第十三次会议对《可再生能源法(草案)》第一次审议
2005 年 2 月	全国人大常委会第十四次会议对《可再生能源法(草案)》第二次审议，并于 2005 年 2 月 28 日表决通过。国家主席胡锦涛签署第三十三号主席令，颁布了《中华人民共和国可再生能源法》，于 2006 年 1 月 1 日起正式施行
2005 年 4 月	人大常委会办公厅函请国务院办公厅，请国务院办公厅协调、督促有关部门根据该法的有关规定，抓紧研究起草 12 类法规规章和技术规范，以落实《可再生能源法》

资料来源：《〈中华人民共和国可再生能源法〉立法进程大事记》，《环境保护》2010 年第 6 期。

2. 第五次风电特许权招标规则修改

在前四期风电特许权项目招标过程中，并没有形成合理的风电上网电价，“低价者胜”是前四期招标方案的特点。第一、二期风电特许权项目，主要是由于原国家计委的文件明确规定上网电价最低的投标商中标，结果实际中标的上网电价远低于合理范围。第三、四期的招标虽然允许非价格标准作为考虑因素之一，但实际中标的仍然大多为上网电价最低的投标商。由于为了中标而投出的上网电价太低，得标者的电价甚至远低于实际运营成本。因此，还出现了得标者在中标后并不开工建设风电场的现象（国家发改委能源所研究员访谈，2013）。“低价者胜”的招标规则无法形成合理的风电上网电价，使得刚刚开启的国内风电市场充满了恶性竞争，不能促进国内风电市场的良性发展。

国家发改委在第五期风电特许权招标中采用与以往不同的“中间价”模式，即出价越接近平均价者，得分就越高。这一举措，使得风电上网电价的价格较为合理。对于投资者来说，这是非常重要的价格信号，即投资风电场项目可以盈利。由于当时中国还没有推出统一的风电上网电价，因此，各省发改委在审批风电项目时，可以参考省内或邻近省份的特许权招标项目风电价格，这意味着第五次风电特许权项目的上网电价可以作为全国各地区的参考上网电价。在第五次风电特许权招标后，风电投资项目迅速增加。

《可再生能源法》的立法及出台过程和第五次风电特许权招标规则修改过程都是中央政府主导的政策制定和修改过程。《可再生能源法》及其配套法规的出台向各界传递了中国政府将长期支持清洁能源发展的政策信号。第五次风电特许权招标规则的修改，表明这一 PPP 模式形成的战略联盟可以有效协调各参与方不同的利益目标。风电特许权招标的政策制定充分考虑了国内风机制造商的利益，例如明确要求开发商与风电机组制造商捆绑投标，设备国内采购的比例不得低于 70%。在政策的实施出现问题时（得标电价过低），风电开发商推动其余各方游说中央政府对政策做出修改。总的来看，这一时期，中央政府的政策对风电开发建设起到了重要的主导作用，其出台的政策具有前瞻性。

（三）案例3——风电场建设投资和股市融资显著的高峰期

从2010年9月至2011年5月，出现了另一个风电投资高峰期，这一时期的主要特点是资产融资和资本市场融资显著，即投资于风电场建设的资金和股市募集资金增加明显。在这一时期，中央政府颁布了全国范围内的风电上网电价，启动了海上风电特许权招标，将新能源列为国家重点扶持的战略性新兴产业之一。从股市融资来看，这一时期，有三家风电制造商分别在上海、香港和纽约交易所上市。这一时期的主要事件见表7－6。

表7－6　2010年9月至2011年5月投资高峰期的主要事件

时间	事件
2009年8月1日	国家发改委颁布了《关于完善风力发电上网电价政策的通知》，按风能资源和工程建设条件将全国分为四类风能资源区，制定了每千瓦时0.51元、0.54元、0.58元及0.61元四种风电上网电价
2010年1月22日	国家能源局和国家海洋局发布《海上风电开发建设管理暂行办法》，规范海上风电项目开发建设管理，鼓励海上风电健康有序发展
2010年4月至9月	2010年4月，国家能源局启动了我国首批海上风电特许权招标项目，总计为1000MW，项目都在江苏省。同年9月，国家能源局宣布了投标结果。第一批海上风电特许权项目中标的4个项目的投标价均低于0.8元/kWh
2010年5月28日	国家电网对外公布了七大风电基地2015年和2020年接入系统及输电规划方案。哈密、酒泉、河北、吉林、江苏沿海、蒙东、蒙西七个千万千瓦风电基地将于2020年建成，规划到2015年建成58.08GW，2020年建成90.17GW，占全国风电总装机容量的60%左右
2010年10月1日	风机制造商中国明阳风电集团有限公司在美国纽约证券交易所上市，募集资金共计3.5亿美元
2010年10月8日	风机制造商金风科技在香港H股上市。当天，金风科技在国内A股与香港H股两市市值相加，接近80亿美元
2010年10月10日	国务院发布《国务院关于加快培育和发展战略性新兴产业的决定》，其中新能源被列为国家重点扶持的新兴产业之一
2011年1月13日	风机制造商华锐风电以90元/股发行价在上海证券交易所上市，募集资金94.59亿元

在本案例中，主要利益相关者包括中央政府（国家能源局、国家海洋局）、地方政府、风电开发商和风机制造商。

1. 地方政府

在本案例中，地方政府对风电开发项目的支持是这一时期风电场建设投资增加显著的主要因素。中国的地方政府负有发展地方经济的责任，在地方官员的考核指标中，地区经济增长占到很大的比重，而招商引资则是考量经济增长的重要指标。风电场建设是一次性固定资产投资，投资规模很大，另外中国的风电开发商大多数是央企，资本雄厚，还往往会带动对地方的其他投资，是地方政府竞相引入的优质企业。因此，在风资源丰富的地方，地方政府有非常高的积极性发展风电。

在项目核准上，由于地方政府拥有 50MW 以下风电项目的核准和审批权，不需要上报国家发改委，为缩短核准和审批流程，大量的项目被拆分为 50MW 以下的规模。2009 年享受可再生能源电价补贴的陆上风电项目共计 268 个，总装机容量 14216. 75MW；其中 50MW 以上项目占 32%；50MW 以下项目占 68%。由地方政府审批的风电项目数量和装机容量都远远超过中央政府（董文娟等，2011）。

2. 中央政府

在本案例中，中央政府的主要目的是增加能源供应、提高制造业的竞争力、改善能源结构、应对气候变化。这一时期，中央政府出台的政策包括了陆上风电上网电价、海上风电开发管理办法、七大风电基地 2015 年和 2020 年接入系统及输电规划方案。对于投资者来说，这些都是重大利好消息。

中央政府面临的主要限制因子是多头管理、缺乏统筹、信息不对称。这一现象在第一次海上风电特许权招标中表现得非常明显。例如第一次海上风电特许权招标于 2010 年 9 月启动，然而直到 2012 年 5 月，首期海上风电的特许权项目却因为海域功能区划不明、项目规划变动大以及一些成本技术等问题而迟迟未能开工。在第一期招标时，山东鲁能集团曾以 0. 6235 元/kWh 的价格拿下了一个潮间带项目，但该项目最终的海域使用却较原规划往深海处推进了 15 公里。由此，原本的潮间带项目几乎成为近海项目，成本远超当初规划。同处江苏的滨海、射阳和大丰三个项目因尚未通过核准而迟迟没有开工。以大丰30万千瓦近海风电项目为例，其面临着穿越8000米珍稀动物保护区的问题，令审批过程进一步延长（陈其钰，2012）。

3. 风电开发商和风机制造商

风电开发商和风机制造商的主要目的是吸引投资、扩大市场份额和利润。2010～2011年，明阳风电、金风科技和华锐风电纷纷上市融资。此外，风电开发商和风机制造商纷纷进军海上风电领域，参加激烈的海上风电特许权招标竞争。为了进入新兴的海上风电市场，第一批海上风电特许权项目中标的4个项目的投标价普遍低于0.8元/kWh，均远低于上海东海大桥海上风电项目最终确定的上网电价0.978元/kWh。风电开发商和风机制造商在海上风电开发时，面临的主要制约因素包括海上风机制造技术、运营维护经验以及激烈的市场竞争。

在本案例中，地方政府核准了大量的风电项目，这是一种以资源优势换取地方经济发展的模式。由于审批项目过多，埋下了风电电网接入、电力消纳的隐患。这一时期海上风电特许权招标仍然属于PPP模式，但这一模式存在的问题主要有：（1）项目区划不明，海域开发涉及多个主管部门，政策设计时没有充分考虑到这一点，增加了项目开发成本和风险；（2）前四次陆上风电特许权招标暴露了“价低者得”这一规则导致的恶性竞争的后果，并在第五次招标时修改规则为“接近中间价者得”。然而海上风电特许权招标并未吸取这一教训，规则仍为“价低者得”。在这种情况下，这一PPP模式的失败是必然的。

（四）案例4——从2011年11月开始的投资低谷时期

与之前快速的增长相比，2011年11月以后中国的风电投资第一次出现了一个低谷时期（也有专家认为是一个稳定的时期）。2011年7月和8月，国家能源局颁布了三项重要政策，对全国风电发展实行统一管理（见表7－7）。在陆地风电方面，风电项目统一由国家能源局核准，对全国风电开发实行年度核准计划管理；还通过政策和标准规范风电设备制造和风电场开发、建设与并网。在海上风电方面，能源局发布了《海上风电开发建设管理暂行办法》，该政策的实施加大了海上风电的开发难度。从这些政策实施效果来看，中国的风电建设速度迅速下降。

表 7－7　2011 年 11 月至今投资低谷时期主要事件

时间	事件
2011 年 7 月	2011 年 7 月国家能源局下达了《关于‘十二五’第一批拟核准风电项目计划安排的通知》，对全国风电开发实行年度核准计划管理，共安排全国拟核准风电项目总规模 26.83GW，其中国家核准项目 12.75GW，地方核准项目 14.08GW
2011 年 7 月	国家能源局和国家海洋局联合发布《海上风电开发建设管理暂行办法实施细则》，文件对海上风电场规划、预可行性研究、可行性研究阶段的工作内容和要求做出具体规定，明确了各管理部门的职责。同时，还对海上风电场的建设和运行提出了要求。该政策的实施加大了海上风电的开发难度，导致了 2010 年 4 个海上风电特许权招标项目，都需要重新确定区域
2011 年 8 月	国家能源局发布《风电开发建设管理暂行办法》，收回了地方对风电项目的核准权，要求报国家能源局备案，并根据国家的规划进行，未获准擅自开工建设的风电场将不能享受国家可再生能源发展基金的电价补贴，同时电网也将拒绝其并网
2011 年	本年度共发布 18 项风电技术标准，涉及风电场工程概算编制、风电设备制造技术规范、风电场并网设计技术规范、风电场电能质量测试方法等
2012 年 4 月	国家能源局印发《“十二五”第二批风电项目核准计划》，共计 14.92GW
2013 年 3 月	国家能源局印发《“十二五”第三批风电项目核准计划》，共计 27.97GW
2014 年 2 月	国家能源局印发《“十二五”第四批风电项目核准计划》，共计 27.6GW
2015 年 5 月	国家能源局印发《“十二五”第五批风电项目核准计划》，共计 34GW

资料来源：李俊峰、蔡丰波、唐文倩等：《风光无限：中国风电发展报告 2011》，中国环境科学出版社，2011。范媛：《陆上风电场审批权将收归中央，大型风企或从中受益》，http://finance.jrj.com.cn/industry/2011/07/26012510534732.shtml，2011－07－26。

本案例中的主要利益相关者包括中央政府（国家能源局、国家海洋局）、地方政府、风电开发商。

1. 中央政府

在本案例中，中央政府的目标是调整风电发展速度。由于风电场开发过快，2010 年风电场并网的问题突出，当年安装的风力发电机有 30% 未接入

电网。另外，风力发电机的质量问题凸显，全国有超过10台风力发电机倒塌，经媒体报道后，引起了公众对国产风力发电机质量的质疑。在这种情况下，国家能源局决定减缓风电开发速度。因此，在2011年8月颁布的《风电开发建设管理暂行办法》中，收回了地方对风电项目的审批权，中央政府对全国风电开发实行年度核准计划管理。然而2013年由于简政放权的需要，又将风电项目的核准权下放给了地方政府。政策出现反复。

2. 地方政府

在本案例中，地方政府的利益受到损害。中央政府对全国风电开发实行年度核准计划管理，地方政府失去了对50MW以下风电场的核准权。对地方政府而言，以经济指标为主的政绩考核方式使其工作的重心放在招商引资，促进当地的经济发展上。对风电项目的核准能够为地方带来投资，地方政府有很高的积极性去推动风电项目开发（江苏省射阳县发改委访谈，2012）。

3. 风电开发商

风电场的电网接入和电量消纳难的问题使风电开发商的利益受损，并导致风电开发商和电网公司的矛盾突出。在国家能源局将风电建设纳入全国统一规划管理后，也不能完全保证项目的电网接入和电量消纳问题。在这种情况下，风电开发商会停建新的项目。例如，甘肃省为风电限电严重地区，2012年龙源电力公司获批的甘肃项目都迟迟不开工建设（龙源电力集团项目经理访谈，2013）。

对风电开发商来说，最大的担忧是风电政策中的风险。风电建设受到政策因素的影响主要有三个方面：（1）风电上网电价补贴的发放严重滞后，一般会滞后一年左右，这使得风电开发商的资金周转普遍困难，另外也使得银行不愿意接受开发商以电费收入作为抵押的融资模式。（2）电网接入和限电的风险。尽管在法律法规上明确要求电网企业接入可再生能源发电，但在实际操作中，仍然存在很大的风险。由于风电建设和电网建设的不同步，许多建设的风电项目并不能按时接入电网。此外，在电力调度中，并没有优先调度可再生能源，使得冬季的时候大量的风电场被限电。（3）海上风电政策变更带来的风险。2011年出台的《海上风电开发建设管理暂行办法实施细则》对 2010 年的海上风电招标政策作了变更，出台了很多细则，这使得 2010 年招标的共 1GW 的四个海上风电特许权项目要重新划定海域。

中央政府在这一时期的政策偏于被动应对，政策缺乏前瞻性。2011 年之后，风电并网限电、风机质量的问题显现，中央政府将风电市场发展改为以年度计划方式进行，将风电项目的核准权收归中央，至 2013 年又将风电项目的核准权下放到地方。政策上的反复增加了风电开发的前期成本和不确定性，另外，在解决弃风限电的问题上也缺乏突破性的进展。

三　光伏案例

中国光伏制造业在发展过程中呈现了一种异于常规的发展模式，短短 10 年间成为全球行业领头羊。2002 年中国国内第一条光伏电池生产线投产，产能为 15MW；2004 年借着德国等欧洲国家发展光伏发电的契机，中国企业开始向欧洲出口光伏电池；2005 年第一家光伏企业海外上市；2007 年中国成为最大的光伏电池制造国；至 2012 年中国光伏电池产量已连续 6 年全球第一，产能已达 40GW，而当年全球新增光伏装机容量仅为 31GW（EPIA，2013），产能过剩严重，使整个产业陷入财务困境。在本研究中，我们选取了 6 个典型案例来研究中国光伏制造业和国内光伏市场的发展，试图找出中国光伏制造业快速发展过程中，政府发挥的作用和行为模式。

（一）案例1——地方政府扶持与尚德公司的早期发展

尚德公司成立于 2001 年，是中国第一家实现太阳能电池商业化生产的企业。该公司于 2005 年在美国纽约证券交易所上市，也是中国第一家实现海外上市的光伏制造企业。自 2011 年以来，尚德公司的形势急转直下。2013 年 3 月，尚德公司的债权银行联合向无锡市中级人民法院递交企业破产重整申请，成为中国第一家实行破产重整的光伏制造企业。在本案例中，我们重点关注尚德公司成立早期地方政府所发挥的作用，分析其高速发展的驱动因素。尚德公司早期发展的主要事件分析见表 7－8。

表 7-8　尚德公司早期发展的主要事件分析

时间	事件
2001	尚德公司成立，注册资本金为 720 万美元。公司创始人施正荣博士出资 40 万美元，以技术入股折合 160 万美元，占 27.8% 的股份。7 家具有国有背景的企业共投资 520 万美元，占 72.2% 的股份。在这 7 家企业中，有 3 家是无锡市政府成立的投资公司
2003	在尚德公司资金短缺的情况下，具有国有背景的股东轮流为尚德公司提供贷款担保
2001~2005	无锡市政府为尚德公司争取到 11 个国家级、省级和市级研究项目，研究经费总额为 3920 万元。在资金最短缺的 2003 年和 2004 年，尚德公司在无锡市政府的帮助下获得了 9 个研究项目
2005	在尚德公司在纽约证券交易所上市之前，国有股东出让了其所持有的尚德公司的股份。这是尚德公司能够在纽约证券交易所上市的关键事件

资料来源：何伊凡：《首富，政府造——自主创新的“B 企业模式”》，《中国企业家》2006 年第 6 期。

在本案例中，主要的利益相关者包括无锡市政府、7 家国有企业股东和企业创始人施正荣博士。

1. 无锡市政府

在尚德公司案例中，无锡市政府充当了尚德公司的风险投资者、协调者、董事会董事的角色。2001 年无锡市政府组织了两家政府控股的公司和其他六家国有企业联合投资入股尚德公司（后实际有 7 家公司投资）。这 7 家国有企业共投资 520 万美元，占 72.2% 的股份。公司创始人个人出资 40 万美元，以技术入股折合 160 万美元，占 27.8% 的股份。尚德公司的国有股东包括了三家具有政府背景的风险投资公司：无锡市创业风险投资公司、无锡市高新技术风险投资基金管理人、无锡市高新技术风险投资股份有限公司。

2004~2005 年尚德公司的上市融资计划得到了无锡市政府的支持，无锡市政府在其中发挥了重要的协调作用。从 2004 年开始，公司创始人开始酝酿国有股的退出，其国有股退出方案得到了无锡市委书记的肯定。无锡市政府的意见有两条，第一要满足上市的要求，也就是国有股应该退出。第二要满足投资各方的利益。至于这两点如何来平衡，退多少，什么时候退，由企业和股东商量。公司创始人开始逐家拜访各位股东，到 2005 年 3 月，其终于赢得了这场博弈，所有国有股东均同意退出。无锡市创业风险投资公司回报最低，获得了 10 倍收益，最高的公司获得了 23 倍回报（何伊凡，2006）。

无锡市原经贸委主任李延人，2001 年作为国有股东的代表，出任尚德公司的董事长，参与整个公司的运作。2004 年随着国有股份的退出，李延人离开了尚德公司。

在本案例中，无锡市政府的主要目的是探索支持高科技企业发展的政府投资模式。无锡位于江苏省，与上海、南京、苏州相邻。在与这些大城市的竞争中，无锡市必须找到具有竞争力的经济发展模式。2000 年，无锡市成立了一家风险投资企业（无锡市创业投资有限责任公司），设立了 1 亿元启动资金，为高新企业进行风险投资。尚德公司项目是这家风险投资企业的第一个项目。无锡市政府希望能够创造一种创新的氛围，使无锡市成为中小企业创业的热土。

在投资尚德公司项目时，无锡市政府面临两个主要问题。

一是不了解项目的市场前景。2000 年中国的电力生产是过剩的，国内并没有太阳能发电需求，而无锡市政府对于国际市场的需求和新技术发展并不了解。在这种情况下，无锡市征求了当时国内最大的集成电路芯片生产厂家——华晶集团的高级技术人员对于太阳能电池技术的意见，另外无锡市政府还派出了一支由 5 人组成的考察队到澳大利亚考察太阳能电池技术的生产和发展前景。在综合考虑了国内国外的考察结果后，无锡市决定支持尚德公司项目。

二是融资限制。无锡市政府并不能直接为尚德公司注资。在这种情况下，无锡市政府派出无锡市原经贸委主任李延人负责融资。李延人首先联系了无锡市的私有企业，但是没有人愿意投资。然后李延人联系了国有企业，最终，有 7 家国有企业同意投资，李延人为尚德公司募集了 720 万美元的注册资本金。

2. 7家具有国有背景的股东

尚德公司的投资者除公司创始人外，还有 7 家具有国有背景的企业。国有企业股东的影响主要体现在初始投资和为尚德公司申请银行贷款提供担保。这 7 家国有企业中除了三家投资公司外，还包括无锡国联信托有限公司、小天鹅集团（从事洗衣机制造）、水星集团（从事家纺业）、无锡山禾集团。这些企业面临的最大限制因素是它们对所要投资的尚德公司项目并不了解，对太阳能发电技术和市场也不了解。由于是国有企业，出于对无锡市

政府的政治支持，这些企业同意投资于并不熟悉的一家太阳能发电企业。

3. 尚德公司

尚德公司的主要目的是吸引投资。2000 年 10 月，施正荣为无锡市科技局的官员们讲述了他的创业计划，希望能够获得无锡市的投资。在此之前，施正荣已经和秦皇岛、大连和上海市政府接洽过，还和上海市政府签署了意向协议（何伊凡，2006）。2001 年 1 月，无锡市政府决定支持施正荣的项目。无锡市政府提出了两个条件：（1）施正荣本人以一部分现金入股；（2）施正荣的技术和成果属于这家合资企业，他不能够再就同一项目与任何一方合作。

在发展过程中，尚德公司面临着很多的限制因素：资金、市场、管理等。在起步阶段，资金是主要的限制因素，李延人作为董事长负有为企业融资的责任。施正荣是总经理，负责技术、市场和内部管理。2003 年初，尚德公司开始寻求外部贷款，李延人说服了四家国有企业股东提供担保，获取贷款资金约 5000 万元。之后，李延人又动用自己的政府资源，通过无锡市劳动局拿到低息贷款资金 5000 多万元（何伊凡，2006）。

从尚德公司的早期发展经历来看，无锡市政府对于尚德公司的早期成长起到了非常重要的作用。无锡市政府、7 家国有企业和尚德公司结成了非正式的联盟关系，无锡市政府是这种联盟关系的主导者。在本案例中，无锡市政府对于尚德公司的帮助除了科研项目支持外，其他方面的支持都是非正式的。作为尚德公司的天使投资者，无锡市政府并不是直接投资者，资金来自 7 家国有企业。参与企业的管理时，由退休的无锡市经贸委主任李延人担任公司的董事长，虽然在融资时动用了政府资源，但原则上，李延人退休后已不能代表无锡市政府。在参与尚德公司上市前国有股份的退出协调时，无锡市政府只提出了两条原则，具体的协商是由公司创始人和各股东谈判确定的。无锡市政府并没有直接参与这些融资活动，但是政府的影响又无处不在。

（二）案例2——苏州市高新区管委会与阿特斯太阳能公司的战略合作

本案例还选取了另外一家企业——阿特斯太阳能公司——来研究地方政

府对光伏企业的影响。2004 年之前，阿特斯太阳能公司的工厂在常熟，专门生产小型太阳能产品，如车载太阳能充电器。2004 年阿特斯太阳能公司在苏州建立工厂，开始生产太阳能电池。苏州市高新区管委会主要从建立太阳能发电示范项目和融资两方面帮助阿特斯太阳能公司。表 7 -9 为阿特斯太阳能公司发展中的主要事件。

表 7 -9　阿特斯公司发展中的主要事件

时间	事件
2001 年 11 月	阿特斯太阳能公司在加拿大成立，同年在中国江苏省常熟市建立工厂。2001 ~ 2004 年，阿特斯太阳能公司主要生产小型车用太阳能产品
2004 年	阿特斯太阳能公司在苏州建立工厂，生产太阳能光伏电池和组件
2005 年 11 月 1 日	通过私募融资 810 万美元。2006 年 11 月，阿特斯太阳能公司在美国纳斯达克股票交易所上市
2009 年 4 月 28 日	苏州高新区与阿特斯太阳能公司举行战略合作项目签约仪式。阿特斯太阳能公司将在高新区增资扩产、设立中国总部及独立研发中心。苏州高新区管委会支持阿特斯太阳能公司在区内建立太阳能示范电站。同时，阿特斯太阳能公司与中国交通银行、中国工商银行、中国银行签订了总额不少于 150 亿元的综合授信支持协议。进出口银行江苏分行及其代理行中国银行苏州分行与阿特斯太阳能公司签署合作框架协议，将支持阿特斯太阳能公司转变经营模式，积极开拓海外太阳能电站市场
2009 年 9 月 9 日	苏州市政府发布《苏州市政府关于印发新能源（风能、太阳能）产业跨越发展工程等四大跨越发展工程的通知》。苏州市新能源（风能、太阳能）产业跨越发展工程将以风电装备制造产业和太阳能光伏产业为主要内容，工程实施期为 2009 ~2012 年。至 2012 年，全市太阳能光伏产业实现产值 300 亿元；培育 1 家销售收入超 100 亿元的企业（集团），1 ~2 家销售收入超 50 亿元的企业（集团）
2011 年 5 月 27 日	阿特斯太阳能公司与苏州高新区经济发展集团总公司、苏州科技城发展有限公司签订合资协议，将共同出资 2. 9 亿美元，在苏州科技城建设产能为 600 兆瓦的太阳能电池制造厂

资料来源：江苏省科学技术厅：《阿特斯在苏州高新区设立中国总部及独立研发中心》，http：//www. jstd. gov. cn/kjdt/sxdt/20090619/162802696. html，2009 -05 -04；苏州市科技局：《苏州市政府关于印发新能源（风能、太阳能）产业跨越发展工程等四大跨越发展工程的通知》，http：//www. jscxy. cn/website/to _ content _ front _ 2. action? viewId = 33&news _ id = 700372007731070367700371，2014 -06 -28；世纪新能源网：《阿特斯 600MW 太阳能电池项目落户苏州高新区》，http：//www. ne21. com/news/show -18184. html，2011 -5 -31。

本案例中的主要利益相关者包括地方政府（苏州市政府、苏州市高新区管委会、苏州科技城管委会）和阿特斯太阳能公司。

苏州市政府是政策制定者。2009 年苏州市政府出台了《苏州市政府关于印发新能源（风能、太阳能）产业跨越发展工程等四大跨越发展工程的通知》。在这一规划中，苏州市政府提出了 2012 年光伏产业产值达 300 亿元的目标，而 2008 年苏州市该行业的总产值为 106 亿元，2012 年的发展目标是 2008 年总产值的近 3 倍。苏州市政府的政策对其下级单位——苏州市高新区管委会、苏州科技城管委会有很强的约束力，作为下级单位必须想办法完成这一规划目标。

2009 年受国际金融危机影响，中国光伏产业太阳能电池出口受到影响，企业资金周转困难，阿特斯太阳能公司也不能幸免。2009 年 4 月，苏州市高新区管委会与阿特斯太阳能公司签订战略合作协议，承诺在辖区内使用阿特斯太阳能公司的产品建设屋顶太阳能电站，并为阿特斯太阳能公司引进 150 亿元银行授信。各地地方政府在这一时期都推出了旨在帮助本地企业渡过难关的政策。

2011 年阿特斯太阳能公司增资扩产，苏州高新区经济发展集团总公司、苏州科技城发展有限公司与阿特斯太阳能公司共同出资 2.9 亿美元。这两家公司分别是苏州市高新区管委会和苏州科技城管委会的下属企业。然而事实上，2011 年我国的光伏产业生产能力已经严重过剩。

在本案例中，苏州市高新区管委会与阿特斯太阳能公司之间签署了战略合作项目协议。在这份协议中，苏州市高新区管委会承诺为阿特斯太阳能公司提供支持，而阿特斯太阳能公司则承诺在苏州建立中国总部和研发中心，对其位于苏州市高新区内的工厂增资扩产。这种战略合作对双方是互惠的。苏州市高新区以项目方式支持阿特斯太阳能公司的产品应用、帮助阿特斯太阳能公司从银行融资并通过国有公司成为该企业扩产的投资者；而阿特斯太阳能公司的扩产有助于扩大就业、增加税收，在苏州成立研发中心有助于增强苏州的科研实力，这些都是地方政府追求的目标。这种战略合作是一种长期的、正式的、互利的合作关系。

（三）案例3——金融危机前的光伏企业上市热潮

从2005年至2007年8月，共有10家光伏制造商在海外上市融资，首次公开募集资金共计20.82亿美元（见表7－10）。这一股市融资高峰是怎样出现的呢？在这一融资高峰背后是什么机制在发挥作用呢？

表7－10　2005年至2007年8月上市的光伏制造商上市信息

时间	光伏制造商	交易所	募集资金（百万美元）
2005年12月14日	尚德（STP）	NYSE	342.3
2006年8月	瑞能（SOL）	LSE（AIM）	50
2006年11月9日	阿特斯	NASDAQ	107.8
2006年12月18日	天合光能	NASDAQ	150
2006年12月19日	天合光能（TSL）	NYSE	98
2006年12月21日	林洋新能源（SOLF）	NASDAQ	150
2007年2月7日	晶澳太阳能（JASO）	NASDAQ	240
2007年5月11日	英利（YGE）	NYSE	319
2007年5月17日	中电光伏（CSUN）	NASDAQ	93.5
2007年1月1日	赛维（LDK）	NYSE	469.4
2007年7月6日	浚鑫科技	LSE（AIM）	62.1（30.5 million pounds）

资料来源：根据上市企业相关信息整理。

在本案例中，主要的利益相关者有风投/私募资本公司、光伏制造商和地方政府。

1. 风投/私募资本公司

光伏企业上市是市场行为，推动中国光伏制造商上市的是国际知名的风投/私募资本公司。这一时期，国际风投/私募资本大量涌入中国，光伏产业成为其投资热点，其投资目的以境外上市融资为主，这些风投/私募资本公司获得了巨额回报。

2. 地方政府

在这一过程中，一些地方政府对本地光伏制造企业的上市融资也起到了推动作用。一些地方政府充当了协调者，负责协调国有资本在光伏企业上市

退出；一些地方政府通过多种方式借款给由于上市而资金紧张的光伏企业。

企业上市给地方政府带来的收益主要体现在三个方面。（1）光伏企业上市多采用在维京群岛或开曼群岛注册新公司的方式，以新公司的名义上市融资。在这种情况下，上市企业就是外资企业，成为地方政府当年招商引资的政绩。（2）上市公司融资后，大部分资金用于投资扩大产能，这部分资金会成为地方政府当年固定资产投资的政绩。（3）企业通过上市融资获得了扩大产能所需的资金，不用地方政府再为此筹措资金了（保定市高新区政府官员访谈，2013）。在这样的考虑下，地方政府会全力支持企业的上市计划。

在尚德公司案例中，为了使企业顺利在海外上市，在地方政府的协调下，国有股东全部在尚德公司上市前退出。在英利公司的上市计划中，地方政府发挥了协调者和借款人的作用。2007 年英利公司上市之前，国有股东占 51% 的股份，企业创始人占 49% 的股份。在地方政府的协调下，最终国有股东同意出让 2% 的股份，其在英利公司的股份从 51% 下降至 49% 。这样企业创始人才能在海外注册公司并准备上市。另外英利公司在上市前，资金非常紧张，保定市高新区政府分别借给英利公司两次过桥贷款，一次为 3000 万元，另一次为 4200 万元（保定市高新区政府官员访谈，2013）。

3. 光伏制造商

在本案例中，光伏制造商通过境外上市融资，获得了包括资金、品牌在内的多种收益。

光伏制造商面临的最重要的限制因子是缺乏对于股市融资风险的了解。2007 年赛维公司的资金问题被曝光后，股价大跌。2012 年多家上市企业收到纽交所的退市警告，从而给企业带来了严重的信誉危机。在本案例中，光伏制造商们热衷于从境外上市融资，却没有充分了解股市的风险，而在 2012 年后多家企业为此付出了惨重的代价。

尽管企业上市融资是市场行为，但一些地方政府在此过程中发挥了重要的作用，扮演了协调者和借款方的角色。在尚德公司案例中，由地方政府最高官员公开表态，最终使得上市前国有资本都转让所持有的股份。在英利公司案例中，地方政府不仅协调了国有资本的股份转让，还通过所属公司借给企业过桥贷款。需要指出的是，尚德公司案例和英利公司案例都是企业创始人向当地政府求助，地方政府重要领导人出面协调的事件。在当时的情况下，企业创始人并没有其他有效的渠道可以解决这类问题。

（四）案例4——金融危机中的光伏制造业融资高峰

2009 ~ 2011 年光伏产业出现了一个债务融资高峰，并以 2010 年最为显著。2009、2010 和 2011 年光伏产业债务融资总额为 77 亿美元、232.5 亿美元和 144.3 亿美元，分别占当年产业融资总额的 24.2%、77.6% 和 8.2%（Frankfurt School UNEP Center，2011）。光伏企业债务融资的主要来源为银行贷款。那么，这一时期光伏企业银行贷款增加的主要原因是什么？表 7 - 11 为这一时期与此相关的主要政策。

表 7 - 11　2009 ~ 2011 年融资高峰期主要事件

时间	事件
2008 年	2008 年国际金融危机席卷全球。作为应对方案，中国政府于 2008 年推出了经济刺激计划，资金的主要来源为 4 万亿公共财政投入和约 10 万亿银行信贷
2009 年	国家开发银行率先制定《太阳能光伏发电项目开发评审指导意见》，国家开发银行给予江苏光伏产业累计 100 亿元信贷支持（赵君，2013）
2010 年 10 月 10 日	2010 年 10 月 10 日，国务院发布《国务院关于加快培育和发展战略性新兴产业的决定》，指出现阶段重点培育和发展节能环保、新一代信息技术、生物、高端装备制造、新能源、新材料、新能源汽车等产业
2010 年	2010 年国家开发银行向中国可再生能源制造商发布了 436 亿美元的授信，其中光伏制造业共得到 325 亿美元的授信（Felicia，2011）
2012 年 9 月	国家开发银行下发关于进一步加强金融信贷扶持光伏产业健康发展建议，将重点确保“六大六小”12 家光伏企业授信额度，其余光伏企业贷款将受到严控（史进峰，2012）

资料来源：Felicia Jackson，“China's Renewable Energy Revolution”，Renewable Energy Focus，November/December 2011；赵君：《国开行深陷光伏产业公司借贷之忧》，http://finance.caijing.com.cn/2013 - 08 - 22/112075213.html，2013 - 08 - 22；史进峰：《国开行光伏信贷沉思录》，http://www.21cbh.com/HTML/2013 - 13 - 8/2ONTg5XzU3OTY2OA.html，2012 - 12 - 10。

本案例中，主要的利益相关者包括中央政府（国务院）、银行（国家开发银行和大型国有银行）、光伏制造商。

1. 中央政府

始于2008年的国际金融危机对中国的经济造成了巨大影响，以出口为主的制造业受到严重冲击。这一时期中央政府的优先级包括保持经济增长、寻求新的经济增长点、创造就业机会和促进产业结构升级。在这种情况下，中国政府在2008年推出了经济刺激计划，资金的主要来源为4万亿元公共财政投入和约10万亿元银行信贷。2009年国家开发银行率先制定《太阳能光伏发电项目开发评审指导意见》，给予光伏产业信贷支持，仅江苏省光伏产业就从国家开发银行得到了累计100亿元信贷支持（赵君，2013）。2010年中国政府又发布了《国务院关于加快培育和发展战略性新兴产业的决定》，新能源产业被列为七大战略新兴产业之一，这使得大量银行信贷涌入了光伏制造业。

在本案例中，中央政府面临的主要限制因子包括金融危机对中国经济造成的严重影响、经济衰退、失业，以及对光伏制造业发展的判断失误等。2009年国家发改委、工信部等部门发布《关于抑制部分行业产能过剩和重复建设引导产业健康发展若干意见的通知》，将多晶硅列入产能过剩行业。这一政策也激起了关于光伏制造业是否已经过剩的讨论。但是当时制造商对于国际市场和光伏产业的发展前景一致乐观。

2. 国家开发银行及大型国有商业银行

国家开发银行是我国三大政策性银行之一，其使命是通过开展中长期信贷与投资等金融业务，为国民经济重大中长期发展战略服务。在战略性新兴产业规划的制定和执行中，国家开发银行的优先级是为国家战略提供金融服务。2009年末国家开发银行先后与国家能源局、国家发改委、工信部等有关部委举行高层会晤并签订规划合作备忘录，并参与《国务院关于加快培育和发展战略性新兴产业的决定》起草工作（赵君，2013）。国家开发银行对光伏制造业的大力支持也带动了其他国有控股银行的进入。

其他国有商业银行主要追求的是投资回报。2008～2009年多个国家实施了经济刺激计划，光伏制造业的海外市场一片繁荣，我国企业净利润超过20%。被光伏企业的高额利润所吸引，银行纷纷提供信贷支持。

以尚德公司为例，这一时期各个银行业务员纷纷来厂洽谈业务，主动要借给尚德公司贷款（尚德公司项目经理访谈，2012）。这一时期银行业向光伏制造业发放了大量的贷款，2012 年出现了多家制造商无法偿还银行信贷的问题。

3. 光伏制造商

在本案例中，光伏制造商的优先级是拓宽融资渠道、扩大产能增加竞争力。光伏制造商面临的主要限制因素是对国际市场判断有误。

在本案例中，这一时期银行贷款大量进入光伏制造业，主要是中央政府“经济刺激计划”和“战略性新兴产业”政策带来的后果。这种宽松的信贷政策对光伏制造业的产能过剩起到了重要的推动作用。国内良好的信贷环境和这一时期出口形势的转好，使得大量的光伏制造企业对行业发展形势产生了错误的判断。从这一时期银行贷款的投放效果来看，光伏制造企业都在扩大产能。从政策效果来看，2009 ~ 2010 年发放的银行贷款，有很大一部分无法偿还，成为银行的不良资产。

（五）案例5——2011 年光伏上网电价的出台

中国国内光伏市场长期以来并未启动。2009 年国家能源局开展了第一次光伏特许权招标，2010 年开展了第二次光伏特许权招标。根据国家能源局的计划，2011 年将启动第三次特许权招标。然而 2011 年国家发改委忽然出台了全国统一的光伏上网电价，原定的第三次特许权招标被取消了。是什么原因导致了光伏上网电价的提前出台呢？这一时期主要的事件见表 7 – 12。

表 7 – 12　2009 ~ 2011 年与光伏上网电价相关的事件

时间	事件
2009 年 6 月 19 日	江苏省发改委出台了省级光伏上网电价
2010 年 6 月 21 日	山东省发改委出台了省级光伏上网电价
2010 年 4 月 2 日	宁夏回族自治区的 4 个光伏电站得到了国家发改委特批的临时上网电价 1. 15 元/kWh，这被看作省级政府向国家发改委游说的结果

续表

时间	事件
2011 年 5 月	自 2008 年以来,仅青海省格尔木市就与 25 家企业签约了 28 个光伏发电项目,但由于国家一直没有出台光伏上网电价,大多数签约项目陷于停滞。2011 年 5 月 4 日,青海省委书记和省长专程前往北京,与国家发改委主任会谈光伏上网电价一事。根据 5 月 27 日下发的《格尔木市人民政府(光伏发电项目建设专题会)会议纪要》,会谈中,国家发改委同意就上网电价给予青海省特殊政策支持,即在 2011 年 9 月 30 日前建成并网的电站项目执行 1. 15 元/kWh 电价
2011 年 7 月 24 日	国家发改委发布《关于完善太阳能光伏发电上网电价政策的通知》,对于 2011 年 7 月 1 日前核准建设、2011 年 12 月 31 日建成投产的项目,统一电价为 1. 15 元/kWh,此外为 1 元/kWh

资料来源：谢丹：《光伏上网电价，千呼万唤始出来》，http：//www. ditan360. com/Energy/Info -3 -90205. html，2011 -8 -08；董文娟、王湃：《光伏发电融资》，载齐晔主编《中国低碳发展报告（2013）》，社会科学文献出版社，2013。

在本案例中，主要的利益相关者包括中央政府（国家发改委）、地方政府（青海省政府、宁夏回族自治区政府、山东省政府、江苏省政府）以及光伏制造商。

1. 中央政府

从权限来看，国家发改委价格司负责全国的电价政策制定，其中也包括制定光伏上网电价政策，省级政府没有制定电价的权力。在制定省级光伏发电上网电价的过程中，省级政府可以起草一个适用于本省的光伏发电上网电价的草案，但是草案需要得到国家发改委的审批才能实施。

从支持类别来看，中央政府一直鼓励优先发展风电。光伏发电上网的成本一直远高于风力发电，从技术上来看也不及风电成熟。因此，2000 年以后中国政府一直优先鼓励发展风电。中国支持可再生能源发电的资金来源于可再生能源基金，其中一部分来自向全国电网终端用户收取的可再生能源附加费，另一部分来自公共财政补贴。2012 年全国可再生能源发电补贴约为 200 亿元。在可再生能源基金总量有限的情况下，相同数据的补贴资金可以支持规模更大的风力发电和生物质能发电。在这种情况下，尽管光伏制造商也一直呼吁开启国内光伏应用市场，但是中央政府一直没有出台相关政策。

2. 地方政府

在本案例中，地方政府的优先级是支持国际出口减少的光伏制造商。2009 年受金融危机影响，光伏企业出口受到影响。为保护地方光伏企业，江苏省、山东省、浙江省地方政府都制定了省级光伏上网电价，并向中央政府游说，先后出台了地方上网电价政策支持光伏发电应用。然而由于世界各国密集出台经济刺激计划，2009 年下半年国际市场有所恢复，与国际市场的高利润相比，光伏制造业没有兴趣参与国内光伏发电系统建设。各地出台的光伏上网电价事实上并没有惠及光伏制造业（江苏省能源局访谈，2012）。2011 年以德国为首的欧洲国家削减了光伏上网补贴，中国光伏制造商的海外出口量锐减。另外中国光伏制造业产能严重过剩，产品滞销严重。在这种情况下，光伏制造商纷纷呼吁给予国内市场支持。

青海省太阳能资源非常丰富，省级政府希望通过光伏电站建设带动本省光伏制造业的发展。青海省委在 2009 年 7 月召开的十一届六次全会上提出：要闯出一条欠发达地区实践科学发展观的成功之路。充分利用青海地区的自然条件促进经济进步，全力打造光伏应用市场，以光伏产业的终端市场为龙头，带动中上游产业链及储能、并网等相关环境的逐步完善（红炜，2013）。2008 ~2011 年青海省审批了超过 800MW 的光伏电站项目，每年需要约 10 亿元的上网电价补贴，但是 2009 年青海省的财政收入才 166 亿元（董文娟、王湃，2013）。因此青海省有很强的动力游说国家发改委出台全国范围的光伏上网电价。

3. 光伏制造商

在本案例中，光伏制造商的优先级是争取国内市场支持。光伏制造商面临的主要限制因素是对于海外市场的长期依赖，海外市场占国内光伏产业的市场比例超过 90%，每次海外市场的波动都会对国内光伏制造商造成严重影响。因此，制造商向地方政府寻求支持也颇为常见。例如，2009 年，金融危机影响了光伏制造商的欧洲市场，江苏省的制造商向省政府求助，江苏省政府同国家发改委协商，最终出台了国内第一个省级光伏上网电价（江苏省能源局访谈，2012）。

在青海省向中央政府游说出台全国统一的光伏上网电价的事件中，从表面上看，是青海省政府在为光伏发电开发商的利益而奔走。事实上在这一时期，正是光伏制造商的出口市场锐减、国内产能过剩竞争激烈的时期，为了减少库存，许多光伏制造商转向下游的电站建设，成为光伏发电开发商。由于市场竞争激烈、库存积压严重，这一时期光伏电池价格迅速下降，众多开发商认为大规模应用光伏发电的时机已经到来，纷纷投资于光伏发电市场。因此，从根本上来看，是光伏开发商向开发商、地方政府传达了非常清晰的诉求，并形成了利益联盟，而地方政府为了地方的利益，主动成为光伏制造商的代言人，表达其诉求。

（六）案例6——拯救赛维公司

2012 年受产能严重过剩和国际贸易制裁的影响，国内光伏制造业陷入困境，出现了产品积压、资金链断裂、裁员和退市风波等问题。在这种情况下，2012 年 7 月媒体关于江西省新余市政府要以公共财政帮助光伏企业赛维公司还债的报道引起了公众的广泛关注，并由此引发了政府用公共财政帮企业还债的合法性的激烈讨论。这是一个非常典型的地方政府救助光伏制造企业的案例，而且最终公众舆论影响了地方政府的决策。表 7 - 13 记述的是地方政府救助赛维公司的主要事件。

表 7 - 13　地方政府救助赛维公司的主要事件

时间	事件
2012 年 1 月	新余市政府借款给陷入财务困境的本地光伏制造企业赛维公司 2 亿元
2012 年 5 月 2 日	江西省政府成立“赛维稳定发展基金”，向赛维公司发放借款 20 亿元
2012 年 7 月 12 日	新余市八届人大常委会第七次会议，审议通过了市人民政府关于将赛维公司向某信托有限责任公司偿还信托贷款的缺口资金 7.55 亿元纳入同期年度财政预算的议案（后来由于舆论压力过大被取消）
2012 年 10 月 22 日	江西恒瑞新能源有限公司以每股 0.86 美元的价格收购赛维公司近期发行的普通股，相当于赛维公司此次增发前全部发行及流通股本的 19.9%（该公司是一家新设立的公司，其中 40% 的股权由新余市国有资产经营有限责任公司拥有）

资料来源：蒋卓颖：《政府表态“三不”》，http：//www.21cbh.com/HTML/2013 - 7 - 17/zOMzA3XzQ3NjQzOQ.html，2013 - 7 - 17。郭力方：《光伏企业现国有化初潮，赛维获溢价收购》，http：//gzjj.gog.com.cn/system/2012/10/23/011706277.shtml，2013 - 10 - 23。

在本案例中，主要的利益相关方有新余市政府、江西省政府、媒体、公众和赛维公司。

1. 地方政府

在本案例中，地方政府优先考虑的是避免企业倒闭，并避免出现大规模的失业。在赛维公司的市场化融资渠道全部断裂后，正常情况下就会裁员、出让资产、关闭工厂以解决财务问题。赛维公司雇用的 2.4 万名工人，将会出现大规模的失业。此外，赛维公司是当地的大型企业，2011 年赛维公司的业务不太景气，纯收入为 6.09 亿美元，但是仍然为政府贡献了 2.1 亿美元的税收。所以从地方政府的行为来看，在此期间，江西省政府和新余市政府积极帮助赛维公司融资，希望能够解决赛维公司所面临的财务困境，从而保护当地的就业和社会稳定。

2. 赛维公司

赛维公司的主要目的是融资、生存和还债。2012 年，赛维公司采用了裁员、削减支出、出让资产（包括 3 个屋顶光伏电站、两个子公司——南昌赛维和安徽赛维 100% 的股权）、引进新的战略投资者的方式来应对财务困境。2012 年赛维公司没有借到任何银行贷款；2012 年第三季度，赛维公司收到纽交所的退市警告；2013 年 4 月，赛维公司宣布由于公司现金流暂时短缺，无法全额支付 4 月 15 日到期的约 2400 万美元债券。赛维公司这一时期的融资渠道只剩下了政府借款和股市融资两种方式。2012 年赛维公司分别向新余市政府和江西省政府借款 2 亿元和 20 亿元。2012～2013 年，赛维引进两个大股东，融资 4750 万美元。但是，面对 54 亿美元的债务，这些资金仍然远远不够（新余市财政局，2012）。

3. 媒体和公众

在本案例中，媒体和公众的监督与批评改变了地方政府的行为。媒体监督正在成为中国社会的重要力量，尤其是网络媒体，正在成为公众议政的重要渠道，而公众对政策和政府行为的关注度也在提高。在 2012 年 7 月 12 日召开的新余市八届人大常委会第七次会议上，审议通过了新余市人民政府关于将江西赛维 LDK 公司向华融国际信托有限责任公司偿还信托贷款的缺口资金纳入同期年度财政预算的议案，而赛维公司在上述信托中的借款余额约为7.55亿元。该事件被媒体争相转载，引发了地方政府帮助企业还贷是否合法的巨大争议（蒋卓颖，2012）。由于受到公众的高度关注和批评，这项议案最终被取消。

从以上案例可以看出，从2012年1月开始，新余市政府和江西省政府积极采取措施拯救赛维公司。地方政府充当了借款方，直接借钱给赛维公司还债。在赛维公司的股票连续下跌，遭遇退市风险时，地方政府通过控股公司购买赛维公司的股票，试图通过股市融资给赛维公司输血，挽救赛维公司的退市风险。媒体报道引发了公众关注，公众成为地方政府行为的监督者，媒体和公众也成为这一事件的利益相关者。

在本案例中，从创业伊始，赛维公司就与地方政府建立了长期稳定的联盟关系，这种联盟关系贯穿了赛维公司的创业、成长和困境的各个阶段。赛维公司的创始人是江西省工商业联合会的副主席，也是新余市政协委员。这些社会职务和身份使这位创始人能够向政府提交议案，也能够和政府官员协商。媒体和公众对于“政府替企业还债”事件的关注，打破了原有的联盟关系。

四　研究结果和政策启示

（一）中央政府的行为分析

中央政府在国内风机和光伏制造业发展中的行为和所起的作用是不一样的（见风电案例1和2，光伏案例4）。另外在产业发展的不同阶段，中央政府所起的作用也是不一样的。从中央政府对风电和光伏领域制定的政策来看，可以分为主动引领和被动应对两种，但都属于使用政策对产业进行引导和调控的行为模式。

在风机制造领域，2011年之前，中央政府出台了一系列具有前瞻性的政策主动引领国内风电市场的发展，其中六次风电特许权招标属于典型的

PPP 模式，该模式有效地降低了项目前期的费用和融资成本，具有风险分配合理、政府和企业互利的特点。

2011 年之后，风电并网限电、风机质量的问题显现，中央政府将风电市场发展改为以年度计划方式进行，将风电项目的核准权收归中央，至 2013 年又将风电项目的核准权下放到地方。政策上的反复增加了风电开发的前期成本和不确定性，在解决弃风限电的问题上也缺乏突破性的进展。

从光伏领域来看，中央政府的政策偏于被动应对性质，前瞻性和引领性不足。2008 年为了刺激经济增长而发放大量信贷和 2012 年后扩大国内光伏发电市场，两次应对性的政策利好均对光伏产业发展发挥了极大促进作用，同时也掩盖了一些问题甚至埋下了产能过剩的隐患。

2009 ~2010 年的经济刺激方案使得大量银行贷款投向光伏制造业，在很大程度上造成了该行业产能过剩的局面。2010 年仅国家开发银行就向中国可再生能源制造商发布了 436 亿美元的授信，其中光伏制造业共得到 325 亿美元的授信（Felicia，2011）。2010 年我国有 100 多个城市在打造光伏产业发展基地，十多个城市提出打造“双千亿”的光伏产业基地。自 2009 年下半年国内的组件商开始扩产，到 2010 年底，业内估计仅国内的晶体硅电池产能大概有 20GW，我国 2010 年的电池组件的发货量是 10GW，估计产量在 13GW 上下，意味着仅发挥了 65% 的产能，产能过剩带来了无序竞争和过度竞争的严重后果，造成投资浪费（李俊峰等，2011）。

2012 年后，随着国内光伏制造业出口受挫，行业整体陷入财务困境。这种困境经由媒体报道后，引起社会公众的普遍关注，引发了“救还是不救”以及“怎样救助”的大讨论。中央政府也陷入了非常被动的境地，最终出台政策扩大国内光伏应用市场。2013 年和 2014 年，中国光伏新增并网装机容量分别达到了 12GW 和 11GW，而 2012 年新增并网装机容量仅为 1GW。由于扩大国内光伏应用市场的政策是非常被动的危机应对政策，中央政府对这一政策实施的后果预计不足，这主要体现在三个方面：（1）在原本已经限风限电的地区建设光伏电站加剧了可再生能源电力的输出矛盾，开

始出现限制光伏发电的情况；（2）对可再生能源发电补贴额的迅速增加准备不足，加剧了拖欠可再生能源发电补贴的矛盾；（3）对扩大分布式光伏发电应用的政策准备和融资困难考虑不足，分布式光伏发电应用很长时间内难以实现真正的商业化运作，推进困难。

（二）地方政府的行为分析

地方政府表现出与中央政府完全不同的行为特征。在风电案例3和案例4中，可以看出2011年之前地方政府核准了大量的风力发电项目，以资源换取地方经济发展。而在光伏制造业的发展过程中，地方政府更是发挥了重要的引导作用，其影响在企业融资方面最为显著（见光伏案例1、2、3、5、6）。地方政府对风电项目和光伏制造企业的各种补贴和支持行为仍然是政府深度介入产业发展的行为模式。

光伏制造业与中国大多数有比较优势的中低端制造业一样，缺乏区位特质性，其产品主要出口于国外市场。在国内各地区乃至全球吸引制造业生产投资的激烈竞争下，企业对生产成本非常敏感，而且也比较容易进行生产区位调整。面对制造业部门较高的流动性，处于强大竞争压力下的地方政府不得不提供包括廉价土地、补贴性基础设施乃至企业所得税减免、宽松的政策环境与劳动管制在内的政策包。此外，地方政府在制造业投资竞争中所获好处不仅限于制造业投产后产生的较稳定增值税收入，还包括本地制造业发展对服务业的推动及与之相关的营业税和土地等收入，或称为制造业发展的“溢出效应”（陶然，2009）。

地方政府对风电项目和光伏制造企业的各种补贴和支持行为仍然是政府深度介入产业发展的行为模式，具有典型的“发展型政府”特征。所谓“发展型政府”是指地方政府以地方发展为导向，识别本地区的优势比较产业，并提供相应的辅助性政策支持和战略性的基础设施（郁建兴，2012）。我国的地方发展型政府模式，与东亚新兴经济体的发展型国家模式，在政府干预经济的手段和范围上有高度的相似性，只是存在国家-地方的尺度差异（张汉，2014）。

我国地方政府的这种行为有着深刻的制度原因。从学者们的研究来看，主要有两方面原因。(1) 1994 年进行的以“财政收入权力集中而财政支出责任不变”为特征的分税制改革给地方政府的收入创造和收益带来了一个非常不同的制度环境。一方面，地方政府在全国财政收入中的比重大大下降，从 1993 年的 78% 下降到 1994 年的 44.3%，之后一直维持在 50% 左右；另一方面，地方财政实际支出责任持续增加，至 2013 年地方政府支出占国家财政支出的比重已达到 85.4%。地方政府成为政府职能的实际履行者。(2) 20 世纪 90 年代中后期逐渐正式化的官员政绩考核体系成为从政治上奖惩地方官员的依据，而经济绩效是各级人事考核的关键指标。在这样的制度背景下，地方政府的行为围绕“地方财政收入最大化”的目标而进行（陶然，2008；陶然，2009；周黎安，2007；周飞舟，2006；郁建兴，2012；张汉，2014）。

这种模式是导致我国光伏制造业投资过多，生产能力严重过剩，地区间产业结构趋同的重要原因。从全球来看，这种模式容易对国际光伏制造业产生冲击，引发贸易争端。从技术锁定效应来看，造成了我国光伏发电制造锁定于晶硅技术的局面，目前太阳能发电领域新技术和重大技术突破仍在不断涌现，但我国光伏制造企业经营困难，无力进行技术研发。从资源能源的角度来看，中国光伏制造业产能约为 40GW，即便是在 2014 年国内光伏装机容量接近 10GW 的情况下，再加上出口，仍有 10GW 以上的过剩产能，造成资源和能源浪费。

（三）政策启示

(1) 在新兴产业发展的初期，可以通过政府富有前瞻性的政策引领，灵活采用 PPP 模式，实现产业的追赶式发展；

(2) 在新兴产业成熟后，继续给予其大量的廉价融资隐含了巨大的风险；

(3) 地方政府对光伏制造业的各种补贴支持仍然属于政府深度介入产业发展的模式，这种政府行为有着深刻的制度原因，其公平性和可持续性值得关注。

致谢：本文的访谈得到了国家应对气候变化战略研究和合作中心、国家发改委能源研究所研究人员至为重要的支持，在此表示诚挚的感谢。笔者在调研中得到了商务部、江苏省能源局、无锡市发改委、保定市发改委、保定市科技局、保定市工信局、保定市高新区管委会、射阳县发改委有关人员的帮助和支持，非常感谢以上单位对我们工作的大力支持。为了解第一手信息，笔者还走访了尚德公司、英利公司、振发新能源公司、中节能太阳能射阳发电有限公司、江苏吉阳新能源有限公司、中航惠腾公司、龙源电力集团，非常感谢这些公司为笔者提供宝贵的信息和资料。

附　录

附表 1　本研究中访谈对象和时间

	访谈对象	时间
1	河北省保定市发改委、科技局、工信局、高新区管委会、英利公司	2012 年 1 月
2	江苏省能源局、无锡市发改委、中国农业银行无锡支行、尚德公司、振发新能源公司、射阳县发改委、中节能太阳能射阳发电有限公司、江苏吉阳新能源有限公司	2012 年 8 月
3	国家应对气候变化战略研究和合作中心研究人员	2013 年 11 月 29 日
4	商务部官员	2013 年 12 月 10 日
5	风机制造商中航惠腾公司项目经理	2013 年 11 月 22 日
6	龙源电力集团项目经理	2013 年 8 月 12 日
7	国家发改委能源所研究人员	2013 年 10 月 13 日

参考文献

1. Bloomberg New Energy Finance：《2014 年全球可再生能源相关投资额比上年增长 16%，达 3100 亿美元》，http：//guangfu. bjx. com. cn/news/20150121/583707 - 2. shtml，2015 - 01 - 21。

2. EPIA（European PV Industry Association），Global Market Outlook for PV Industry until 2017，http：//files. epia. org/files/Global - Market - Outlook - 2017. pdf，2015 - 02 - 14。

3. Felicia Jackson, "China's Renewable Energy Revolution", Renewable Energy Focus, November/December 2011.
4. Frankfurt School-UNEP Center, Bloomberg New Energy Finance: Global Trends in Sustainable Energy Investment 2011, http://fs - unep - centre. org/publications/global - trends - renewable - energy - investment - 2011, 2014 - 02 - 23。
5. 金风科技股份有限公司：《大事记》, http://www. goldwind. cn/web/about. do? action = story, 2014 - 09 - 14。
6. 陈其钰：《海上风电特许权招标遭遇梗阻，第一期尚未核准》, http://www. cs. com. cn/ssgs/hyzx/201205/t20120531_ 3353196. html, 2012 - 05 - 31。
7. 范媛：《陆上风电场审批权将收归中央，大型风企或从中受益》, http://finance. jrj. com. cn/industry/2011/07/26012510534732. shtml, 2011 - 07 - 26。
8. 国家能源局：《2014 年风电产业监测情况》, http://www. nea. gov. cn/2015 - 02/12/c_ 133989991. htm, 2015a。
9. 国家能源局：《2014 年光伏产业发展情况》, http://www. nea. gov. cn/2015 - 02/15/c_ 133997454. htm, 2015b。
10. 郭力方：《光伏企业现国有化初潮，赛维获溢价收购》, http://gzjj. gog. com. cn/system/2012/10/23/011706277. shtml, 2013 - 10 - 23。
11. 何伊凡：《首富，政府造——自主创新的"B 企业模式"》,《中国企业家》2006 年第 6 期。
12. 红炜：《光伏：青海的战略选择》, http://paper. people. com. cn/zgnyb/html/2013 - 04/16/content_ 1035940. htm, 2013 - 04 - 16。
13. 江苏省科学技术厅：《阿特斯在苏州高新区设立中国总部及独立研发中心》, http://www. jstd. gov. cn/kjdt/sxdt/20090619/162802696. html, 2009 - 05 - 04。
14. 蒋卓颖：《政府表态"三不"》, http://www. 21cbh. com/HTML/2013 - 7 - 17/zOMzA3XzQ3NjQzOQ. html, 2013 - 7 - 17。
15. 李俊峰、高虎、施鹏飞：《中国风电发展报告 2007》，人民邮电出版社，2007。
16. 李俊峰、蔡丰波、唐文倩等：《风光无限：中国风电发展报告 2011》，中国环境科学出版社，2011。
17. 谢丹：《光伏上网电价，千呼万唤始出来》, http://www. ditan360. com/Energy/Info - 3 - 90205. html, 2011 - 8 - 08。
18. 董文娟、孟朔、段红霞等：《能源》，载齐晔主编《中国低碳发展报告（2010）》，科学出版社，2010。
19. 董文娟、王湃：《光伏发电融资》，载齐晔主编《中国低碳发展报告（2013）》，社会科学文献出版社，2013。
20. 世华财讯：《第五期风电特许权招标改用中间价模式》, http://news. hexun. com/2008 - 03 - 21/104659660. html, 2014 - 08 - 03。

21. 世纪新能源网：《阿特斯 600MW 太阳能电池项目落户苏州高新区》，http://www.ne21.com/news/show-18184.html，2011-5-31。
22. 史进峰：《国开行光伏信贷沉思录》，http://www.21cbh.com/HTML/2013-13-8/2ONTg5XzU3OTY2OA.html，2012-12-10。
23. 苏州市科技局：《苏州市政府关于印发新能源（风能、太阳能）产业跨越发展工程等四大跨越发展工程的通知》，http://www.jscxy.cn/website/to_ content_ front_ 2.action? viewId = 33&news _ id = 70037200773107036770037 1，2014-06-28。
24. 陶然、陆曦、苏福兵等：《地区竞争格局演变下的中国转轨：财政激励和发展模式反思》，《经济研究》2009 年第 7 期。
25. 陶然、杨大利、张光等：《财政收入需要与地方政府在中国转轨和增长中的作用》，《公共行政评论》2008 年第 5 期。
26. 新余市财政局：《新余市决算实施情况和 2012 年预算》，http://xxgk.xinyu.gov.cn/s/content/2013-13-16/89720.htm，2013-6-26。
27. 郁建兴、高翔：《地方发展型政府的行为逻辑及制度基础》，《中国社会科学》2012 年第 5 期。
28. 赵君：《国开行深陷光伏产业公司借贷之忧》，http://finance.caijing.com.cn/2013-08-22/112075213.html，2013-08-22。
29. 张汉：《“地方发展型政府”抑或“地方企业家型政府”？——对中国地方政企关系与地方政府行为模式的研究述评》，《公共行政评论》2014 年第 3 期。
30. 《〈中华人民共和国可再生能源法〉立法进程大事记》，《环境保护》2010 年第 6 期。
31. 周飞舟：《分税制十年：制度及其影响》，《中国社会科学》2006 年第 6 期。
32. 周黎安：《中国地方官员的晋升锦标赛模式研究》，《经济研究》2007 年第 7 期。

低碳发展案例

Case Studies of Low – Carbon Development

B.8

杭州和宁波低碳试点建设的实践与启示

王宇飞　宋祺佼　董文娟*

摘　要：为了解“低碳试点”政策的实施情况，各试点省市的政策和实践创新，以及城市低碳转型中面临的问题和困难，研究组于2014年9月对浙江省的两个试点城市——杭州市和宁波市进行了调研。调研中发现，两市在城市发展低碳转型方面均进行了积极的探索，完成了碳排放清单编制，初步判定了城市碳排放达峰年份；建立了低碳相关政策体系；实施了严格的工业节能措施；积极进行低碳建筑和交通体系实践。此外，杭州市将低碳试点工作与其他试点工作相结合，在发挥试点

* 王宇飞，清华大学公共管理学院博士后，主要研究领域为气候变化政策（工业和交通行业能源政策、低碳城市治理政策）、大气污染环境政策模拟等；宋祺佼，清华大学公共管理学院在读博士研究生，主要研究领域为低碳发展、生态城市和气候变化政策等；董文娟，清华－布鲁金斯公共政策研究中心副研究员，主要研究领域为低碳投融资和能源政策。

协同效应方面提供了有益的启示。但是，两个城市在低碳实践中也面临多重挑战与困难：作为重工业城市的宁波市面临保持较高经济增长速度和低碳转型的选择困境。两地相关部门都认为现有统计制度难以为碳排放管理和考核提供支撑，建筑和交通领域已成为城市低碳转型的重点和难点，亟须构建市场化的绿色融资渠道和培育低碳产业链。此外，行政命令手段依然是地方政府推进碳减排和能源消费总量控制的主要方式。

关键词： 低碳试点 低碳转型 杭州市 宁波市

为实现应对气候变化和促进城市可持续发展的目标，2010 年国家发展和改革委员会（以下简称国家发改委）启动了首批五省八市的低碳试点工作，并于 2012 年推出第二批低碳试点 29 个省市，至此，积极探索城市绿色发展的低碳试点行动已在全国全面铺开。那么，低碳试点示范政策的执行情况究竟如何？各试点省市有哪些政策和实践创新？在低碳试点的探索中存在哪些问题和困难？为了解这些情况，2014 年 9 月研究组对浙江省的两个低碳试点城市——杭州和宁波——进行了调研①。

杭州市和宁波市都位于经济发达的浙江省。2013 年，浙江省 GDP 为 37568 亿元，在全国 31 个省份中排名第四。浙江省同时也是能源消耗大省，2013 年一次能源消费量为 18628 万吨标准煤，约为当年全国总消费量的 4.4%。从能源利用水平来看，2013 年浙江省万元 GDP 能耗为 0.53 吨标准煤，能源利用水平仅次于北京、广东，居全国第三位。从能源消费结构来

① 本部分内容主要依据 2014 年 9 月下旬对杭州市和宁波市的调研资料、数据和访谈整理而成。此次调研访谈对象包括浙江省发改委，杭州市发改委、经信委、住建委、统计局等和宁波市发改委、统计局、环保局、经信委、住建委、交通委以及从事节能减排的企业。

看，2013 年浙江省能源消费结构中，煤炭占 56.8%，石油占 22.2%，天然气占 3.6%，水能、核能和风能共占 8.5%，其他能源占 8.9%。另外，浙江省能源资源匮乏，2013 年该省一次能源自给率仅为 3.8%。

“十二五”以来，浙江省经济发展放缓，GDP 增速下降。但是在浙江省提出的“十三五”目标中，2020 年要实现 GDP、人均 GDP、城镇居民可支配收入、农村居民人均纯收入的翻番（与 2010 年相比），分别达到 55500 亿元、104000 元、55000 元和 24000 元以上。与此同时，浙江省的经济发展正面临日益增强的资源环境约束。从 2013 年开始，浙江省实行了万元 GDP 能耗下降与能源消费总量控制的“双控”责任制。此外，浙江省制定了控制煤炭消费总量工作方案（2014～2017 年），提出到 2017 年煤炭消费总量要实现负增长。在此背景下，杭州市和宁波市的低碳试点探索对浙江省以及我国东部发达地区的经济转型有着重要的先导意义。

一 杭州市低碳试点实践

（一）杭州市能源、排放以及产业结构现状

杭州市是长江三角洲重要的中心城市和风景秀丽的历史文化名城。2012 年杭州市常住人口 880.2 万人，人均 GDP 为 88661 元，是当年全国平均水平的 2.3 倍。以 2007 年世界银行标准看，杭州市处于中上等收入水平城市向高收入水平城市迈进阶段。除了入选首批“低碳试点城市”外，杭州市还是首批“十城千辆汽车节能与新能源汽车示范推广”城市、“生态文明建设试点”城市、“十城万盏半导体照明应用工程”城市、“餐厨废弃物资源化利用和无害化处理试点城市”、“节能减排财政政策综合示范城市”和“绿色低碳交通运输体系建设试点城市”。因此，杭州市的低碳发展受到多项政策的支持和影响。

2012 年杭州市“三产”的比重分别为 3.3%、45.8%、50.9%，服务业占比超过 50%，杭州市的工业也偏轻工业。杭州市的能源结构以化石能源

和电力为主，2012 年煤炭、电力、石油及其制品，天然气和其他能源的消费比例分别为 38.4%、25.7%、21.9%、12.0% 和 2.0%（见图 8－1）。2012 年杭州市能源消费总量为 3844 万吨标准煤，单位 GDP 能耗为 0.54 吨标准煤/万元，略低于浙江省水平 0.55 吨标准煤/万元（按 2010 年价格计算），人均二氧化碳排放 11.8 吨。近年来，杭州市煤炭消费总量逐年上升，尽管单位 GDP 能耗逐年下降，但人均二氧化碳排放水平却在上升。

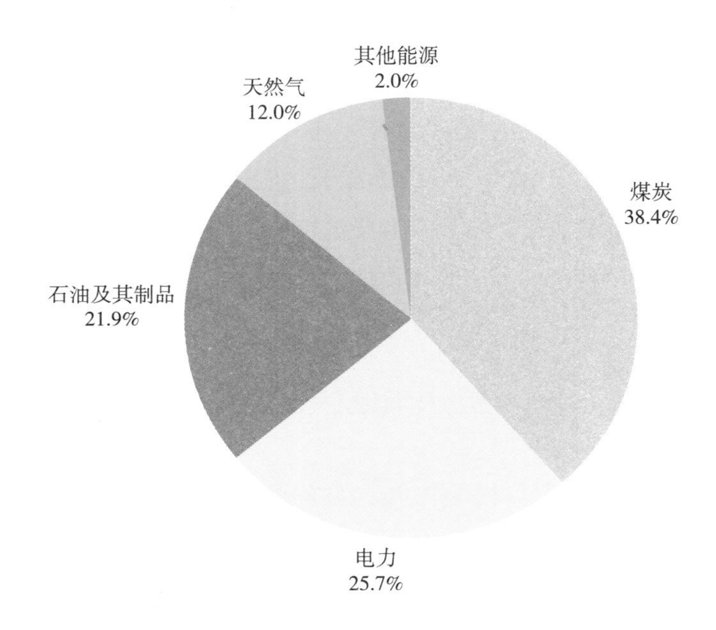

图 8－1　杭州 2012 年能源消费结构

（二）城市低碳政策和实践

1. 初步建立温室气体排放统计核算体系，提出2020年碳排放达峰目标

杭州市完成了 2005～2012 年度温室气体清单报告，在此基础上组织开发了温室气体排放统计和核算数据库系统，实现了能源、工业、农业、林业、废弃物处理等领域温室气体排放信息的数据申报、分析、校正、汇总等功能，初步形成了常态化清单编制管理体制和工作机制。杭州市政府在 2005～2012 年排放清单的基础上，初步预计其“十三五”末期化石能源消

费不再有增量，2020 年碳排放达峰。促使城市的碳排放达峰的措施主要从三个方面展开，分别是煤改气（西气东输）、调整产业结构和通过市场化手段开展碳盘查促进碳交易。

2. 形成了与低碳发展互为支撑的政策体系

2008 年 7 月杭州市率先在全国提出了建设“低碳城市”的战略，并于 2009 年通过了《中共杭州市委杭州市人民政府关于建设低碳城市的决定》。2010 年杭州市入选全国首批低碳试点城市，城市发展低碳转型成为杭州市“十二五”时期的工作重点。杭州市发改委专设了应对气候变化处，全面负责协调、推进全市应对气候变化工作。表 8－1 为杭州市低碳发展相关政策文件，其政策体系不仅包括“低碳城市发展”和“应对气候变化”，还涵盖了“生态文明建设”“‘美丽杭州’建设”“循环经济发展”“节能示范工程”“大气污染防治”等方面。从覆盖领域来看，包括了工业、建筑、交通、生态环境、废弃物处理等多个部门。这些政策文件或侧重于构建良好的城市生态环境，或侧重于资源节约与循环利用，或侧重于经济的良性发展，与“低碳试点”政策互为支撑和补充，形成了完善的政策体系，而低碳发展与杭州市的功能定位和远期发展目标非常契合。

表 8－1　杭州市低碳发展相关政策文件汇总

	政策文件	颁布时间（年份）
整体规划	杭州市建设低碳城市工作方案	2009
	杭州市“十二五”低碳城市发展规划	2011
	杭州市节能减排财政政策综合示范城市“6＋1”实施方案	2011
	杭州市生态文明建设规划（2010～2020 年）	2012
	“美丽杭州”建设实施纲要（2013～2020 年）	2013
	杭州市应对气候变化规划（2013～2020 年）	2014
	杭州市大气污染防治行动计划（2014～2017 年）	
	杭州市“十二五”循环经济发展规划	2014
工业	杭州市年度节能工作实施方案	历年
	杭州市合同能源管理项目财政奖励资金管理实施细则	2012
	关于印发杭州市能源消费过程碳排放权交易管理暂行办法的通知	2013

续表

	政策文件	颁布时间(年份)
建筑	杭州市建筑节能示范工程管理暂行办法	2011
	杭州市建筑节能发展规划(2010~2015年)	2012
	杭州市民用建筑节能管理条例(草案)	2013
交通	关于深入实施公共交通优先发展战略、打造“品质公交”的实施意见	2010
	杭州市交通节能减排专项行动方案(2010~2012年)	2011
生态环境	杭州市生态补偿专项资金使用管理办法(碳城市暂行)	2014
废弃物	杭州市人民政府关于进一步加强生活垃圾处理工作的实施意见	2012

3. 实施了更为严格的工业节能措施

杭州市自2002年开始实施工业企业搬迁以来，截至目前市区内的工业企业已经很少，产业结构整体偏轻工业。从杭州市温室气体排放源来看，碳排放量在5000吨以上的企业有400多家企业，杭州钢铁厂占全市碳排放量的6%以上，水泥企业的碳排放量占全市碳排放量的12%以上。杭州市“十二五”期间的减排任务是单位GDP能耗下降19.5%，由于是“节能减排财政政策综合示范城市”，需要将五年目标计划在四年内完成，为此杭州市在工业节能方面采取了相对于国家标准更为严格的措施，主要包括以下几个方面。

1）2011年城市开始“能源消费总量”和“单位GDP能耗”双控，并且在2014年后按照季度将减排指标和任务下达到区县市、乡镇和企业。

2）淘汰落后产能标准高于国家标准。以水泥行业为例，在其他省份或者地区依然需要淘汰干法中空窑和湿法窑等工艺技术的时候，杭州市已开始淘汰2500吨的回转窑，同时对高于国家标准的企业给予奖励。

3）采取严格的项目审批措施。在项目审批时，综合考虑其能耗的基本情况，淘汰高于全市平均水平的高耗能项目，禁止新的高耗能燃煤项目。

4）开始试点新增用能量交易。为控制能源消费过程中产生的温室气体排放，节能主管部门对当年的可新增用能总量和排放指标，通过公开交易的方式分配给重点用能企业新项目或者扩建的项目。

5）提高能耗限额并加大差别电价和惩罚性电价提高幅度。参照2013年《杭州市超限额标准用能电价加价管理办法》，杭州市制定了比浙江省的限额先进值更加严格的执行标准，比如造纸及纸制品业和化学纤维与纺织、印染业等的产品。

6）杭州对区县单位能耗进行排序，推进资源优化配置，对单位能耗低的企业优先能源供应。

4. 努力构建低碳建筑和交通体系

杭州市面临着建筑和交通领域用能和碳排放不断增长的问题。在建筑方面，杭州市颁布了《杭州市建筑节能管理条例》、《杭州市建筑节能“绿色评级”工作实施意见》和《“十二五”建筑节能发展规划》；开展了建筑节能示范工程，对200多个政府办公建筑和大型公共建筑实行用能管理并且开展能耗检测示范工程。2014年根据浙江省《民用建筑绿色设计标准》，住建部门开始对民用建筑实行节能评估和审查。截至2015年，50%的既有住宅建筑已完成节能改造，100%的既有公共建筑完成节能改造。

杭州市的交通用能和碳排放形势也比较严峻。截至2014年2月，杭州市机动车保有量达到约260万辆，新增机动车平均每天以400辆的速度增长，人均汽车保有量属于全国前列。杭州市非常注重公共交通的发展，市区内公共交通出行分担率达到40%以上，高于全国一般城市10%～20%。2008年5月杭州市在全国率先推广免费的公共自行车交通系统，至2012年底全市共投放公共自行车近7万辆，日最高租用量达37.9万人次。整个自行车系统的正常运营和维护的费用通过对服务点的广告牌开发出租和对自行车车身广告出租来支付。

另外，杭州市还积极推广电动汽车的租赁使用。目前城市已经投产5000余台电动车，设定租赁站点50多个。其他低碳交通措施包括对交通运输行业年耗油1000吨以上的重点用能单位展开目标责任管理，对机动车实行限购，对已有机动车排放标准要求达到国（欧）Ⅲ及以上排放标准，新增或更新市区出租车达到国（欧）Ⅳ及以上排放标准等。

5. 居民生活领域推行垃圾总量控制和分类处理

杭州市政府主导的居民节约资源行动主要围绕垃圾的末端治理和总量控制展开，并在生活垃圾处理方面走在全国的前列。目前杭州市对垃圾分为四类：可回收物、厨余垃圾、其他垃圾和有害垃圾。2013 年，杭州市开展了全国第一个规模化的厨余垃圾处理项目——杭州厨余垃圾分选减量 200 吨/日的生化利用项目。主城区收集到的一半左右的垃圾分类后用于发电，可使得厨余垃圾减量率达到 70% 以上，年发电量达到 1000 多万度。另外，杭州对生活垃圾进行总量控制，实行城区生活垃圾减量目标责任考核制度，由考评办负责，各区管委会配合，将生活垃圾减量目标纳入各个城区年度综合考察考评的范围，并作为城市管理专项目标考核的内容。

杭州市已开始研究垃圾处理费阶梯式管理模式，也在探索垃圾异地处理补贴制度。《杭州市人民政府关于进一步加强生活垃圾处理工作的实施意见》提出了“2015 年市区全面推行生活垃圾分类处理，实现生活垃圾人均产生量零增长”的目标。

6. 其他

此外，杭州市还建立了全国首个低碳科技馆，普及低碳科技、低碳生活相关的知识。在社区层面，杭州市设立了每月一次的“低碳生活微型大讲堂”，组织社区成员对垃圾填埋过程中的垃圾分类方法进行培训。另外，根据《杭州市应对气候变化规划（2013 ~2020 年）》，杭州市计划以重点工程的形式在七个领域开展低碳和节能工作，一共 235 个项目，总投资 4422. 3 亿元。

二　宁波市低碳试点实践

（一）宁波市能源、排放以及产业结构现状

宁波市是长江三角洲南翼经济中心、石油炼化和火电生产基地。2012 年宁波城区常住人口为 763. 9 万人，人均 GDP 为 85413 元，略低于杭州市（88661 元）。城市经济发展阶段与杭州类似，人均 GDP 已经接近中等发达国家水平。除入选第二批“低碳试点城市”外，宁波市还入选了“建设低碳交通运输体系试点城市”和“国家公交都市示范工程第二批试点城市”，交通是宁波市低碳发展的亮点之一。

宁波是典型的重工业城市，产业和能源结构高碳特征明显。宁波市拥有各类工业企业近12.5万家，工业占全市能源消费的比重接近80%，此外建筑和交通等领域近年来用能增长迅速。从能源结构来看，化石能源占一次能源消费总量的99.5%，其中煤炭占47%，石油占49.3%，天然气为3.2%，非化石能源消耗仅为0.5%。2013年能源消费量为4140万吨标准煤，单位GDP能耗为0.75吨标准煤/万元，其中一、二、三产业增加值能耗分别为0.35吨标准煤/万元、1.07吨标准煤/万元和0.26吨标准煤/万元。2013年化石燃料燃烧产生的温室气体排放占到总排放量的99.9%。工业是温室气体排放的主体，2013年工业（包括能源工业）占总排放量的85.3%，其中电力、石化、钢铁三大行业排放占能源活动总排放的80%（见图8－2）。

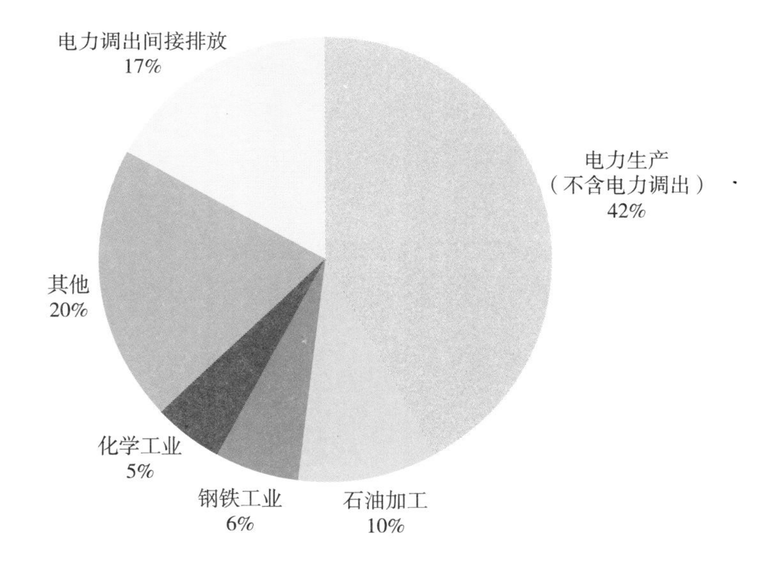

图8－2　2013年宁波市能源活动温室气体排放结构

（二）城市低碳政策和行动

1. 完成排放清单编制，初步判定峰值区间和实践路径

宁波市在完成2005年和2010年排放清单的基础上，初步判定“十三

五”期间城市将达到碳排放峰值。受新增的电力、石化、钢铁和房地产等项目的影响，“十一五”期间宁波市的温室气体排放迅速增长，但2011年以来增幅呈明显趋缓态势，2012年温室气体排放首次下降。宁波市是否能在“十三五”时期实现碳排放达峰取决于是否有新项目启动。宁波市将能源结构低碳化、产业低碳化发展、提高能效、增加碳汇、发展低碳产业、强化低碳支撑能力作为实现峰值的重要途径。

2. 低碳政策以工业和交通领域节能减排为主

宁波市制定了“低碳城市试点工作方案”，成立了由市长担任组长的宁波市应对气候变化工作领导小组，由市发改委负责协调各部门的工作。宁波的产业结构和城市定位与杭州市差别很大，这表现在宁波市的低碳发展政策体系较为单薄，缺乏相关政策的支撑。从规划的角度来看，宁波市并未形成低碳发展规划，因此缺乏低碳实践的具体方案。由于宁波市自身的产业结构和能源结构，其低碳节能的政策体系也以工业领域为主。此外，由于宁波市入选了“建设低碳交通运输体系试点城市”和“国家公交都市示范工程第二批试点城市”，其交通领域相关的政策很全面（见表8－2）。

表8－2　宁波低碳发展相关政策体系

行业	政策文件	颁布时间(年份)
整体规划	宁波市低碳城市试点工作实施方案	2013
	宁波市“十二五”节能减排综合性工作实施方案	2013
	宁波市大气污染防治行动计划(2014～2017年)	2014
工业	宁波市节能专项资金管理办法	2013
	关于推进工业经济稳增长调结构促转型的若干意见	2012
建筑	宁波市绿色建筑评价标识管理办法(试行)	2013
交通	宁波市交通运输节能减排“十二五”规划	2011
	宁波市低碳交通运输体系建设城市试点实施方案	2012
	宁波市区公共自行车系统建设管理实施方案	2013
	关于推进市区公交车、出租车、港区集装箱卡车改用天然气实施方案	2012
	宁波市交通运输节能减排和安全生产项目专项资金管理办法	2013
	宁波市进一步加快黄标车淘汰专项行动计划(2014～2015年)	2014
其他	宁波市2014年生活垃圾分类工作指导意见	2014

3. 工业依然是节能和低碳发展的主要领域

作为浙江省的重工业基地，宁波市主要的节能工作围绕工业节能措施展开。为了鼓励企业进行节能改造，根据《宁波市节能专项资金管理办法》，宁波市专门设立了总额为1亿元的专项基金，规定每节约1吨标准煤奖励企业300元。调研中发现，宁波市执行了很高的排污收费标准，使得企业有非常高的积极性进行节能减排。例如浙江逸盛石化有限公司通过技术改造达到了没有COD排放，仅此一项就为公司每年节省排污费近2000万元。

4. 积极发展低碳交通

由于入选了“建设低碳交通运输体系试点城市”和“国家公交都市示范工程第二批试点城市”，宁波市专门制定了低碳交通发展实施方案。2011～2013年道路运输万元营业额能耗下降18.9%，水路运输千吨海里能耗下降6.5%[①]。截至2013年，宁波市建成600个公共自行车网点，投放公共自行车1.5万辆。天然气公交车和油气双燃料出租车得到了快速应用，2014年全市天然气公交车达到1348辆，油气双燃料出租车达到2752辆，港区LNG加气站3座，LNG集卡车达258辆、货车150余辆。作为港口城市，宁波市注重低碳交通运输体系建设，通过优化交通运输组织模式和操作方法，发展低碳物流。宁波市加入了“国家集装箱海铁联运物联网应用示范工程试点项目”，展开海铁联运，江海联运，提高了城乡配送体系的效率。

三　结论与建议

自2008年率先在全国提出建设“低碳城市”的战略后，杭州市初步建立了温室气体排放统计核算体系，提出2020年碳排放达峰目标；形成了与低碳发展互为支撑的政策体系，涵盖了应对气候变化、生态文明建设、“美丽杭州”建设、循环经济发展、节能减排示范、大气污染防治等多个方面；

① 本部分内容主要依据2014年9月下旬对杭州市和宁波市的调研资料、数据和访谈整理而成。此次调研访谈对象包括浙江省发改委，杭州市发改委、经信委、住建委、统计局等和宁波市发改委、统计局、环保局、经信委、住建委、交通委以及从事节能减排的企业。

实施了更为严格的工业节能措施；努力构建低碳建筑和交通体系；在居民生活领域推行垃圾总量控制和分类处理。杭州市还建立了全国首个低碳科技馆，普及与低碳科技、低碳生活相关的知识。根据《杭州市应对气候变化规划（2013～2020年）》，杭州市计划以重点工程的形式在七个领域开展低碳和节能工作，一共235个项目，总投资达4422亿元。

宁波市完成了温室气体排放清单编制，初步判定“十三五”期间城市将达到碳排放峰值；形成了以工业和交通领域节能减排为主的低碳政策体系。由于宁波市是重工业基地和能源基地，其产业结构和城市定位与杭州市差别很大，单位GDP碳排放远高于杭州市，城市低碳发展转型更为艰难。

作为东部经济发达城市，杭州市和宁波市的经济发展已步入中高速增长的新常态阶段，“十二五”前三年，两市的经济增速均显著下降，经济结构经历了从增量扩容为主转向调整存量、做优增量并存的深度调整。2014年杭州市GDP增速回升至8.2%，高新技术产业增加值占全市规模以上工业增加值的比重达到39.1%，首次出现由传统经济为主导转向新兴产业为主导的趋势，表明杭州市已初步通过低碳转型实现产业结构的优化升级，找到了新的经济增长点。

作为重工业城市的宁波市面临保持较高经济增长速度和低碳转型的选择困境。经济增速仍然是各级政府关注的核心指标。由于宁波市2013年GDP增速在全省排名较低，当地政府承受了非常大的压力。低碳转型涉及面广且影响深远，难以在短期内看到成效，甚至会暂时降低GDP的增速。侧重经济发展的绩效考核制度阻碍了重工业、能源型城市低碳工作的开展，地方政府在实际工作中无法将城市低碳转型作为工作的重心。

现有统计制度难以为碳排放管理和考核提供支撑。调研中发现，现有统计制度覆盖面有限，市、区、县缺乏能源平衡统计和分析。尽管中小企业用能在经济中占比很大，但尚未将其纳入现有的统计体系中。从统计方法来看，目前的煤炭使用统计只到规模以上企业，其他行业的数据则是根据用电量估算。城市碳排放管理需要改进和完善现有统计制度。

行政命令手段依然是地方政府推进碳减排和能源控制的主要方式。当前城市对碳排放和能源消费管理的模式依然是依托于“十一五”期间建立的从市到区县的节能目标责任制指标分解。而到区县级由于缺少数据支持，缺少政策抓手，政策落地十分困难。尽管杭州市和宁波市都设立了节能减排专项资金，但是由于政策实施单位（财政部门）对节能技术缺乏了解，以致节能改造项目奖励资金发放困难。目前杭州市正积极引进市场机制，探索建立碳排放交易制度。

亟须构建市场化的绿色融资渠道和培育低碳产业链。当前的节能减碳资金以财政资金为主，融资机制单一，无法满足城市节能减碳的融资需求。由于缺少合理的机制和制度设计，金融机构仍缺乏进入的通道，需要城市在对市场规则的利用以及商业模式的开发方面进行创新。另外两个城市的节能服务业规模仍然较小，与碳资产管理相关的服务机构很少。地方政府应该抓住国家碳减排倒逼机制的机遇，把示范项目实施和咨询服务机构培育引进、后续产业链延伸充分结合起来，加快培育低碳产业链，推动新兴产业的发展。

建筑和交通领域成为城市低碳转型的重点和难点。杭州市和宁波市都将建筑和交通视为低碳发展的重点领域，目前的政策措施依然以末端治理为主。以建筑领域为例，两市在建筑能耗的监测方面展开工作，但是面临既有建筑的能源消费水平缺乏评价标准，对高耗能建筑进行节能改造也缺乏法律依据和市场机制等问题，实施中存在困难。

杭州市和宁波市低碳试点探索中取得了显著的成绩，其遇到的问题也具有普遍性。其中一些问题的解决方法已经超出了地方政府的能力范畴，有赖于自上而下的政绩考核体制的改进、能源体制改革、碳市场的推进和统计制度的完善。这也表明在下一步低碳试点工作的推进中，可以鼓励试点城市进行更大范围的政策尝试。

致谢：笔者在调研中得到了浙江省发改委，杭州市发改委、经信委、住建委、统计局、环保局，宁波市发改委、统计局、环保局、经信委、住建委、交通委，以及约 10 家从事节能减排企业的大力支持，在此笔者谨表示真诚的谢意。感谢国家发改委能源研究所、清华大学能源环境经济研究院的老师们协助完成本次调研工作。感谢齐晔教授、赵小凡对本文初稿提出的宝贵修改意见。

参考文献

1. 宁波市经济和信息化委员会节能与综合利用处：《2013 年度宁波能源利用状况正式发布》，http：//www. nbec. gov. cn/xwgzdt/89216. jhtml，2014 -10 -24。
2. 宁波市交通运输委员会：《宁波推进低碳交通试点城市建设显成效》，http：//news. xd56b. com/shtml/xdwlb/20140321/286001. shtml，2014 -03 -21。
3. 《杭州市人民政府关于印发杭州市超限额标准用能电价加价管理办法的通知》，http：//newsite. hangzhou. gov. cn/art/2013/6/26/art_ 933506_ 245644. html，2013 -06 -26。
4. 《〈2013 年浙江省能源与利用状况〉白皮书发布》，《杭州日报》2014 年 9 月 12 日。
5. 张炜利：《汽车保有量前十城市，一半已限购》，http：//auto. sina. com. cn/news/2014 -05 -14/09371293886. shtml，2014 -05 -14。

B.9
中国碳排放权交易试点比较研究

齐绍洲　程 思*

摘　要：　在众多节能减排的政策工具中，碳排放权交易市场作为一种制度创新近年来备受关注。在国际减排承诺和国内资源环境双重压力之下，中国于2011年底启动了“两省五市”碳排放权交易试点，并计划在试点经验的基础上于2016年启动全国碳市场。中国七个试点虽然数量少，但体量大，在国内具有一定的代表性，体现出了新兴经济体不完全市场的特征和规律。本文通过对七个试点法规政策和机构设置，制度设计中覆盖范围、配额总量和结构、配额分配机制和抵消机制，以及市场运行和履约情况的分析，总结其共性特征及差异性，为全国碳市场的建设提出政策建议。

总体上看，七个试点的制度设计体现了发展中国家和地区不完全市场条件下ETS的广泛性、多样性、差异性和灵活性，从而与欧美等发达国家的ETS相比形成了自己的特色，但也为今后与发达国家ETS的连接带来了困难。

由于七个试点横跨了中国东、中、西部地区，区域经济差异较大，制度设计体现了一定的区域特征。深圳的制度设计以市场化为导向，湖北注重市场流动性，北京和上海注重履约管理，而广东重视一级市场，但政策缺乏连续性，重庆企业配额

* 齐绍洲，武汉大学经济与管理学院世界经济系教授，主要研究领域为碳市场、气候变化与能源经济；程思，武汉大学国际问题研究院博士研究生，主要研究领域为碳市场、气候变化和能源经济。

自主申报的配发模式，使配额严重过量，造成碳市场交易冷淡。这些都为建立全国碳市场提供了经验和教训。

全国碳市场的构建，需要充分考虑我国的经济发展阶段、经济结构、能源结构、减排目标、减排成本，以及我国区域与行业差异大等国情，充分借鉴七个试点碳市场建设的经验和教训。在覆盖范围、总量设置、配额分配、抵消机制、市场交易和履约机制等关键制度要素的设计上，以减排为目标，以法律为保障，以价格为手段，平衡经济适度高增长和节能减排，平衡不同区域和行业的差异，重视市场流动性，充分发挥价格信号的功能，引导企业以最小成本实现减排目标。

关键词：　碳排放权交易试点　碳排放交易市场　制度设计

一　中国的碳市场政策

在众多节能减排的政策工具中，碳排放权交易市场（以下简称碳市场）作为一种制度创新近年来备受关注。从 2005 年开始，欧盟、美国、英国、新西兰、日本、澳大利亚、韩国等先后启动或实施了碳排放权交易，并在推进减排方面取得了较好的成效。以欧盟为例，欧盟碳市场（EU ETS）对其节能减排、绿色增长发挥了重要作用。在 EU ETS 的第一、第二阶段期间，尽管存在配额超发等制度性的结构性缺陷，但欧盟温室气体排放减少了 12%，单位 GDP 的温室气体排放减少了 23%，而经济却增长了 14%，实现了经济增长和碳排放的脱钩，EU ETS 在其中发挥了一定的作用。

作为新兴经济体典型代表的中国，其经济在保持了 33 年两位数的高增长之后，已成为全球最大的二氧化碳排放国。同时，中国自身也日益成为严重大面积雾霾天气的最大受害者，这些促使中国政府下定决心向污染宣战。2009 年，中国在哥本哈根气候峰会上宣布，到 2020 年，实现碳强度比 2005 年下降 40% ~45%。2014 年 11 月 12 日，中国在《中美气候变化联合声明》中宣布于 2030 年左右二氧化碳排放达到峰值，并将努力早日达峰，并提出到 2030 年非化石能源占一次能源消费比重提高到 20% 左右的目标。在国际减排承诺和国内资源环境双重压力之下，中国政府将控制温室气体排放的重点政策工具转向了市场化手段。

2011 年，中国首次将温室气体排放控制内容写入《国民经济和社会发展第十二个五年（2011 ~2015 年）规划纲要》，提出了“十二五”时期中国应对气候变化约束性目标：到 2015 年，单位国内生产总值二氧化碳排放比 2010 年下降 17%，单位国内生产总值能耗比 2010 年下降 16%。同时根据各地现有经济发展与环境条件，国务院在《“十二五”控制温室气体排放工作方案》中将国家碳强度指标分解并分配到各省、自治区和直辖市（见表 9 -1）。

表 9 -1　“十二五”碳排放交易试点地区单位国内生产总值二氧化碳排放下降指标

地　区	单位 GDP 二氧化碳排放下降(%)	单位 GDP 能源消耗下降(%)
全　国	17	16
北　京	18	17
天　津	19	18
上　海	19	18
湖　北	17	16
广　东	19.5	18
重　庆	17	16

资料来源：《“十二五”控制温室气体排放工作方案》，2011。

进入“十二五”时期以后，中国政府开始加快国内碳市场的建设步伐。2011 年底，中国启动了“两省五市”（湖北省、广东省、北京市、上海市、深圳市、天津市和重庆市）碳排放权交易试点计划。从 2013 年 6 月开始，七个碳排放权交易试点先后启动。

在强有力的行政力量推动下，不到2年的时间，中国完成了发达经济体花费6年以上的时间才能完成的制度体系和注册交易体系的设计并开始交易，在试点经验的基础上将在2017年启动全国碳市场（见图9-1）。全国碳市场建设分为三个阶段：2014~2016年为前期准备阶段，完成碳市场基础建设工作；2017~2020年为运行完善阶段，实施碳排放权交易，调整和完善交易制度，实现市场稳定运行；2020年之后为稳定深化阶段，进一步扩大覆盖范围，完善规则体系，并探索和研究与国际碳市场连接问题。

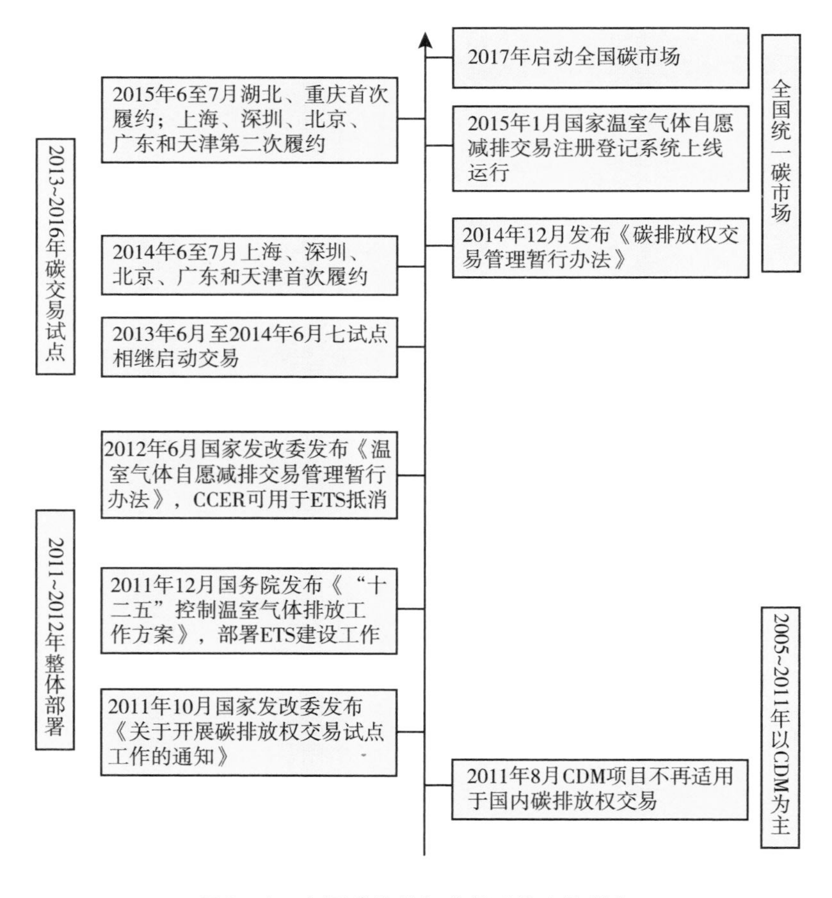

图9-1　中国碳排放权交易政策实施进程

二　碳排放权交易试点的社会经济背景

中国“两省五市”碳排放权交易试点的地域跨度从华北、中西部到南方沿海地区，覆盖国土面积48万平方千米，人口总数1.99亿（2010年统计），约占全国总人口的18%，GDP合计11.84万亿元，约占全国GDP的30%。碳排放量约占全国的20%左右，覆盖行业20多个、企事业单位2000多家，每年形成约12亿吨二氧化碳配额，成为仅次于EU ETS的全球第二大碳市场。

全球碳市场规模比例见图9-2。

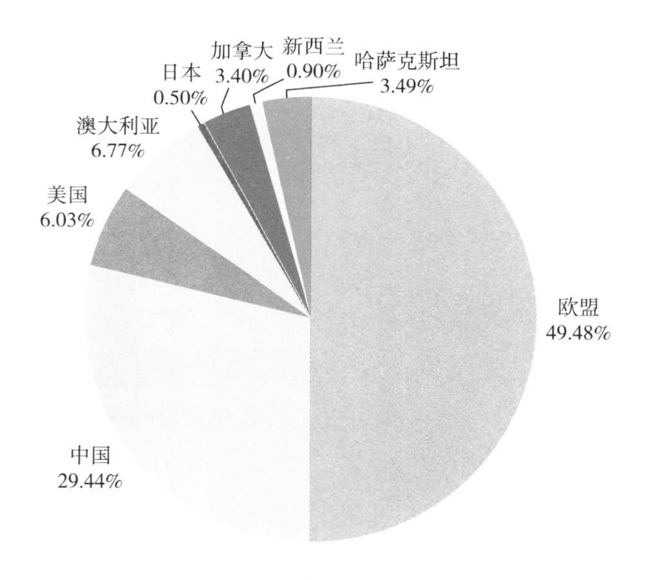

图9-2　全球碳市场规模比例

中国希望通过碳排放权交易试点，探索建设碳市场的制度和方法，发现碳市场运行中的问题，以便为全国统一碳市场的建设提供经验。中国七个试点虽然数量少，但体量巨大，在国内具有一定的代表性，其社会经济发展也体现出新兴经济体不完全市场的特征和规律。第一，尚未达到排放峰值，经济正处于工业化、城市化的关键阶段，经济结构以高能耗、高排放的重化工业为主。第二，区域和行业经济差别大，七个试点涵盖中国东、中、西部地区，经济发展水平和经济结构存在显著差异。第三，经济仍处在高速增长阶段，同时，在经济增长、政策和市场预期等方面存在很大的不确定性。第四，市场是不完全的，电力等高排放行业处于垄断地位。第五，相关法律滞后、数据基础薄弱、环境意识不强。

三 碳排放权交易试点的法规政策和机构设置

（一）法规政策

国外在碳排放权交易的实践过程中，都建立了相对完善的法律体系，确定了实施碳排放权交易的法律基础，从而保障碳排放权交易的顺利进行。在实施碳排放权交易前，均出台了基础性法律法规。如欧盟的《指令2003/87/EC》和美国加州的《AB32法案》，都从法律上规定了碳市场的法律地位、配额属性等关键内容。

中国七个试点缺乏国家层面的上位法，各个试点在立法形式上也体现出差异性。深圳和北京为地方人大立法形式，深圳市人大于2012年10月通过《深圳经济特区碳排放管理若干规定》，北京市人大于2013年12月通过《北京市人民代表大会常务委员会关于北京市在严格控制碳排放总量前提下开展碳排放权交易试点工作的决定》，而上海、广东、天津、湖北和重庆均为通过政府令形式发布管理办法，属于地方政府规章，法律约束力较弱。

同时，国外ETS出台技术层面的专门法律法规，规定碳排放权交易涉及的具体细则，包括配额的分配方法、排放量的监测、报告与核查、配额交易的监管等。例如，在EU ETS中，技术层面的法律法规包括针对登记注册的《登记系统法规》（*Registry Regulation*），针对MRV（monitoring，reporting and verification）的《MRV法规》（*Regulations on MRV*），针对配额分配的《分配决定2011/278/EU》（*Allocation Decision 2011/278/EU*），还有《指导文件》（*Guidance Documents*）和《规则手册》（*Rule Books*）等指导性文件（段茂盛、庞涛，2013）。在碳排放权交易试点实施方案和管理办法的框架下，七个试点基本完成了技术层面的政策性文件的制定，如碳排放权交易规则和 MRV 指南，但并未以法律法规的形式确定，在技术细节上还需要进一步完善，特别是配额分配方案，基本上都是在上一年实践基础上对下一年的方案进行修改调整。

（二）机构设置

在七个试点中，各试点的地方发改委为碳排放权交易的主管部门，负责碳排放权交易相关工作的组织实施、综合协调与监督管理。同时，各试点均通过碳排放权交易所或环境交易所，制定交易规则并建立交易系统，为交易提供统一的平台（见表 9－2）。

表 9－2　中国碳排放权交易试点的主要机构设置

试点	主管部门	交易平台	核查机构	市场监管
深圳	地方发改委	深圳排放权交易所	21 家（企业出资自主选择）	地方发改委
上海		上海环境能源交易所	10 家（政府出资分配）	
北京		北京环境交易所	19 家（2014 年政府出资；2015 年企业自费自主选择）	
广东		广州碳排放权交易所	16 家（政府出资分配）	
天津		天津排放权交易所	4 家（政府出资分配）	
湖北		湖北碳排放权交易中心	3 家（政府出资分配）	
重庆		重庆碳排放权交易中心	11 家（政府出资分配）	

资料来源：广州绿石碳资产管理有限公司：《中国碳市场分析 2014》。

就核查机构而言，大部分试点通过政府出资，为企业分配相应的核查机构。这样的方式在碳市场初期能降低企业的参与成本，提高企业参与碳市场的积极性，同时也避免了企业和核查机构的利益关联，保证核查的客观、独立和公正。而深圳则率先采取了企业出资自主选择核查机构的方式，北京在 2015 年也采取了该方式。企业出资自主选择核查机构的方式也是 EU ETS 等碳排放权交易体系采取的方式。在这种方式下，核查机构的核查能力、报告质量、数据准确性将是核心竞争要素，是碳排放权交易向市场化迈进的重要

一步。这种方式有助于核查机构的良性竞争，促进其业务水平的提高，但由于核查机构较多，也容易出现核查机构间的恶性竞争、标准难以统一等问题。为此，北京和深圳对核查机构进行了严格规范。

监管机构的设置是保障碳市场良好运行的重要环节。欧盟对碳市场的监管机构包括欧盟委员会和成员国的监管机构。欧盟《指令 2003/87/EC》中授权欧盟委员会制定市场监管的法律与政策，而各成员国的监管机构则主要为环保机构，如德国为联邦环保署碳交易监管处。中国各试点的主管和监管机构均为地方发改委，但未来全国统一碳市场可借鉴德国监管机构的设置，可考虑在国家发改委成立专门的碳市场监管处，履行专业化的监管职能。

四　碳排放权交易试点的制度设计

（一）覆盖范围

1. 覆盖温室气体

虽然温室气体通常是指 6 类气体（二氧化碳、甲烷、氧化亚氮、氢氟碳化物、全氟碳化物、六氟化硫），与 EU ETS 一样，考虑到数据的可得性，中国各试点在试点阶段仅覆盖了二氧化碳。

中国碳排放权交易试点对间接排放的纳入是与 EU ETS 等国际碳排放权交易体系最大的不同。碳核算中的间接排放存在重复计算问题。比如，发电厂燃煤产生的排放对电厂而言属于直接排放，但对用电单位而言属于间接排放。国际做法是在碳排放量化和配额分配环节中不考虑间接排放，以避免总量的重复计算。然而，一方面，中国的一些省市的间接排放达到了其总排放的 80%（Feng et al.，2013）；另一方面，目前中国电价是受管制的，价格成本无法向下游传导。纳入间接排放后工业用户也将为其电力消费支付间接排放成本，有助于电力消费侧的减排。因此，纳入间接排放是在中国现有的电力体制下，电力市场不完全的折中方案。

2. 覆盖行业

各试点结合各自产业结构特征、行政成本和市场活跃度来综合选择纳入门槛和行业，覆盖碳排放量占当地全社会碳排放量的比例在35%～60%之间（见表9－3）。在行业覆盖范围上，各试点的覆盖范围与其经济结构相一致，并综合考虑以下因素：排放量大、减排潜力大、企业规模大、数据基础好。各试点覆盖的行业基本上是高能耗、高排放的传统行业，主要包括电力热力、钢铁、水泥、石油、化工、制造业等。同时，各试点的覆盖行业也体现出一些显著的区别。

表9－3　中国碳排放权交易试点纳入门槛和数量

试点	纳入门槛	控排主体数量	覆盖排放比例(%)
北京	年排放＞1万吨CO_2e	415(2013) 543(2014)	40
天津	年排放＞2万吨CO_2e	114	60
上海	工业:年排放＞2万吨CO_2e 非工业:年排放＞1万吨CO_2e	191	50
湖北	能源消耗＞6万吨标准煤当量	138	35
广东	年排放＞2万吨CO_2e或 能源消耗＞1万吨标准煤当量	184(2013) 190(2014)	55
重庆	年排放＞2万吨CO_2e	242	40
深圳	工业:年排放＞3000吨CO_2e 公共建筑:＞20000平方米 机关建筑:＞10000平方米	工业:635 建筑:197 共计:832	40

资料来源：ICAP，Factsheet。

七个试点中，湖北、重庆和天津属工业主导型经济，广东的第三产业比重略高于第二产业，北京、上海和深圳三地属服务业主导型经济。建筑、交通和服务业等行业的碳排放量虽然在北京、上海和深圳的总排放量中所占比重不大，但对其GDP的贡献率显著。2010年，上海交通和服务业主体的碳排放量仅占总排放量的26.1%（工业行业为50.1%），但对GDP的贡献率达到了32.9%（工业行业为14.4%）（Libo Wu et al.，2014）。在工业化和

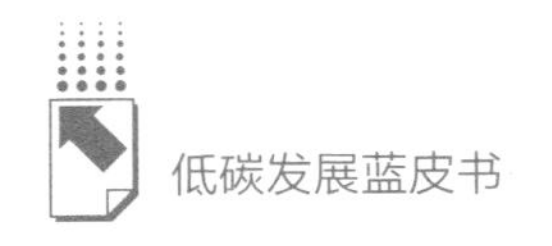

城市化快速发展的背景下，建筑、交通和服务业的能源消费需求不断上升，北京、上海和深圳将建筑、交通和服务业等非工业行业纳入控排，能够在促进能效提高的同时限制能源需求。深圳还计划将公共交通纳入碳市场，以减缓城市机动车的碳排放增长，促进新能源汽车的应用。

根据本地区的控排主体排放实际规模，各试点分别设定了纳入配额管理的年排放或能耗限额，以此来确定控排主体。纳入门槛最低的是深圳规定的年排放3000吨二氧化碳当量，最高的则是湖北规定的年能源消耗6万吨标准煤当量。控排主体的数量区别较大，最少的为天津114家，最多的为深圳832家。值得注意的是，控排主体数量最多的两个试点深圳和北京，第一履约期配额总量却分别只有0.33亿吨和0.50亿吨，反而是七个试点中最少的两个；而控排主体数量相对较少的两个试点湖北和广东，其配额总量分别高达3.24亿吨和3.88亿吨，是七个试点中最多的两个。这恰好反映了七个试点的产业结构和排放结构差异，湖北和广东的产业结构偏重，大型重化工业排放源较多，而北京和深圳的第三产业发达，单体排放源规模不大。

3. 企业排放边界

世界范围内的ETS通常将排放设施作为最小的单位参与碳交易，在设施层面更容易跟踪其活动水平的变化，从而便于配额分配和履约。但中国各试点均从企业层面进行配额分配和履约。原因在于，中国目前能源统计体系的最小单位为企业，从企业层面以组织机构代码作为企业边界纳入碳排放权交易体系，可利用我国现有的能源统计体系，方便主管部门对企业的排放及其履约行为进行管理。但同时，也限制了配额分配的方法，对企业排放边界的界定和边界的变更带来更大的困难和复杂性。北京、上海和广东对新增产能以设施纳入，可以部分解决以上问题。

（二）配额总量和结构

与发达经济体如欧盟相比，对于作为新兴经济体的中国来说，总量的设定具有很大的挑战性。

首先，ETS 通常是在绝对排放目标的基础上运行的，而中国的减排目标是碳强度目标而不是排放量绝对下降目标，需要把强度目标转换为绝对目标并在此基础上建立碳排放权交易体系。

其次，中国经济处于快速增长阶段，尚未到达排放峰值，即使考虑了节能政策措施和 2030 年达峰目标，中国碳排放总量预计在相当长的时间内仍会快速增长。因此，中国的总量设定需要为碳排放留出一定的空间。

最后，中国未来的排放轨迹面临着较大的不确定性。经济快速增长、经济结构转变、技术进步以及政策的变化均会对能源使用和碳排放产生影响。因此，在特定总量下未来的排放水平、减排目标和碳价格具有很大的不确定性（Frank Jotzo，2013）。

在此背景下，各试点将总量设定与国家碳强度下降目标相结合，充分考虑经济增长和不确定性，进行总量设置。

第一，依据碳强度下降目标，分三步预测碳市场排放总量。第一步，综合考虑地区经济增长、碳强度下降目标和低碳政策等设置不同情景，对地区未来经济增长和碳排放量进行预测，将碳强度目标转换成碳排放量绝对目标；第二步，选择历史上某段时期作为基期，测算该地区碳市场中的行业企业在基期的碳排放量占当地全社会碳排放量的比重；第三步，依据前两步结果测算出该地区碳市场的碳排放配额总量。

例如，湖北将历史法和预测法相结合以确定总量。对于现有企业，采取历史法设定相对严格的限制以控制排放，对于新增设施和由于产出变化增加的排放，则采取预测法为经济增长留出空间。深圳为实现国家下达的 2010～2015 年碳强度下降 21% 的目标，根据区域减排目标、行业减排潜力、成本、产业竞争力和发展战略等，为电力、水务和制造业分别设置了相应的碳强度下降目标，如制造业为 25%，然后制定强度标杆并结合预期产出确定基于强度的总量（Jing Jing Jiang et al.，2014）。

第二，在配额结构上，各试点通过柔性的配额结构划分，既控制现有设施的排放，又充分考虑经济增长对新增排放的需求，还为政府调节市场留出了空间。

各试点的总量均由三个部分组成：初始分配配额、新增预留配额和政府预留配额。初始分配配额控制既有排放设施，新增预留配额为企业预留发展空间，政府预留配额用于市场调控和价格发现。以湖北为例，配额设计为年度初始配额、新增预留配额和政府预留配额三大部分的总量结构，其中2014年度初始配额将既有排放设施排放配额水平严格控制在2010年排放水平的97%；政府预留部分占配额总量的8%，其中30%可用于公开竞价以促进市场价格发现；其余部分则是为新增产能和新增产量设定的新增预留配额，如果不足也可以动用政府预留配额。中国碳市场的特点是新增预留配额比例较大，以适应高经济增长的特征。

第三，碳排放总量下的跨期灵活机制。配额的储存和预借对于企业跨期进行碳资产管理、降低减排成本具有重要的作用，但同时也会对市场供求产生较大的影响。因此，各试点对配额的预借都是禁止的，但允许配额的储存。其中，湖北对配额储存的要求更为严格，规定只有参与过交易后的配额才可以储存，而未参与过交易的配额在履约时会注销，这在一定程度上有助于提高碳交易的流动性。

（三）配额分配机制

各试点通过政企互动、多轮博弈或企业自主申报的配发模式，以免费分配和历史法为主的方式分配配额，同时灵活运用配额的动态管理进行配额的调节。

1. 配额配发模式

湖北、上海、北京、天津和广东为政企互动的配发模式。在该模式下，各试点地方政府通过邀请欧盟、美国以及国内专家举办企业培训班和研讨会的形式，让企业学习和了解配额交易体系的政策规则，同时政府组织第三方机构对纳入企业进行碳盘查，帮助企业和政府准确掌握相关排放数据，从而制定出符合实际的配额分配方案。

除传统的政企互动配发模式外，深圳尝试应用基于价值量碳强度指标（万元工业增加值碳排放）的多轮博弈分配方法，对电力、供水和燃气之外的五大制造行业进行碳配额分配。该分配模式包含五个重要机制，即集体约束、个体约束、团体约束、奖惩和信号传递机制，其特点在于允许、鼓励并引导企业参与配额分配的讨论，在政府与企业、企业与企业之间的反复博弈选择中，通过有效的信息传递、共享与交换，实现相对合理有效的配额分配。

重庆采取企业配额自主申报的配发模式，即配额数量由企业自己确定，而政府只负责总量控制。选择这种模式的逻辑在于，重庆地方主管部门认为企业最了解自己的情况，尽量市场化以降低政府在其中的干预程度。该模式给了企业非常大的自主空间，但是也会面临很大的道德风险使得配额超量发放。

2. 免费分配与拍卖相结合

碳排放权初始配额的分配将影响市场的配置效率，设计合理的初始分配方案成为碳排放权交易的核心。配额分配一般有三种方式：拍卖、免费分配和混合方式。

除广东外，其他试点的初始配额均采取免费发放的方式。广东重视一级市场，采取的是免费发放和部分有偿发放的混合方式。广东规定 2013 ~ 2014 年，控排企业、新建项目企业的免费配额和有偿配额比例为 97% 和 3%，2015 年该比例为 90% 和 10%，“十三五”以后根据实际情况再逐步提高有偿配额比例。

从经济学理论上来说，首先，碳市场设计的初衷就是将温室气体排放的外部影响内部化，而配额只有 100% 拍卖才能完全实现内部化。其次，采用拍卖的形式进行配额分配，政府就不需要事前制定复杂的测算公式，而由企业通过市场决定各自所需的配额量，可以有效避免企业的寻租行为。最后，拍卖可以避免企业通过免费配额获得大笔“意外之财”。但同时，拍卖会导致企业负担过重，从而对碳市场产生抵触情绪。因此，2014 年广东将该比例进行了调整，电力企业的免费配额比例为 95%，钢铁、石化和水泥企业的免费配额比例为 97%，同时，有偿配额不再强制购买，而将以竞价形式发放。这在一定程度上降低了企业的履约成本。

除了免费分配大部分配额，各试点均预留一小部分（一般在3%以内）配额通过拍卖或固定价格出售等方式有偿发放，用于市场价格发现和调控。各试点拍卖配额的时间点和目的略有不同。例如，湖北规定配额总量的2.4%可用于拍卖，而且在启动交易之初进行拍卖，目的是为了价格发现，提高市场活跃度。而深圳规定配额总量的3%可用于拍卖，并在履约前实施，目的是满足配额有缺口的控排主体的市场需求，用于促进控排主体履约。

各试点的拍卖收入列入专项资金管理，用于支持企业碳减排、碳市场调控、碳交易市场建设等。

3. 历史法与标杆法相结合

免费配额分配方式中，最具代表性的是历史法和标杆法。

历史法以企业过去的碳排放数据为基础进行分配，一般选取过去3~5年的均值来减小产值波动带来的影响，除重庆以2008~2012年的历史最高年度排放量确定历史排放量外，其他试点均以2009~2012的历史平均排放量为基础。历史法对数据的要求较为简单，操作容易，因此各试点的免费配额分配以历史排放量或历史强度法为主。

但历史法假设企业的碳排放会一直按照过去的轨迹进行下去，从而忽略了两个方面的因素：一是在碳市场开始之前企业已经采取的减排行动；二是在碳市场开始之后，企业还有可能在市场机制的影响下改变行为，进一步进行减排。因此，历史法可能会“鞭打快牛”，不利于激励企业今后对节能减排技术的研发和引进。事实上，这是很多行业的先进企业在参与碳市场过程中非常关注的问题。然而，由于历史数据和管理体制原因，大部分试点并未能很好地解决这一问题，不可避免存在“多排者多得”的尴尬现象，不利于激励企业积极减排。

通过以历史碳排放为基础配额，并在其后乘以多项调整因子，将前期减排奖励、减排潜力、对清洁技术的鼓励、行业增长趋势等因素考虑在内，可在一定程度上弥补历史法的缺陷。上海引入“先期减排配额”，如果控排主体在2006年至2011年期间实施了节能技改或合同能源管理项目，且得到国家或本市有关部门按节能量给予资金支持的，可获得先期减排配额。北京引入行业控排系数①，而天津在采用历史平均排放法计算配额时除了乘以行业控排系数外，还需乘以绩效系数②。

标杆法的分配思路则完全不同，标杆法强调鼓励先进，鞭策落后，但标杆法对数据的要求比较复杂，只有当产品划分到比较细致的程度时，单位产品碳排放才具有可比性，当行业的产品分类非常复杂时，制定标杆值也非常困难。例如化工行业有上千种产品，一般只能对其中主要的几种中间产品和最终产品制定标杆值。EU ETS 第三阶段，欧盟委员会制定了 52 种产品标杆值，还为少数不能采用产品标杆值的设施制定了燃料标杆值、热值标杆值和生产过程标杆值。

因此，在中国试点中，标杆法仅在新增设施以及电力、航空、建筑物等产品较为单一的行业得到了应用，但各试点标杆值并非基于产品而是基于行业来设定。如北京和天津规定，用于计算新增设施配额的标杆值为行业二氧化碳排放强度先进值。上海和广东对发电排放标杆值的设定则是按照发电机组的不同类型分别给出了 7 种和 6 种标杆值，广东对水泥熟料也按生产线规模设定了 3 种标杆值，打破了欧盟、美国加州普遍遵循的“一种产品，一个标杆”的设定原则。深圳则采用行业增加值排放标杆。湖北则对电力企业的配额分配采用了“双结合”的方法，即历史法和标杆法相结合、事前分配和事后调整相结合，将电力企业的配额一半用历史法事前分配，另外一半用标杆法事后调整。

4. 事前分配与事后调整相结合

尽管各试点基于本地实际设计了各具特色的分配方法和模式，但是由于信息不完备和规则不完善，事前分配的控排主体的配额难免会出现与其实际排放较大差异的情况，因而需要一套事后调整的机制对配额分配进行动态管理。

---

① 主管部门依据全市“十二五”GDP 平均增速目标、各相关行业碳强度下降目标、各行业碳排放历史平均水平和年均增幅综合测算确定。

② 由主管部门综合考虑纳入企业先期减碳成效及企业控制温室气体排放技术水平确定。

部分试点根据企业实际产能或产值变化调节配额。如深圳规定，履约期末碳排放交易主管部门将根据企业实际增加值对预分配配额进行调整：当企业实际增加值高于计划分配预测增加值时，根据企业实际增加的增加值乘以碳强度，追加分配企业配额；当企业的实际增加值低于计划分配预测增加值时，根据企业实际减少的增加值乘以确定的碳强度目标值，从计划分配配额中进行核减。

部分采用历史法的试点，如湖北采用了滚动基准年，以便基准年的排放更能有效反映当前的排放量，这更符合采用历史法的高增长发展中地区的特征。

滚动基准年是一把双刃剑。从企业自身利益最大化角度来看，履约时排放数据越低越好，分配来年配额时，排放数据越高越好。因此，滚动基准年实际上是一种制衡机制，倒逼企业报出客观的数据。

（四）抵消机制

七个试点均允许采用一定比例的核证减排量（CCER）用于抵消碳排放。在碳市场启动初期，各试点对用于抵消的 CCER 的要求主要包括用于抵消的 CCER 的比例和本地化要求（见表 9－4）。

表 9－4　中国碳排放权交易试点 CCER 抵消规则

试点	CCER 比例	本地化要求	项目类型
湖北	年度碳排放初始配额的10%；年度用于抵消的减排量不高于 5 万吨	100%；本省内、与本省签署了碳市场合作协议的省市，经国家发改委备案的减排量	1. 已备案减排量 100% 可用于抵消；未备案减排量按不高于项目有效计入期（2013 年 1 月 1 日～2015 年 5 月 31 日）内减排量的 60% 用于抵消；2. 非大、中型水电类项目产生；3. 鼓励优先使用农林类项目产生的减排量用于抵消
深圳	年度碳排放量的 10%	除林业碳汇和农业减排项目，其他项目需来自深圳市以及和深圳签署碳排放权交易区域战略合作协议的其他省份或地区	可再生能源和新能源项目； 清洁交通减排项目； 海洋固碳减排项目； 林业碳汇项目； 农业减排项目

续表

试点	CCER 比例	本地化要求	项目类型
上海	年度配额量的 5%	无	2013 年 1 月 1 日后实际产生的减排量
北京	年度配额量的 5%；京外项目为 2.5%	50% 以上；优先河北、天津等与本市签署应对气候变化、生态建设、大气污染治理等相关合作协议地区的 CCER	1. 2013 年 1 月 1 日后产生的减排量或节能量才允许用于抵消；2. 限制水电及工业气体项目（HFC，PFC，N_2O，SF_6）；3. 除 CCER 外，还包括节能项目碳减排量（节能量）、林业碳汇项目碳减排量
广东	年度实际碳排放量的 10%	70% 以上	1. 允许森林碳汇；2. 水电、化石燃料（煤油气）发电/供热、余热余压余气回收利用的减排量不可以使用；3. pre – CDM 项目不可以使用
天津	年度实际碳排放量的 10%	无	1. 应产生于 2013 年 1 月 1 日后；2. 仅来自二氧化碳气体项目，且不包括水电项目的减排量；3. 优先使用津京冀地区自愿减排项目减排量
重庆	审定排放量的 8%	鼓励使用来自本地的 CCER	1. 水电项目减排量排除在外；2. 鼓励使用林业碳汇项目减排量；3. 2010 年 12 月 31 日后投入运行的 CCER 项目

资料来源：根据各试点碳抵消规则政策文件整理。

在抵消比例上，各试点均考虑了 CCER 抵消机制对总量的冲击，把 CCER 比例限制在 10% 以内。湖北、深圳、广东、天津和重庆较为宽松，规定其比例均不超过年度配额或排放量的 10%，其中重庆为 8%；上海和北京较为严格，规定其比例均不超过年度配额的 5%。

而在本地化要求上，作为中西部地区的湖北和重庆要求更为严格。抵消机制能够让更多没有被纳入试点的企业或单位参与到碳市场中来，把抵消范围放在本省或本市内，目的在于鼓励本地的减排工作，实现本地的减排目标。北京和广东分别要求用于抵消碳排放的 CCER 50% 和 70% 以上来自本地项目，湖北则要求用于抵消的 CCER 必须全部来自本省。

随着 2015 年 1 月中国国家自愿减排和排放权交易注册等级系统正式上线，各试点相继出台相关规定，对 CCER 的使用提出了新的具体要求，提高了 CCER 的准入门槛。

第一，继北京和重庆后，其他试点也相继对 CCER 的产生时间做出了限制要求。北京、上海、天津和湖北的时间限制一致，均规定 CCER 应产生于 2013 年 1 月 1 日后，而重庆则将时间限制规定在 2010 年 12 月 31 日后。目前对于计入期跨过时间门槛的 CCER 项目，其减排量获签发后，尚无法从时间上拆分减排量。因此，对于这类 CCER 项目，整个项目减排量都将无法进入北京、上海、天津和湖北碳市场。广东虽然没有对 CCER 提出时间限制，但将第三类备案项目（获得国家发改委批准为清洁发展机制（CDM）项目且在联合国 CDM 执行理事会注册前产生减排量的项目，pre - CDM 项目）排除在外，而第三类项目绝大部分产生的 CCER 也均在 2013 年前。

第二，进一步限制了水电项目。继北京和重庆后，湖北、广东和天津也对水电项目 CCER 进行了限制，其中，湖北限制了大中型水电项目 CCER 的使用。至此，七个试点中，仅上海对水电项目 CCER 无限制。截至 6 月 18 日，中国已签发的 74 个 CCER 项目中，19 个是水电项目，占总减排量的 32.9%。水电项目产生的减排量较多，但碳市场前期的需求并不大。同时，水电对生态环境有一定的负面影响，欧盟对水电项目 CER 进入碳市场也必须对其先进行生态、环境和社会影响的严格评估。因此各试点纷纷对水电项目进行限制。

第三，积极鼓励林业碳汇和农业减排项目。林业碳汇是 CCER 重要组成部分，将其纳入碳排放权交易体系，能够推动林业间接减排与产业直接减排有机结合。湖北鼓励优先使用农、林业类项目产生的减排量用于抵消，而深圳可用于碳市场的五种项目类型中，对于林业碳汇和农业减排项目未设置地域限制。

第四，充分发挥碳排放总量控制方面与能源消费总量控制方面的协同效应。北京市将节能项目碳减排量纳入碳抵消项目，是其做出的开创性举措。一方面，控排主体又多了一种低成本履约的选择；另一方面，有利于重点耗能企业完成规定的节能指标，同时，节能项目财政奖励的激励机制也可得到更充分的发挥。

第五，探索跨区域合作。注重与本省市签订了碳市场合作协议的省份和地区进行合作。2014 年 9 月 2 日北京市发布《碳排放权抵消管理办法》，对碳抵消项目的来源地放宽，规定京外项目产生的核证自愿减排量不得超过其当年核发配额量的 2.5%，且优先使用河北省、天津市等与本市签署应对气候变化、生态建设、大气污染治理等相关合作协议地区的核证自愿减排量，探索京津冀跨区域碳市场建设。而湖北省也允许使用与本省签署了碳市场合作协议的中部省份的 CCER。碳抵消项目来源地优先权的设置，将进一步推动碳排放权交易的跨区域发展。

五　碳排放权交易试点的市场运行情况

中国七个碳排放权交易试点从 2013 年 6 月先后启动交易，截至 2015 年 6 月，七个试点的市场表现和履约情况如下。

（一）市场表现

第一，从交易价格来看，碳市场启动初期，各试点交易价格差异较大，深圳最高，湖北最低，之后各试点的交易价格逐渐趋同（见图 9－3）。2013 年履约期，深圳成交均价最高，为 67.67 元/吨，2014 年为湖北的第一个履约期，成交均价最低，为 24.34 元/吨，各试点价格差异较大。进入 2014 年履约期，经过碳市场发展和调整，市场供求关系变得具有可预测性，价格逐步回落，进入较为合理的价格区间，各试点成交均价集中在 24～55 元/吨的范围内，并逐渐趋同。

第二，从价格波动幅度看，2013 年履约期深圳的价格波动幅度最大，2014 年履约期广东的价格波动幅度最大，湖北价格最为平稳。2013 年履约

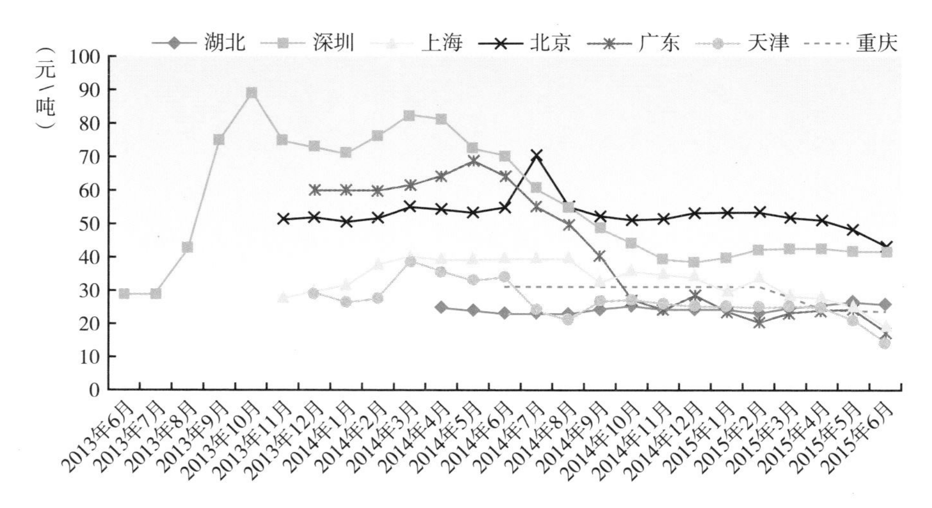

图 9-3　2013 年 6 月至 2015 年 6 月中国碳排放权交易试点成交均价

资料来源：碳 K 线，http：//k. tanjiaoyi. com/。

期，深圳成交价方差达到了 365. 42，2014 年履约期，广东的价格波动幅度较 2013 年大幅增加，成交价方差从 2013 年履约期的 23. 68 上升到 2014 年履约期的 129. 75。湖北成交价方差最低，2014 年履约期为 1. 24（见表 9-5）。

表 9-5　中国碳排放权交易试点 2013 年和 2014 年履约期成交均价

试点	2013 年履约期		2014 年履约期	
	成交均价(元/吨)	方差	成交均价(元/吨)	方差
湖北	—	—	24. 34	1. 24
深圳	67. 67	365. 42	44. 96	54. 56
上海	36. 13	21. 68	31. 56	37. 12
北京	53. 01	5. 58	53. 19	45. 58
广东	62. 32	23. 68	29. 10	129. 75
天津	31. 28	36. 98	23. 75	14. 87

注：截至 2015 年 6 月 28 日，重庆仅在 2014 年 6 月 19 日、2015 年 3 月 17 日及 2015 年 6 月产生十二笔交易，故不将其列出比较。

资料来源：碳 K 线，http：//k. tanjiaoyi. com/。

深圳碳市场启动初期碳价格较高且波动幅度较大的原因在于，深圳碳市场注重以市场化为导向。深圳的控排主体规模小但数量多，在配额分配上，深圳向控排主体发放预分配配额，履约期末主管部门再根据控排主体的实际增加值对预分配配额进行调整。这一方面使得配额分配更符合实际，但另一方面，对于刚刚接触强制碳排放的控排主体来说，对于自身配额究竟存在结余还是缺口是个未知数，无法识别自身到底是买方还是卖方，从而加剧了市场供求波动和信息不对称。同时，深圳与中国其他试点一样，碳市场向个人投资者开放，且门槛较低，深圳还率先引入境外投资者，这一方面能够提高市场活跃度，推动市场早期交易，但同时逐利及部分非理性行为也增加了市场的不稳定性，从而造成了深圳市场早期较高的碳价格和价格的剧烈波动。

广东 2014 年碳价格波动幅度大幅上升，原因在于碳市场的政策缺乏连续性。碳排放权交易本质上是政府创设的政策工具，政策依赖性非常强。在 2013 年履约期结束后，广东修订了拍卖比例以及有偿购买的方式，政策的不连续不利于控排主体和投资者形成稳定长期的碳市场预期，从而造成了碳价格的大幅波动。

而湖北市场注重流动性，遵循“低价起步、逐步到位”的价格策略，价格区间合理且较为稳定。首先，在碳市场启动初期，湖北以 20 元/吨的价格通过公开竞价拍卖政府预留配额，一方面，实现了“价格发现”的目的，给市场留出了较大的上升空间和预期；另一方面，较低的拍卖价格也在一定程度上降低了企业参与碳市场的成本。其次，由控排企业、碳资产管理公司、金融机构、企业、个人组成的多层次多结构市场主体博弈形成价格均衡，使碳价格区间稳定在 21 ~ 29 元/吨。最后，严格的价格调控机制和合理的风险管理机制也促使碳价格保持稳定。湖北在交易中实行全额支付结算原则，价格波动控制在 10% 以内，对于公开议价的最高价、最低价、议价幅度比例都有严格的规定。同时，将企业参与碳市场交易的额度限定为 20 万吨或配额的 20%，对可能存在的市场风险进行了规避，促进了价格的平稳运行。

第三，各试点 2013 年履约期与 2014 年履约期成交均价比较，北京和上海两个履约期成交均价波动不大，而深圳、广东和天津 2014 年履约期成交均价较 2013 年有较大下降。上海一次性向控排主体发放三年的配额，北京虽配额一年一发，但已确定了三年各年度控排主体的配额，因此，有助于市

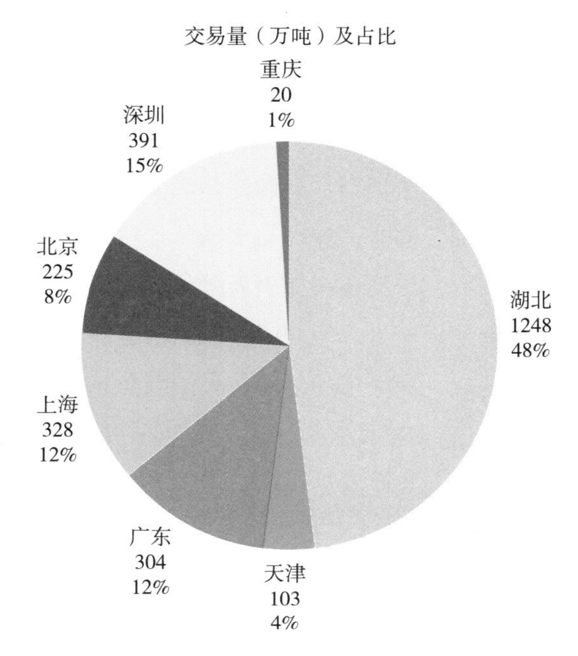

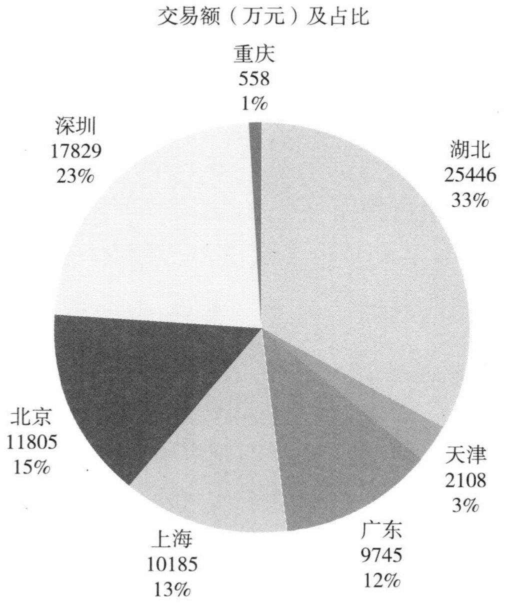

图 9－4 中国碳排放权交易试点交易量和交易额及占比（截至 2015 年 6 月 28 日）

资料来源：碳 K 线，http：//k. tanjiaoyi. com/。

场形成碳价格的长期预期，控排主体能够根据市场行情和自身需求合理进行碳资产管理，从而使得2013年和2014年履约期成交均价波动较小。而其他试点采取配额一年一核发的方式，容易引起碳市场的短期投机行为，从而造成第一年履约期结束后配额成交均价大幅下降的情况。

第四，从碳市场交易量看，湖北交易总量最大，且交易持续，而其他试点交易履约驱动性较强，交易量集中在履约截止前的最后一个月爆发。湖北交易量占中国碳市场总交易量的48%，远远超过起步较早且配额总量相当的上海、广东和天津等试点（见图9－4）。2013年履约期，除天津之外，深圳、上海、北京、广东最后一个月的成交量占总成交量的比重均超过了65%，完成履约后，交易量又显著下降。2014年履约期与2013年履约期相比，交易量集中于履约截止前的情况有所改善，履约最后一个月，除广东外，其余试点成交量占总成交量的比例均在50%以下（见图9－5）。

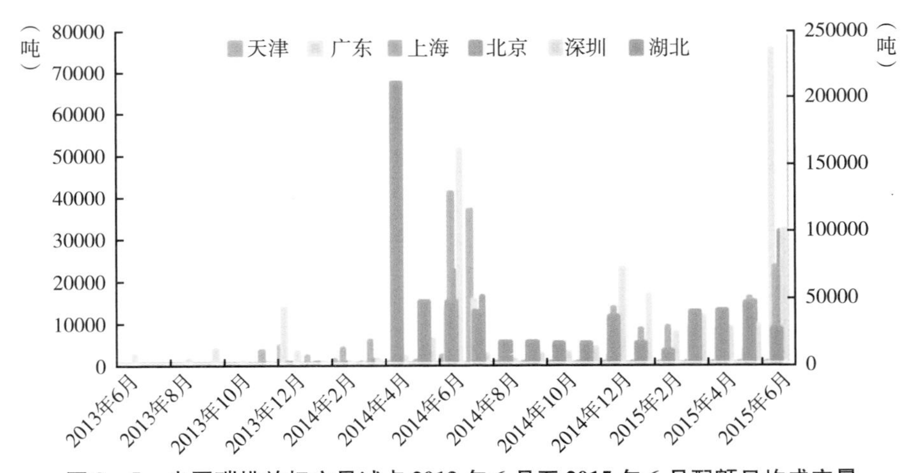

图9－5　中国碳排放权交易试点2013年6月至2015年6月配额日均成交量

注：（1）左纵轴表示“市”交易量，右纵轴表示“省”交易量。（2）截至2015年6月28日，重庆市仅在2014年6月19日、2015年3月17日及2015年6月产生十二笔交易，故不将其列出比较。

资料来源：碳K线，http：//k. tanjiaoyi. com/。

中国碳市场交易持续性较差，原因在于大部分控排主体的碳排放权交易策略十分被动，参与碳排放权交易的主要动机仍是完成履约。交易不能分散在平

时而是集中于履约前一个月会大幅增加企业的履约成本，尤其是在缺乏碳期货和期权交易的市场，根本无法实现低成本减排的初衷。而湖北碳市场保持着较高流动性和交易量的原因在于，首先，市场准入开放多元，特别是首次拍卖就允许机构投资者参与，调动了投资者的积极性。其次，配额的时效性规定，企业配额一年一核配，未经交易的配额注销，使得企业把交易分散在平时。再次，湖北碳金融创新，如碳金融授信、碳基金和碳债券等均走在国内前列，极大地调动了市场参与者的积极性。最后，高流动性降低了企业的履约成本。

重庆配额严重过量。截至 2015 年 6 月 28 日，重庆仅在碳市场启动初期以及履约截止前产生十二笔交易。重庆试点的配额数量由企业自己确定，而政府只负责总量控制，该模式给了企业非常大的自主空间，但是也会面临很大的道德风险。同时，重庆按照控排主体历史最高年度排放量确定历史排放量，以上的制度设计导致了碳市场配额分配相对宽松，对市场无吸引力，从而造成碳市场交易冷淡的现象。

碳市场发挥减排作用的核心，是通过合理的供求关系，形成有效的碳价格信号，来引导企业以成本效率的方式做出减排决策，而市场具有较大的交易规模和较高的流动性是有效碳价格形成的关键条件。因此，全国碳市场建设对此应该加以重视。

（二）履约

履约率的高低和及时性是由多重因素决定的：一是总量设定的松紧和配额分配的合理性；二是对违约的惩罚力度；三是碳市场价格的高低。

在七个试点中，深圳、北京、上海、广东和天津已完成了 2013 年履约期的履约，目前正在进行 2014 年履约期的履约，湖北和重庆则在进行首次履约。2013 年履约期各试点履约情况如表 9－6 所示。各试点为了顺利履约均采取了有针对性的措施。

从履约率来看，2013 年履约期履约率较高，但控排主体积极性和主动性不高，各试点履约率均在 96% 以上。其中上海和深圳的履约率列前两位，分别达到了 100% 和 99.4%，这与这两个试点在履约前定向向配额短缺的控排主体拍卖配额，增加其配额供给，促进履约有关。深圳的拍卖底价取市场平均价格的一半，并规定了控排主体的竞拍比例（其配额缺口的15%），以满足履约需求，降低控排主体的履约成本。而上海则将拍卖底价设为拍卖前30个交易日成交均价的1.2倍，这一方面避免配额短缺的控排主体因无法从市场上购买到足额配额而导致被动违约，另一方面拍卖底价高于成交均价，刺激控排主体积极参加二级市场交易实现履约。

北京尽管履约工作完成得较晚，但是作为对未履约主体的约束、惩罚力度最强的试点，在碳排放权交易执法方面表现得最为突出，履约率较高。北京发布了《关于再次督促重点排放单位加快开展二氧化碳排放履约工作的通知》《责令重点排放单位限期开展二氧化碳排放履约工作的通知》，公布未履约主体名单，督促控排主体履约。同时北京市发改委节能监察大队持续对控排主体进行监察，并根据《北京市碳排放权交易行政处罚自由裁量权参照执行标准（试行）》对有违法行为的控排主体实施处罚。

表9-6　2013年履约期各试点履约情况

试点	计划履约时间	实际履约时间	纳入企业数量（家）	履约企业数量（家）	履约率（%）
深圳	6月30日	6月30日（责令补交期限到7月10日）	635	631	99.4
上海	6月30日	6月30日	191	191	100
北京	6月15日	6月27日（责令补交期限到6月27日）	415	403	97.1
广东	6月20日	7月15日	184	182	98.9
天津	5月31日	7月25日	114	110	96.5

资料来源：北京中创碳投科技有限公司：《中国碳市场2014年度报告》，2015。

六　结论和政策建议

（一）结论

中国碳排放权交易试点的制度设计体现了我国不同发达程度地区的不同

特点，为全国碳市场提供了值得借鉴的丰富经验。

第一，政策先行、法律滞后。各试点重点围绕碳市场的关键制度要素和技术要求，充分发挥行政力量，在短时间内完成了关键制度设计，启动了碳交易，并在实践中不断补充和完善。

第二，在覆盖范围上，只控制二氧化碳排放，同时纳入直接排放和间接排放，体现了电力行业不完全市场的特点。控排企业的排放边界主要是以企业组织机构代码为准在公司层面而不是设施层面界定。由于试点区域经济结构差别大，覆盖行业广泛多样，包含重化工业，同时也包含建筑、交通和服务业等非工业行业，因此在纳入企业选择上都是设定一个排放门槛值，符合条件的一律纳入。

第三，在配额总量和结构上，各试点将总量设定与国家碳强度目标相结合，充分考虑经济增长的变化，进行总量设置。同时，通过柔性的配额结构划分，以及配额储存预借的跨期灵活机制，以适应高经济增长和不确定性的特征。

第四，在配额分配机制上，通过免费分配与拍卖相结合、历史法和标杆法相结合、事前分配与事后调整相结合的“三结合”方法，一方面，在一定程度上克服了数据基础薄弱、控排主体环境意识不强，参与碳市场积极性较弱的问题；另一方面，为政府留下了较大的管理空间和手段，平衡了经济适度高增长和节能减排之间的关系。

第五，在抵消机制上，允许采用一定比例的 CCER 用于抵消碳排放，同时充分考虑 CCER 抵消机制对总量的冲击，通过抵消比例限制、本地化要求和项目类型规定，控制 CCER 的供给。

总体上看，七个试点的制度设计体现了发展中国家和地区不完全市场条件下 ETS 的广泛性、多样性、差异性和灵活性，从而与欧美等发达国家的 ETS 相比形成了自己的特色，但也为今后与发达国家 ETS 的连接带来了困难。

由于七个试点横跨了中国东、中、西部地区，区域经济差异较大，制度设计体现了一定的区域特征。深圳的制度设计以市场化为导向，湖北注重市场流动性，北京和上海注重履约管理，而广东碳市场重视一级市场，但政策缺乏连续性，重庆企业配额自主申报的配发模式，使配额严重过量，造成碳市场交易冷淡。这些都为建立全国碳市场提供了经验和教训。

（二）政策建议

全国碳市场的构建，需要充分考虑我国的经济发展阶段、经济结构、能源结构、减排目标、减排成本，以及我国区域与行业差异大等国情，充分借鉴七试点碳市场建设的经验。在覆盖范围、总量设置、配额分配、抵消机制、市场交易和履约机制等关键制度要素的设计上，以减排为目标，以法律为保障，以价格为手段，平衡经济适度高增长和节能减排，平衡不同区域和行业的差异，重视市场流动性，充分发挥价格信号的功能，引导企业以最小成本实现减排目标。

第一，尽快出台相关法律，使碳市场有法可依。

第二，完善市场监管，注重政策连续性。中国碳市场缺乏专门统一的市场监管机构，主管部门和监管部门合二为一，不利于有效的监管协调机制的建立，应设立专门的监管机构，对市场进行有效监管。同时，碳排放权交易制度是一项复杂的政策体系，国外碳市场从酝酿到最终形成经过了数年计划和试验，而我国碳排放权交易试点自 2011 年底开始部署到 2013 年市场启动，在缺乏基础的前提下准备不够充分，大部分试点启动均较为仓促，部分试点在第一年履约期后，频繁修订相关政策和调整交易制度，缺乏政策连续性，不利于形成市场预期。

第三，调节覆盖范围。首先，全国碳市场的初级阶段应该抓大放小，只将电力、钢铁、有色、水泥、化工 5 个高耗能、高排放的重点行业强制纳入，有助于全国碳市场起步阶段顺利运行。碳排放应该同时包括直接排放和间接排放，以体现电力行业不完全市场的特殊性。

第四，改进总量设置和配额结构。首先，总量的设计要综合考虑经济增长、技术进步和减排目标，按照“总量刚性、结构柔性；存量从紧、增量先进”的原则，充分考虑经济波动和技术进步的不确定性，设计事后调整机制。其次，要充分考虑行业的减排成本、减排潜力、竞争力、碳泄漏等差异，设计不同的行业控排系数。最后，结合配额的储存机制，设计3～5年的交易周期，事前确定配额总量及调节措施，有利于市场的长期预期，有利于企业进行配额的跨期管理、降低履约成本。

第五，合理调整配额分配。首先，碳市场初期配额分配应以免费分配为主，随着碳市场发展逐步提高拍卖比例。政府拍卖应允许投资机构参与竞拍，充分调动投资者的积极性，提高市场流动性，形成有效的碳价格，以利于企业减排决策。其次，配额分配应以历史法为主，同时应将企业先期减排绩效纳入考虑，以提高企业节能减排的积极性，并按照就近原则实行“滚动基期”，以使配额尽可能接近当期实际排放，避免配额过度短缺或过度超发。另外，可在产品分类相对简单的电力和水泥等行业率先使用标杆法。最后，规定交易过的配额可以储存，有利于促进碳市场流动性。

第六，完善抵消机制。首先，考虑到CCER对碳市场供求关系的冲击，其抵消比例不宜过高，应控制在5%～10%的范围内。其次，考虑地区差异，适度扩大来自中西部欠发达地区的CCER抵消比例。再次，需考虑CCER项目的时间限制，避免早期CCER充斥碳市场。最后，考虑CCER整体供给情况，限制用于抵消的CCER的项目类型，如水电项目。同时，丰富抵消机制中减排量的来源种类，探索CCER需求主体的多元化，鼓励林业碳汇项目，也可将节能项目碳减排量纳入抵消项目。

第七，加强履约管理。提前做好企业履约的摸底、核查、督促和培训等工作，引导企业主动进行碳资产管理，把交易分散在平时，避免履约前的“井喷”行情而增加履约成本。履约必须严格执法并与政府拍卖相结合，为企业创造公平的市场环境。

第八，提高流动性。适度的流动性是形成合理价格，引导企业以成本效率减排的关键。没有流动性，想卖配额的企业卖不出，想买配额的企业买不来，或者价格过高、过低，企业无法和自己的减排成本做比较，也就无法做出成本最小化的减排决策。为了提高流动性，配额总量必须从紧，市场参与者多元化，交易品种多样化，包括发展期货、期权等配额衍生品交易，起步价格不宜过高，政策具有连续性，让投资者对市场和减排政策有信心，加强控排企业碳资产管理培训，严惩违约企业。

参考文献

1. Duan M, . et al. , "Review of carbon emissions trading pilots in China", *Energy & Environment*, Issue 3 - 4, 2014.
2. Feng, et al. , "Outsourcing CO_2 within China", PNAS, Issue 28, 2013.
3. Libo Wu, et al. , "Advancing the experiment to reality: Perspectives on Shanghai pilot carbon emissions trading scheme", *Energy Policy*, vol. 75, 2014.
4. Jotzo F. , "Emissions trading in China: Principles, design options and lessons from international practice", CCEP Working Paper, No. 1303, 2013.
5. Jiang J. , et al. , "The construction of Shenzhen's carbon emission trading scheme", *Energy Policy*, vol. 75, 2014.
6. 北京市发改委：《北京市碳排放权交易试点配额核定方法（试行）》，http://zhengwu. beijing. gov. cn/gzdt/gggs/t1359070. htm，2014 - 06 - 30。
7. 北京市人民代表大会常务委员会：《北京市人民代表大会常务委员会关于北京市在严格控制碳排放总量前提下开展碳排放权交易试点工作的决定》，http://www. bjrd. gov. cn/zdgz/zyfb/jyjd/201312/t20131230_ 124249. html，2013 - 12 - 30。
8. 北京市人民政府：《北京市碳排放权交易管理办法（试行）》，2014，http://zhengwu. beijing. gov. cn/gzdt/gggs/t1359070. htm，2014 - 06 - 30。
9. 北京中创碳投科技有限公司：《中国碳市场 2014 年度报告》，2015。
10. 重庆市发改委：《重庆市碳排放配额管理细则（试行）》，http://www. cqdpc. gov. cn/article - 1 - 20505. aspx，2014 - 05 - 29。
11. 重庆市人民政府：《重庆市碳排放权交易管理暂行办法》，http://www. cq. gov. cn/wztt/pic/2014/1298033. shtml，2014 - 05 - 29。
12. 段茂盛、庞韬：《碳排放权交易体系的基本要素》，《中国人口·资源与环境》2013 年第 3 期。
13. 广东省发改委：《广东省 2014 年度碳排放配额分配实施方案》，http://www. cnemission. com/article/news/jysgg/201408/20140800000782. shtml，2014 - 08 - 18。
14. 广东省发改委：《广东省发展改革委关于碳排放配额管理的实施细则》，

http://www.tanjiaoyi.com/article-7179-1.html，2015-02-06.

15. 广东省发改委：《2013年度广东省碳排放权配额核算方法》，http://www.gddpc.gov.cn/xxgk/tztg/201312/P020131210515843592113.pdf，2013-12-12。
16. 广东省发改委：《广东省碳排放权配额首次分配及工作方案（试行）》，2013，http://www.gddpc.gov.cn/xxgk/tztg/201311/t20131126_230325.htm，2013-11-26。
17. 广东省发改委：《广东省碳排放配额管理实施细则（试行）》，2014，http://www.gddpc.gov.cn/xxgk/tztg/201403/t20140321_241161.htm，2014-03-21。
18. 广东省人民政府：《广东省碳排放管理试行办法》，http://www.gddpc.gov.cn/xxgk/tztg/201401/t20140117_236919.htm，2014-01-17。
19. 广州绿石碳资产管理有限公司：《中国碳市场分析2014》。
20. 国务院办公厅：《国务院关于印发"十二五"控制温室气体排放工作方案的通知》，http://www.gov.cn/zwgk/2013-01/13/content_2043645.htm，2011-01-13。
21. 湖北省发改委：《湖北省发改委关于2015年湖北省碳排放权抵消机制有关事项的通知》，http://www.hbfgw.gov.cn/ywcs/qhc/tztgqhc/gwqhc/201504/t20150416_86147.shtml，2015-04-16。
22. 湖北省发改委：《湖北省碳排放权配额分配方案》，http://www.hbets.cn/dffgZcfg/1166.htm，2014-05-22。
23. 湖北省人民政府：《湖北省碳排放权管理和交易暂行办法》，http://gkml.hubei.gov.cn/auto5472/auto5473/201404/t20140422_497476.html，2014-04-22。
24. 齐绍洲、王班班：《碳交易初始配额分配：模式与方法的比较分析》，《武汉大学学报》2013年第5期。
25. 上海市发改委：《上海市碳排放交易试点工作相关文件汇编》，2013。
26. 上海市发改委：《关于本市碳排放交易试点期间有关抵消机制使用规定的通知》，http://csr.stcn.com/2015/0122/11983871.shtml，2015-01-22。
27. 深圳市发改委：《深圳市碳排放权交易市场抵消信用管理规定（暂行）》，http://www.tanpaifang.com/zhengcefagui/2015/060944940.html，2015-01-22。
28. 深圳市人民代表大会常务委员会：《深圳经济特区碳排放管理若干规定》，http://www.sz.gov.cn/zfgb/2013/gb817/201301/t20130110_2099860.htm，2012-10-30。
29. 深圳市人民政府：《深圳市碳排放权交易管理暂行办法》，http://www.chinalawedu.com/falvfagui/22016/ca2014040816584072349928.shtml，2014-03-19。
30. 天津市发改委：《天津市碳排放权交易试点纳入企业碳排放配额分配方案（试

行)》，http：//www. tjzfxxgk. gov. cn/tjep/ConInfoParticular. jsp? id =45404，2014 - 01 - 02。

31. 天津市发改委：《关于天津市碳排放权交易试点利用抵消机制有关事项的通知》，http：//www. tanpaifang. com/CCER/201506/0944941. html，2015 - 06 - 09。

32. 天津市人民政府：《天津市碳排放权交易管理暂行办法》，http：//www. tj. gov. cn/zwgk/wjgz/szfbgtwj/201312/t20131224_ 227448. htm，2013 - 12 - 24。

低碳发展协同治理

Co-Governance of Low-Carbon Development

B.10
空气污染和气候变化的双控策略*

Valerie J. Karplus（柯蔚蓝） 张希良**

摘 要： 中国现行的改善空气质量和应对气候变化的政策以严格控制煤炭使用为核心，其中许多政策都要求企业降低能耗强度（或二氧化碳排放强度）和安装污染控制设备。本研究发现治理空气污染在短期内可以同时减少部分二氧化碳排放，然而随着时间推移，当减排要求更加严格时，协同效应将越来越有限。对于中国来说，近期内大幅削减煤炭使用量能够同时减少大气污染物和二氧化碳的排放。但当要把煤炭挤出能源系统时，替代能源的边际成本将会逐渐上升。要对大气污

* 本文原载于保尔森基金会网站，http：//www. paulsoninstitute. org。原文链接：http：//www. paulsoninstitute. org/wp－content/uploads/2015/04/PPEE_ Air－and－Climate_ Karplus_ Chinese. pdf。

** Valerie J. Karplus（柯蔚蓝），麻省理工学院斯隆管理学院助理教授，主要研究领域为中国能源与气候政策、环境经济学等；张希良，清华大学教授，主要研究领域包括能源经济学、新能源技术创新、能源经济系统建模、绿色低碳发展政策与机制设计等。

染物和二氧化碳进行有效的减排，需要更进一步分别设置空气污染治理和温室气体减排目标，并通过碳价政策来最有效率地实现对空气污染和二氧化碳排放的协同治理。与其他方式相比，治理空气污染和二氧化碳减排双管齐下最为有效。这样的政策思路将保证中国以最低成本实现2030年的达峰目标，同时为空气质量改善带来显著的协同效益。

关键词： 空气污染治理 气候变化 碳价

一 引言

尽管中国政府正在加倍努力治理空气污染，但北京的空气质量指数仍然时常飙升至300以上，给公众健康带来极大的威胁。2013年1月，北京异常严重的空气污染状况引发了公众的强烈反应。目前治理空气污染已成为政府工作的重中之重，中央政府承诺将采取迅速有力的行动“向污染宣战”（Zhu，2014）。

中国政府通过严格控制煤炭使用来治理空气污染的同时也会在一定程度上减少二氧化碳排放。虽然空气污染与二氧化碳排放有关联，但两者并不完全等同，单纯治理空气污染对减排的作用有限，反之亦然。要对大气污染物和二氧化碳进行有效的减排，需要更进一步对碳排放进行严格定价。这对实现中国政府的承诺，即到2030年达到碳排放峰值的目标非常关键。换句话说，加强大气污染治理对于二氧化碳减排虽然非常重要，但要实现2030年达峰目标需要更有力的行动。

为什么中国政府需要分别制定大气污染治理政策和二氧化碳减排政策呢？虽然一些低成本的措施（如减少燃煤使用和燃料替代）能同时减少空气污染物和二氧化碳的排放，但当这些措施的协同效应达到一定程度时，进一步实现污染物治理和二氧化碳减排将十分困难（Thompson，2014）。我们的研究发现，治理空气污染在短期内可以同时减少部分二氧化碳排放，然而，随着时间推移，当减排要求更加严格时，协同效应将越来越有限（Nam，2013）。

对于中国来说，近期内大幅削减煤炭使用量能够同时减少大气污染物和二氧化碳的排放，但当要把煤炭挤出能源系统时，替代能源的边际成本将会逐渐上升。目前煤炭仍是中国最便宜、最丰富的能源，尽管减少煤炭使用量具有健康效益，但是大量替代煤炭将大幅增加能源成本。除此之外，考虑到经济性和有效性，减少大气污染物和减少碳排放的最佳手段存在明显区别（见图 10－1）。

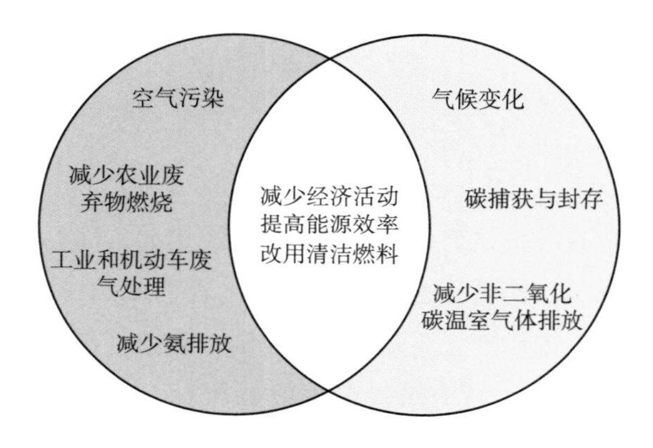

图 10－1　大气污染物治理与温室气体减排措施的区别

控制煤炭消费总量的各种途径（如控制煤炭消费密集型行业的发展、提高燃煤效率、改用清洁能源等）之间存在显著的成本差异。一般来说，控制属于产能过剩行业的煤炭消费密集型企业的发展虽然可行，但是总体代价过高；而通过设备升级或改进生产过程来提高能效的措施能给企业带来一定的经济收益，成本相对低廉，更具推广潜力。事实上，自 1978 年改革开放以来，能效提升已经使中国的能源强度大幅下降（Sinton，1998）。至于清洁能源替代这一途径则受不同能源种类的成本差异影响（例如核电一般被认为比天然气发电更便宜），也受终端使用燃料可替代性的限制（Nam，2013）。

本文首先介绍中国现有的治理大气污染和应对气候变化的政策，讨论政策目标、具体措施及其对于能源使用、碳排放、污染物排放和空气质量的影响；然后详述中国当前政策的不足之处，论证碳排放权交易机制是更为长效的碳减排措施。从长期来看碳减排比较乐观，而目前中国更重视短期空气质量的改善。

本文论述了中国应该尽快建立全国性的碳排放定价制度的必要性，因为末端治理虽然是改善区域空气质量、治理大气污染的核心措施，但并不能完全解决二氧化碳减排问题。本文最后强调了碳排放定价制度虽然会在早期增加碳排放密集型企业的能源成本，但可以避免依赖于末端治理，防止“碳锁定”，从而能够在减少二氧化碳排放的同时改善空气质量。

二 中国以控煤为核心的现行政策

中国目前针对改善空气质量和应对气候变化的政策，包含了国家和地方的政策法规，其中许多政策都要求企业降低能耗强度（或二氧化碳排放强度）和安装污染控制设备。完成能耗强度下降目标主要是通过提高能效和淘汰落后产能来减少能源需求的增量；规定必须安装的污染控制设备包括脱硫和脱硝设备。由于近几十年来空气质量日益恶化，以上政策措施的实施力度不断加大。本部分将回顾目前中国应对空气污染和气候变化的主要措施。

（一）清洁空气行动

空气质量优先行动。在全国范围内，燃煤电厂排放是大气污染的主要来源，污染物减排的行动主要依赖于减少、替代和搬迁燃煤电厂，以及烟气净化。2013 年 9 月，中国公布的《大气污染防治行动计划》（也称为“国十条”）要求到 2017 年中国的可吸入颗粒物（PM_{10}）相对于 2012 年的水平减少 10%，三大城市群的 $PM_{2.5}$浓度也要相应减少：北京 - 天津 - 河北（也称为“京津冀”区域）减少 25%，长江三角洲区域减少 20%，珠江三角洲区域减少 15% [中华人民共和国环境保护部（MEP），2013]。

该计划以减少使用煤炭为核心来实现改善空气质量目标，包括在2012年至2017年间能耗强度降低20%，该目标比“十二五”规划（2011～2015年）的国家单位GDP能耗降低16%的目标更加严格。它同时要求要将煤炭在一次能源消费中的比例限制在65%以内，并禁止上述三大城市群增加煤炭的使用量。

除了这些集中“替代煤炭”的指标，《大气污染防治行动计划》的主要内容还包括通过强制实施“上大压小”和安装污染控制设备具体措施来实现减排的目标，如将区域供热系统改造为依靠电力或清洁能源，要求更多的尤其是靠近城市的工业锅炉和窑炉安装和使用脱硫、脱硝和除尘设备。

最后一类措施正是那些有利于改善空气质量但无助于二氧化碳减排的末端治理措施。这类措施在《大气污染防治行动计划》中处于比产业结构优化、能源结构调整、增加清洁能源供应更优先的地位。实际上，这类措施将在一定程度上增加能源消费量，同时也将增加二氧化碳排放。

另外，解决中国雾霾问题不是像识别主要的污染源那样简单，还需要研究复杂的大气化学过程，因为不同空气污染物是以非线性的方式结合起来影响空气质量的。同时有些污染物并非来自能源系统，其污染源（如农业源）更加难以控制。这意味着改善空气质量需要同时控制各类空气污染物的相对量。

这种复杂的大气化学过程意味着降低一种或多种污染物排放量不一定能保证空气质量的改善，相反还有可能导致空气质量的恶化。例如，在某些条件下，如果氮氧化物的排放量降低，但挥发性有机物的排放量没有削减，臭氧（一种能引起心肺功能失常的城市大气污染物）的浓度将有可能上升。根据清华－麻省理工团队的研究，如果二氧化硫和氮氧化物（主要来自煤炭燃烧）的排放量相对减少，但氨气（主要来自难以控制的农业源）的排放量没有被控制，$PM_{2.5}$的下降水平将比同时控制氨气时低得多（见图10－2a、10－2b和10－2c）。

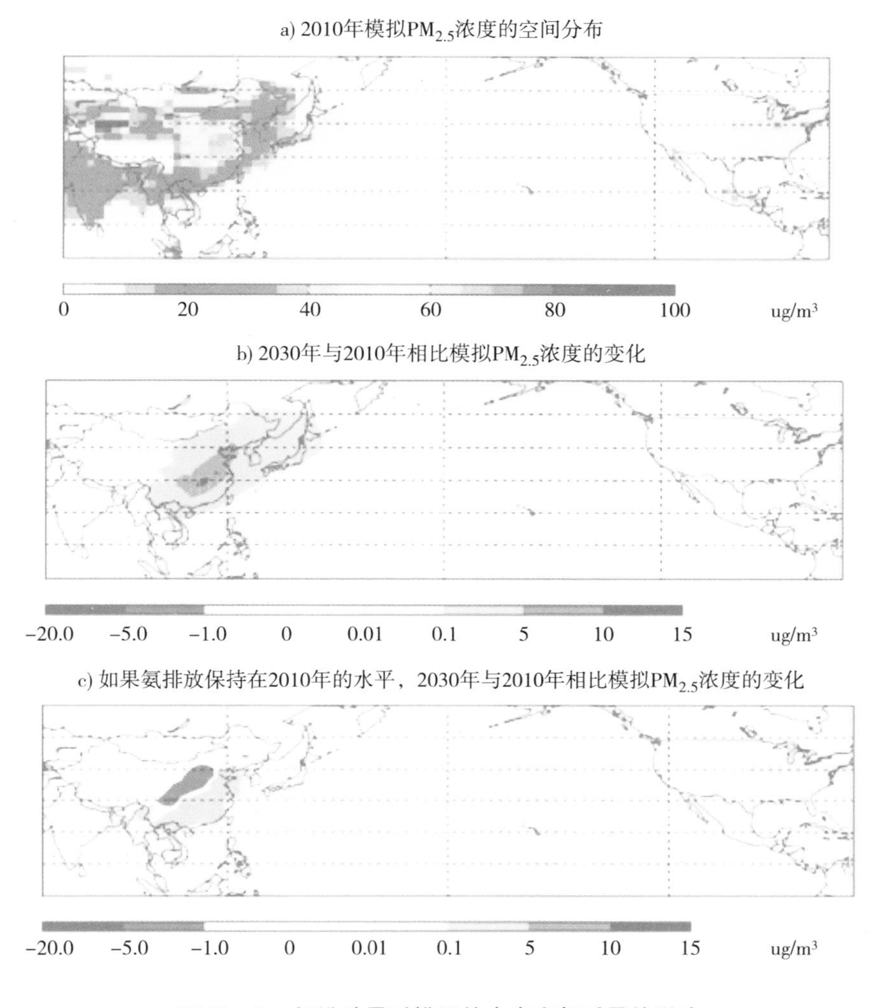

图 10－2　氨排放量对模拟的未来空气质量的影响

资料来源：Li，M.，N. E. Selin，V. J. Karplus，C. －T. Li，D. Zhang，X. Luo，. Presentation "Effects of China's Energy Policy on Future Air Quality in China and the U. S."，The American Geophysical Union 2014 Conference，San Fransisco，CA，2014.

（二）碳减排行动

在 2009 年哥本哈根气候大会上，中国政府承诺在 2020 年将单位国内生产总值的碳排放强度降到比 2005 年低 40%～45% 的水平。为实现此目标，

中国政府推出了具有约束力的“十二五”期间碳强度降低17%的目标，这一目标是对自“十一五”时期开始强化的能源强度指标的有力补充。

在2014年11月北京亚太经合组织（APEC）峰会期间，中美两国领导人共同宣布了两国2020年后的气候目标。中国气候计划的核心是到2030年达到碳排放峰值，并将非化石能源占一次能源的比重提高到20%（约是2015年11.4%目标的两倍）。有关碳减排的政策在“十三五”规划（2016~2020年）中可能会占有更重要的地位。中国已经在七个地区（五市两省）开展了碳排放交易试点，为建立全国范围的碳市场奠定了基础。全国性的碳市场有望在“十三五”期间启动。

我们的研究分析了未来气候政策和能源政策（包括《大气污染防治行动计划》的措施）的结合能在何种程度上影响到2050年的能源系统的演变。我们发现中国需要引入碳价机制来实现持续降低碳排放强度和2030年达峰的目标。在政策推进情景下，中国的碳强度每年将下降4%左右，碳排放量可在2030年达到峰值，而碳价相应地在2030年上升至38美元/吨（Zhang，2014）。

在保持经济持续增长的预期下，这种政策推进情景是有关中国未来可行的二氧化碳减排轨迹讨论中比较激进的情景。该情景下，煤炭消费量最早在2020年达到峰值，而二氧化碳排放量将在2025年至2035年之间达到峰值（煤炭和二氧化碳达峰时间不同是由于在煤炭消费量达峰之后，其他化石能源的消费量还将继续增加）。虽然这与中国的气候承诺保持一致，但政府短期内仍将需要额外的措施来改善空气质量。

三　“双控”策略的优点

政府部门该如何协调监管空气污染治理政策和温室气体减排政策及其实施效果？从经济学视角来看，中国需要分别设置空气污染治理和温室气体减排目标，并通过碳价政策来最有效率地实现对空气污染和二氧化碳排放的协同治理。

（一）改善空气质量的气候政策协同效应

由于空气质量（重点考虑臭氧和 $PM_{2.5}$浓度）受局部复杂的化学反应影响，针对空气质量治理设置价格工具要比碳定价更具挑战性。事实上，这些复杂的化学反应在某些情况下能将污染物排放的增加转化为环境污染物浓度的降低。因此，设计一个能反映空间和时间影响的价格工具虽然并非完全不可能，但也会非常困难。不同行业、不同能源的排放对空气质量的贡献取决于时间、季节、当地环境等多种因素，过程相当复杂，要想全面了解其中机制还需要更多的研究。

鉴于制定空气污染排放定价机制的难度，减少煤炭使用往往被视为一种可行的替代方案。降低中国能源系统中的煤炭消费量能降低二氧化硫、氮氧化物和一次颗粒物排放。如前文所述，如果其他污染物（例如氨）的排放增加，空气质量的提升将会比较有限。一旦削减煤炭消费量的低成本机会耗尽，继续进行煤炭替代将会变得昂贵，特别是当煤炭需求显著下降、煤炭价格相对更加便宜的情况下。

因此，如果对空气污染排放定价不够严格，会导致用煤的边际成本仍低于减少用煤成本、煤的替代成本或者 CCS 成本。例如，在中国燃煤电厂安装选择性催化还原（SCR）脱硝系统相对便宜，约合 150 元人民币（近 25 美元）/千瓦（Xu，2013），这意味着加装脱硝系统的燃煤发电仍然可能比风电或天然气发电便宜。

这样一来，由于空气污染治理措施将导致继续锁定使用碳密集型能源，空气污染治理措施就失去了减缓气候变化的协同效应，而若增加二氧化碳的末端处理措施（CCS 技术），估计至少将导致中国燃煤发电的平均成本提高 50%（Zhang，2014）。

除了减少煤炭使用之外，其他改善空气质量的措施也非常必要，但却容易被忽视。譬如，田间焚烧秸秆往往导致总排放量的增加，使区域空气质量显著下降，大范围实时监控秸秆田间焚烧已经推行，制定进一步的政策十分必要；控制柴油卡车和其他机动车的颗粒物排放量也是一个成本相对较低的、能够改善城市群和产业带空气质量的有效方法。虽然上述措施能够有效地改善空气质量，但它们很少或几乎不能显著减少二氧化碳的排放。

总的来看，目前中国正在推行的一些空气污染治理措施，很快将会阻碍煤炭消费总量的进一步降低，从而导致碳减排进展停滞——仅此一点就可以说明引入碳价机制的重要性。

（二）气候变化政策的空气质量协同效应

相比而言，气候变化源于温室气体排放量的累积效应，而不论温室气体是何时何地产生的。这一特性使得可以通过价格机制直接控制温室气体的排放量，因为排放的边际成本没有空间和时间区别，也不与其他种类的排放量相互影响。

在协同效益方面，引入碳价将直接导致一部分大气污染物排放量的减少（见图 10－3）。图 10－3A 显示了上述政策推进情景下引入碳价后的二氧化碳排放量，而图 10－3B 至图 10－3E 显示了碳价对 $PM_{2.5}$ 的影响，而 $PM_{2.5}$ 是造成空气质量下降及引发严重健康问题的主要污染物。然而，碳定价只能相应减少二氧化硫和氮氧化物的排放，无助于减少挥发性有机化合物（VOCs）或氨的排放，对空气质量改善也相对有限。因此，仅仅靠碳价措施无法显著改善空气质量，但只落实执行当前空气治理措施却又不足以解决二氧化碳减排问题。无论是《大气污染防治行动计划》，还是任何现有的气候政策和能源政策，都不能在 2020 年前扭转全国煤炭消费量维持高位的情况。这意味着在短期内解决空气质量问题将在很大程度上依赖末端治理措施。

假设《大气污染防治行动计划》下的各项措施得到落实，再加上适度的二氧化碳价格，中国的煤炭消费量预计能在 2020 年左右达到峰值（Zhang，2014）。相比之下，由于《大气污染防治行动计划》在全国层面只限制了煤炭的使用比例而不是绝对水平，如果只限制三大城市群的煤炭消费而没有其他政策限制，就算三大城市群的煤炭消费量到 2017 年都保持稳定，它们周边地区的煤炭消费量也将会增加（Li，2014）。

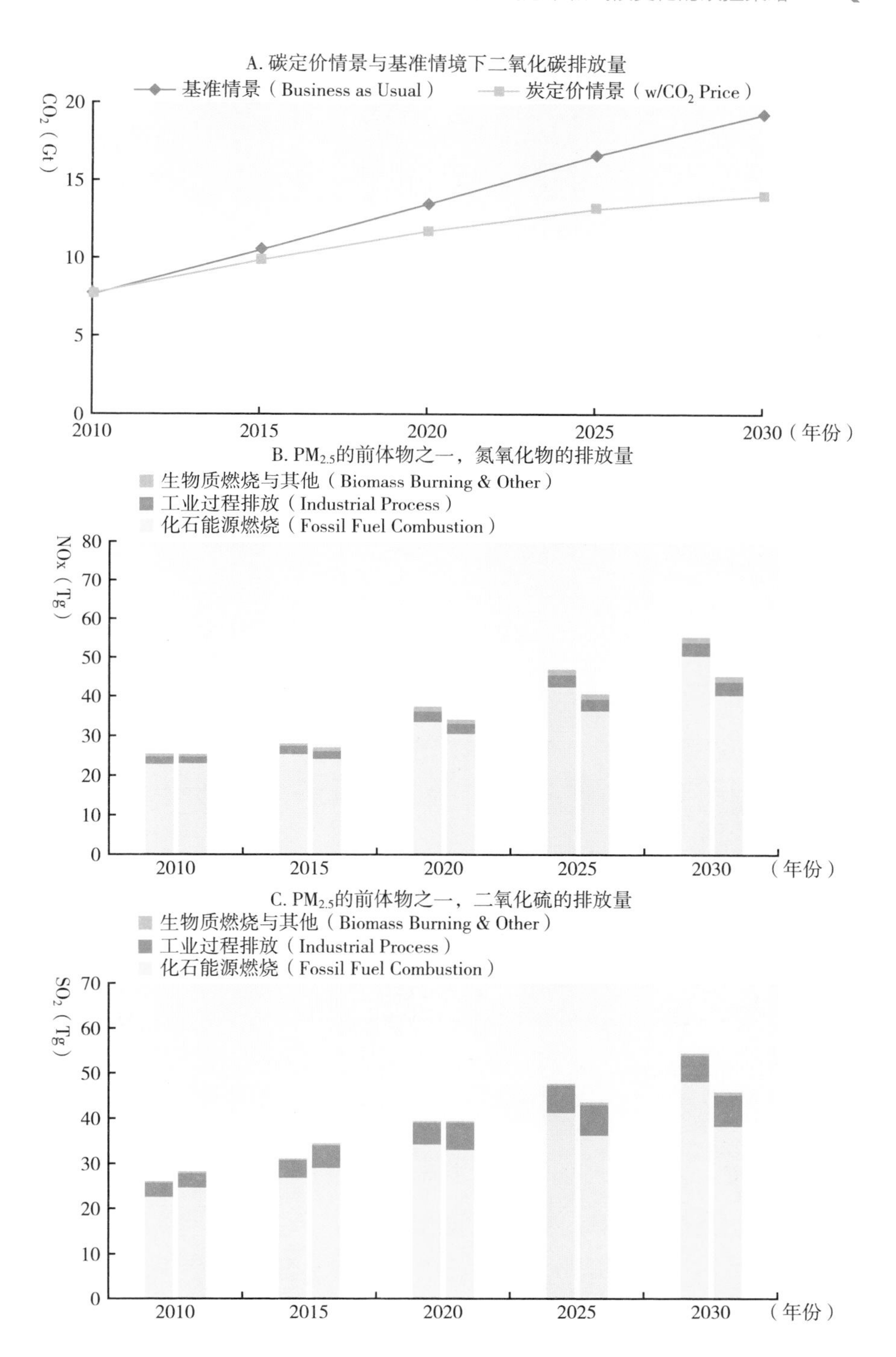
A. 碳定价情景与基准情境下二氧化碳排放量
基准情景（Business as Usual）
炭定价情景（w/CO_2 Price）
CO_2（Gt）
20
15
10
5
0
2010
2015
2020
2025
2030（年份）
B. $PM_{2.5}$的前体物之一，氮氧化物的排放量
生物质燃烧与其他（Biomass Burning & Other）
工业过程排放（Industrial Process）
化石能源燃烧（Fossil Fuel Combustion）
NOx（Tg）
80
70
60
50
40
30
20
10
0
2010
2015
2020
2025
2030
（年份）
C. $PM_{2.5}$的前体物之一，二氧化硫的排放量
生物质燃烧与其他（Biomass Burning & Other）
工业过程排放（Industrial Process）
化石能源燃烧（Fossil Fuel Combustion）
SO_2（Tg）
70
60
50
40
30
20
10
0
2010
2015
2020
2025
2030
（年份）

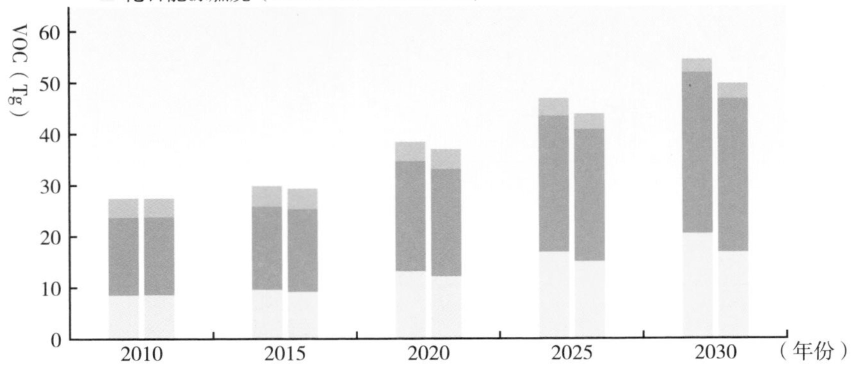

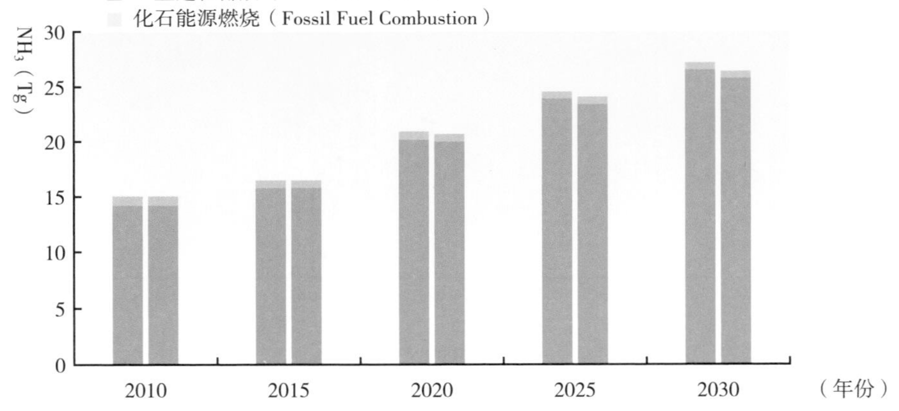

图 10－3　二氧化碳价格对 $PM_{2.5}$ 前体污染物排放量的影响（2010～2030 年）

注：到 2030 年，碳价格上涨至 38 美元/吨，相当于每年减少 4% 的二氧化碳排放量强度。
资料来源：Li，C. －T.，Karplus，V. J.，Selin，N. E. 和 Li，M.（2014 年）。

尽管如此，在 2020 年前降低煤炭需求量会达到空气污染治理和碳减排的双重效果。从长远来看，如果末端解决方案（如 CCS）的成本仍然居高不下，那么应对气候变化则需要替代更多的煤炭。引入碳价机制能够进一步激励煤炭替代，如果设计得当，能够对空气污染治理措施起到补充作用。简单来说，合适的政策能让中国完成一项大多数发达国家没有做到的事情：改善空气质量的同时显著减少碳排放。

总的来说，如果中国政府愿意采取积极行动，引入碳价机制来应对气候变化，则将有助于改善空气质量。优先碳定价政策还有助于避免部分落后燃煤电厂烟气控制设施的过度投资，并防止这些投资造成的高碳能源系统锁定。

四　结论

要实现中国政府应对气候变化的承诺，需要引入正确的机制来激励整个能源系统由化石燃料向低碳或零碳能源转型。现有的能源强度目标、碳强度目标以及煤炭占一次能源比重65%以下的目标，将有助于遏制与能源相关的二氧化碳排放的快速上升。但是，如果中国想要在2030年实现碳排放达峰的目标，需要额外的激励措施。

（一）应对气候变化需要专门的政策

无论是通过碳排放权交易体系还是税收机制来引入碳价，都能将中国的气候承诺转化为清晰的以市场为基础的激励机制，并且是实现2030年及以后低碳经济目标的最佳途径。这一机制将限制煤炭等化石燃料的扩张，有利于低碳能源替代和减少化石能源需求。未来几年，在中国能源经济发展的议程中，环境保护（包括改善空气质量）将处于优先地位，而碳价机制可以保证碳排放控制目标与环境保护目标的一致性。

目前来看，构建区域内或跨区域碳市场是最经济有效的碳减排政策工具，建立全国性的碳市场是激励能源系统向低碳转型的关键步骤。中国已开始做建立国家碳排放权交易体系的准备工作，该系统的设计选择将决定其成本效益。

例如，目前由政府管制的电价能否进行调整，以充分反映二氧化碳排放收费？哪些碳排放源需要被纳入交易体系内？如果中国政府继续坚持以碳强度下降，而不是以总量减排作为目标，可否通过碳交易系统设计确保碳排放总量被限制在“可接受范围”内?

一旦政府部门确定了与中国气候承诺相一致的碳排放总量后，应该让碳市场价格信号作为主要的激励促使二氧化碳减排。这种基于市场机制的碳排放控制体系符合2013年11月中国的十八届三中全会作出的“深化市场改革，建立排污权市场体系”的决定。

碳价将随政策变化（如污染控制措施或能源价格改革）自动调整，并能通过能源结构变化加强二氧化碳和空气污染物减排。如果按照规定安装的污染控制设备抬高了电力和工业活动的成本，将会反映在碳价上，从而导致污染密集型活动减少并降低碳排放。

通过这种方式，碳价措施能够确保未来的能源系统转型与二氧化碳减排目标一致。碳价的实施不仅需要监测企业的能源使用和二氧化碳排放量，也需要监测企业的空气污染物排放量。为了发挥碳价的作用，国家碳排放交易体系应该尽可能多地覆盖会产生二氧化碳的经济活动，否则，减排效果可能会被未覆盖部门的增加化石燃料消费量所抵消，因为征收碳价会导致总的能源需求下降，从而使得化石燃料更加便宜，而未覆盖部门很可能会因此增加能源消费量。

除了通过碳排放交易体系建立碳排放价格机制，大型高耗能项目的审批也需要和环境影响评价保持一致，并应将碳减排纳入更广泛的污染减排措施中。

考虑到未来几十年新建设施的巨大规模，制定积极的环境标准和控制能源密集型投资能够加快低碳转型。项目审批程序还可以用来衡量投资决策是否响应了激励措施（如碳价、排污成本、能源价格改革）。

（二）“双控”会更有效地实现目标

实现有效的二氧化碳和空气污染双控首先需要分别明确可接受的排放程度，然后针对这两方面的问题分别提出解决方案，并衡量不同方案的相对成本和收益。

就目前情况来看，末端治理虽然成本较低并且可以改善空气质量，但仍需要与其他污染物控制手段有效协调，以保证总体的空气污染治理效果。保持一定的碳价水平，同时也需要末端控制措施，让空气污染物排放下降的速度快于二氧化碳下降速度，以符合《大气污染防治行动计划》规定的空气质量目标。要实现这些目标，需要注意较难控制的空气污染物，如对形成 $PM_{2.5}$ 非常重要的氨。

虽然农村地区的生物质燃烧没有直接计入能源消费和二氧化碳排放，但控制其燃烧对于改善空气质量十分必要。另外，也许是最有挑战性的，是确定与燃煤相关的氮氧化物和二氧化硫排放中末端治理和燃料替代的应有比例，因为后者可能具有直接气候效益。

尽早建立全国碳排放交易体系能保证在改善空气质量的同时不会长期沿用高碳能源系统。此外，协调国家发展和改革委员会（负责国家的碳排放交易体系设计）和环境保护部（负责空气污染治理）的行动将是确保中国的能源、气候和环境政策的工作互不掣肘的关键。

最后，引入碳价十分必要，它将加强、引导那些对中国空气污染治理和实现长期碳减排有重大效果的初步措施。与其他方式相比，治理空气污染和二氧化碳减排双管齐下最为有效。这样的政策思路将保证中国以最低成本实现2030 年的达峰目标，同时为空气质量改善带来显著的协同效益。

致谢：笔者衷心感谢以下各位同事对完成本论文的大力协助：李乔婷博士、李明威、Noelle Selin 教授、南更旼教授、张达博士、Paul Kishimoto 和罗小虎。

参考文献

1. Li, M., N. E. Selin, V. J. Karplus, C. – T. Li, D. Zhang, X. Luo, . Presentation "Effects of China's Energy Policy on Future Air Quality in China and the U. S. ", The American Geophysical Union 2014 Conference, San Fransisco, CA, 2014.
2. Nam, K. – M., C. J. Waugh, S. Paltsev, J. M. Reilly, V. J. Karplus, "Climate Co-benefits of Tigheter SO_2 and NOx Regulations in China", Global Environmental Change,

vol. 23 (6), 2013.

3. Sinton, J. E. , M. D. Levine, Q. Wang, "Energy efficiency in China: accomplishments and challenges", Energy Policy, vol. 26 (11), 1998.
4. Thompson, T. M. , S. Rausch, R. K. Saari, N. E. Selin, "A Systems Approach to Evaluating the Air Quality Co – Benefits of U. S. Carbon Policies", Nature Climate Change, 2014, Issue 4.
5. Xu, Q. , D. Shen, H. Cao, "Longjing Environmental Protection Company Wins Bid on Waste Gas Treatment Project", 2013
6. Zhang, X. , V. J. Karplus, T. Qi, D. Zhang, J. He, "Carbon Emissions in China: How Far Can New Efforts Bend The Curve?", MIT, 2014.
7. Zhu, N. , Xinhua Insight: "China declares war against pollution." http://news. xinhuanet. com/english/special/2014 –03/05/c_ 133163557. htm, 2014 –03 –05.
8. 中华人民共和国环境保护部(MEP), "The State Council Issues Action Plan on Prevention and Control of Air Pollution Introducing Ten Measures to Improve Air Quality", from http://english. mep. gov. cn/News_ service/infocus/201309/t20130924_260707. htm, 2013 –09 –12.

B.11
中美两国2020年后减排目标的比较[*]

王海林　何晓宜　张希良[**]

摘　要：　针对《中美气候变化联合声明》中公布的各自2020年后减排目标，本文通过情景分析的方法，测算了中美两国实现各自目标所需要采取的行动和付出的努力，比较了两国在GDP碳排放强度下降、新能源和可再生能源发展规模、CO_2排放达峰时间及其所处发展阶段以及电力部门减排四个方面的努力程度和效果。通过比较可以看到，在中美两国分别实现各自既定目标的情况下，中国单位GDP碳强度年下降率将达4%，其幅度高于美国在2025年减排28%目标下的年下降率（3.59%）；中国的新能源和可再生能源发展也更为迅速，年均增速高达约8%，2030年非化石能源总供应量可达11.6亿tce，约为届时美国非化石能源总供应量的2倍；在CO_2排放达峰方面，中国实现CO_2排放达峰时所处的发展阶段要早于美国达峰时的经济社会发展阶段，中国在强化低碳发展情景目标下可在2030年左右实现碳排放达到峰值，且达到峰值时人均CO_2排放约8吨水平，低于美国CO_2排放达到峰值时的人均排放19.5吨的水平；在电力部门的减排努力方面，中国在未来比较高的电力需求背景下，2030年可实现比2011年单位kWh的CO_2强度下降35%，而美国同期则只需下降约

* 本文发表于《中国人口资源与环境》2015年第6期。

** 王海林，清华大学能源环境经济研究所博士研究生，主要研究领域为能源系统工程；何晓宜，清华大学博士，主要研究领域为能源系统工程；张希良，清华大学教授，主要研究领域包括能源经济学、新能源技术创新、能源经济系统建模、绿色低碳发展政策与机制设计等。

20%即可实现其电力部门的减排目标。上述几项指标的比较更可凸显中国2020年后的减排目标是非常宏伟且极具挑战性的。在实现2030年减排目标的行动中，中国政府还需要进一步强化和细化新能源和可再生能源的发展目标，进一步分解和落实全国及各省市的减排目标和减排行动，持续推进节能与加强新能源技术的创新，在经济高速发展的同时协调好经济、能源和环境的问题，早日实现低碳发展和生态文明。

关键词：　减排目标　中国和美国　碳排放峰值　电力部门减排

中国和美国是当今世界上最大的发展中国家和发达国家，也是最大的两个温室气体排放国。2014年APEC会议期间，中美发表气候变化联合声明，公布了各自2020年后的减排目标，美国计划到2025年实现在2005年基础上减排26%～28%的全经济范围减排目标并将努力实现减排28%；中国计划2030年左右二氧化碳排放达到峰值且将努力早日达峰，并计划到2030年非化石能源占一次能源消费比重提高到20%左右（新华网，2014），这一声明的公布引起了世界的广泛关注。本文对两国各自的目标进行比较分析，以便更好理解双方的减排努力与效果。

一　中美两国减排CO_2面临的形势

IPCC第五次评估报告进一步肯定了温室气体排放以及其他人为驱动因子已成为自20世纪中期以来气候变化的主要原因（IPCC，2013）。根据IEA的统计（部门法），2011年全球总共排放了313.4亿吨CO_2，其中中国和美国分别为80.0亿吨CO_2和52.9亿吨CO_2，总共占全球碳排放份额的42.4%（中国为25.5%，美国为16.9%）（IEA，2014）。未来随着全球应对气候变化进程的持续推进和全球碳排放空间的日益缩小，中美两国在应对气候变化减缓碳排放方面的行动和措施将越来越受到全世界的关注。

表 11－1 列出了中国和美国主要年份宏观发展指标。完成了工业化和城镇化进程后高度现代化的美国，经济社会发展步入了平稳时期，人民生活水平也相对较高；而正处在快速城镇化和工业化进程中的中国，经济保持着高速的增长，人民物质生活水平得到持续改善。从 1971 年到 2011 年，美国 GDP 总量从 4. 84 万亿美元增长到 14. 68 万亿美元（2010 年美元不变价），增长了 2. 0 倍，年均增速为 2. 8%；同期中国 GDP 总量从 1970 年的 0. 18 万亿美元增长到 2011 年的 6. 48 万亿美元（2010 年美元不变价），增长了 35 倍，年均增速为 9. 4%。在一次能源消耗总量和 CO_2 排放总量方面，美国从 1971 年到 2011 年分别增长了 0. 4 倍和 0. 2 倍，而中国同期则分别增长了 10. 9 倍和 9. 3 倍，中美两国处于不同发展阶段的特征十分明显。但由于中国人口约为美国的 4. 3 倍，上述发展指标在人均水平方面存在着比较大的差距：人均 GDP 中国约为美国的十分之一，人均一次能源消费量约为美国的四分之一，人均碳排放约为美国的三分之一（2011 年）。

表 11－1　中美两国主要年份宏观发展指标

国别	项目	年份				
		1971	1980	1990	2000	2011
美国	GDP（万亿美元*）	4. 84	6. 43	8. 84	12. 38	14. 68
	人均 GDP（美元*）	23260	28339	35348	43915	47048
	CO_2 排放（10^6t）	4357	4721	4768	5714	5433
	人均 CO_2 排放（t/人）	20. 95	20. 80	19. 07	20. 26	17. 41
	一次能源消费总量（10^6toe）	1587	1805	1915	2273	2191
	人均一次能源消费量（toe/人）	7. 63	7. 95	7. 66	8. 06	7. 02
		1970	1980	1990	2000	2011
中国	GDP（万亿美元*）	0. 18	0. 33	0. 81	2. 19	6. 48
	人均 GDP（美元*）	221	339	710	1727	4812
	CO_2 排放（10^6t）	772	1467	2461	3405	7955
	人均 CO_2 排放（t/人）	0. 93	1. 49	2. 15	2. 69	5. 90
	一次能源消费总量（10^6toe）	205	422	691	1019	2436
	人均一次能源消费量（toe/人）	0. 25	0. 43	0. 60	0. 80	1. 81

注：＊为 2010 年美元不变价。

资料来源：《中国统计年鉴 2013》和 *Handbook of Energy and Economic Statistics 2013* 及世界银行网络数据库。

图 11－1 为美国和中国主要年份一次能源消费总量及结构。美国一次能源消费总量从 1971 年到 2011 年增长了 0. 4 倍，而中国一次能源消费总量从 1970 年到 2011 年增长了 10. 9 倍。能源构成方面中美两国的差异十分明显，美国（2011 年）是煤炭占 21. 3%、石油占 38. 6%，天然气占 25. 3%，其他新能源和可再生能源占 14. 8%；中国（2011 年）是煤炭占 68. 4%，石油占 18. 6%，天然气占 5. 0%，其他新能源和可再生能源占 8%。近年来，中国能源需求持续快速增长，以煤炭为主的能源结构给环境带来了一定的影响，

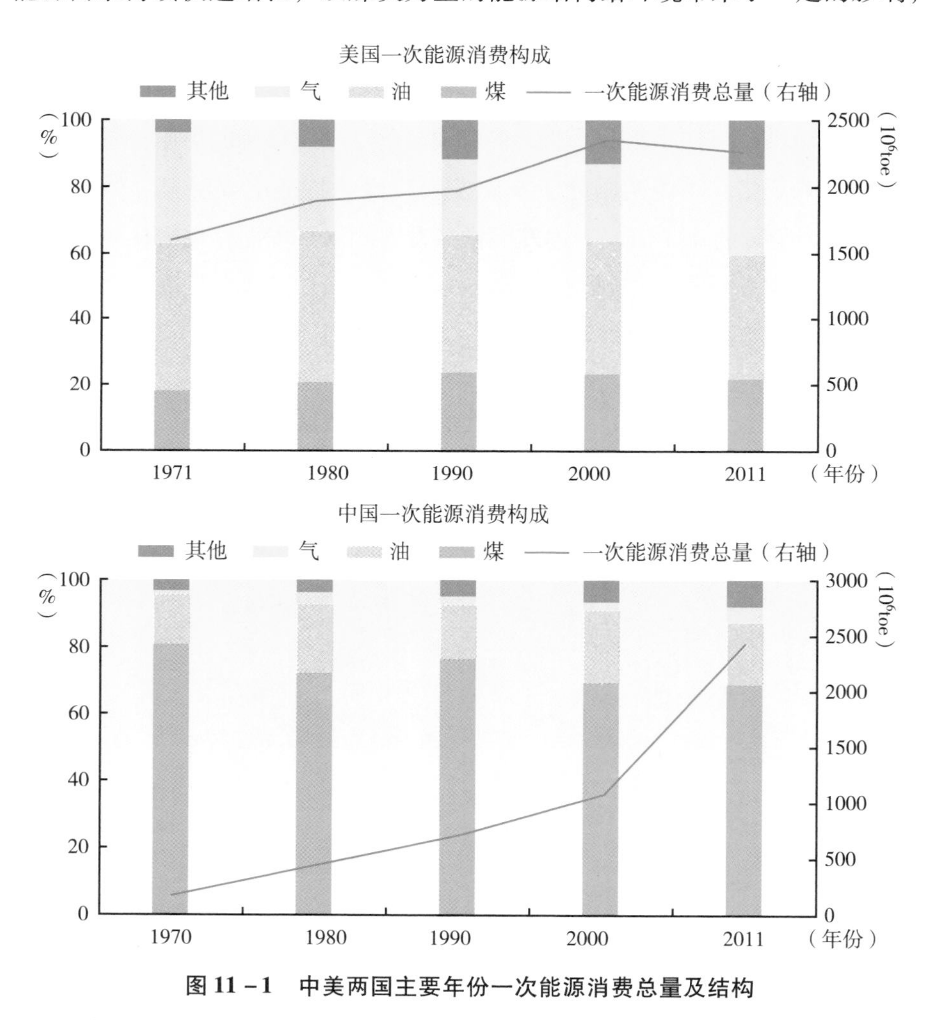

图 11－1　中美两国主要年份一次能源消费总量及结构

数据来源：《中国统计年鉴 2013》和 *Hanolbook of Energy and Economic Statistics 2013*。

包括化石能源开采造成的采空区塌陷，地下水污染，以及化石能源燃烧产生的雾霾天气。人们也逐渐意识到，无节制的消费化石能源为支撑的工业化发展道路是不可持续的，减少 CO_2 为代表的温室气体排放是人类社会走向生态文明、实现可持续发展的必由之路。

在《联合国气候变化框架公约》UNFCCC 和《京都议定书》框架下，中美双方在哥本哈根气候大会前后提出了各自 2020 年的减排目标。美国提出的目标是到 2020 年比 2005 年减少温室气体排放 17%；中国提出了符合其发展阶段的自主减排目标，即到 2020 年单位 GDP 的 CO_2 排放比 2005 年减少 40% ~45%。美国提出的减排目标是绝对减排目标，中国提出的减排目标是相对减排目标，两国减排目标的差异体现了《联合国气候变化框架公约》中“共同但有区别的责任”原则。当前，两国在进一步确认完成 2020 年减排目标的基础上，提出了 2020 年后进一步加大减排力度的目标，这对于促进“德班平台”谈判在 2015 年巴黎气候大会上最终达成全球协议将起到积极的推动作用。

二 中美两国2020年后减排目标情景比较

（一）美国减排目标情景分析

2009 年美国提出 2020 年比 2005 年实现减排 17% 的目标时，其参照的基准情景是美国 2020 年温室气体排放将比 2005 年增长 5%，届时为实现 17% 的减排目标，实际上美国应做出比基准情景减排 22% 的努力。但是由于经济衰退的原因，实际上 2011 年温室气体排放比 2005 年已减少了近 10%；当前以 2011 年的实际情况推测，到 2020 年美国的温室气体排放基准情景将比 2005 年的排放水平减少 3%，实现该目标应比当初预想容易得多，届时需要实现的减排量约为 8. 59 亿吨 CO_{2e}。为了实现 2020 年的减排目标，美国在 2012 年既有政策的基础上，又提出了新的政策措施，包括：实施清洁电力计划可减排 3. 83 亿吨 CO_2，制定新的家电能效标准可减排 2. 19 亿吨

CO_2，制定新的汽车能效标准可减排1.07亿吨CO_2，其他非二氧化碳温室气体减排措施可减排1.5亿吨CO_{2e}，这几项措施的效果即可保证17%减排目标的实现，对实现2020年减排目标的贡献率分别达44.5%、25.5%、12.5%和17.5%。如再考虑终端能源替代等因素，美国有可能到2020年实现比2005年减排20%，超额完成17%的减排目标，为其实现2020年后的减排目标奠定良好基础。

在2014年发布的《中美气候变化联合声明》中，美国提出其在2020年后的减排目标是：到2025年实现在2005年基础上减排26%~28%的全经济范围减排目标并将努力减排28%。根据美国这一减排目标以及其对未来的发展预测，测算其2020年后的减排情景如表11-2所示。

表11-2　美国2020年后的减排情景

项目		年份				
		2005	2011	2020	2025	
GHG减排目标(2005基年)(%)		—	6.45	17	26	28
减排目标下GHG排放(MtCO$_2$e)		6197	5797	5144	4586	4462
GHG的年减排率(%)	2005基年	—	1.11	1.23	1.49	1.63
	2011基年	—	—	1.32	1.66	1.85
	2020基年	—	—	—	2.27	2.80
GDP(2005,万亿美元)		12.56	13.3	16.75	18.77	18.77
GDP年增长率(%)	2005基年	—	0.86	1.45	2.03	2.03
	2011基年	—	—	2.60	2.49	2.49
	2020基年	—	—	—	2.30	2.30
GDP的GHG强度年下降率(%)	2005基年	—	2.04	3.11	3.45	3.59
	2011基年	—	—	3.82	4.05	4.24%
	2020基年	—	—	—	4.47	4.99
GDP的GHG强度比2005年下降(%)		—	11.66	37.76	50.5	51.8

注：数据基于IEA和情景设计计算得到。

表11-2中给出了美国2025年减排26%和减排28%的努力目标情景。美国2005~2011年GHG排放年下降率为1.11%，2020年实现比2005年减排17%目标下，2011~2020年GHG排放的年均下降率也只为1.32%。如果

美国实现2025年比2005年下降26%的减排目标，即比2020年的减排幅度增加9个百分点，那么2020～2025年年均下降率将达2.27%，高于2011～2020年温室气体排放年均下降率水平。如果美国采取措施在2025年实现比2005年减排28%的努力目标，即比2020年的减排幅度增加11个百分点，那么2020～2025年的年下降率将达2.80%。也就是说，美国提出2025年的两个减排努力目标需要比实现2020年减排目标付出更大的努力，未来几年内还必须陆续推出进一步加强可作用于2025年减排目标的政策措施。

（二）中国减排目标情景分析

中国在哥本哈根气候大会上提出的到2020年单位GDP的CO_2排放比2005年减少40%～45%的自主减排目标，是相对的减排目标。其中单位GDP的CO_2强度的计算方法是当年能源消费的CO_2排放量与当年国内生产总值的比值，反映了实现单位国内生产总值所需要的CO_2排放量（何建坤，2011）。从1990年到2011年，我国国内生产总值的CO_2强度下降了54%，由于国内生产总值增长8.0倍，CO_2排放总量也增长3.7倍，快速的经济增长抵消了节能减排的效果，使CO_2排放仍呈上升趋势。

我国提出到2020年非化石能源在一次能源构成中的比重从2005年的7%上升到15%，非化石能源届时需要达到7亿tce，单位能源消费的CO_2排放因子可比2005年下降10%以上，也就是说，中国实现了非化石能源的发展目标，国内生产总值的能源强度只要下降40%左右，即年下降率为3.3%，就可以实现国内生产总值碳强度下降45%的目标。中国减排目标的下降速度和幅度取决于国内生产总值能源强度下降速度和单位能源消费的CO_2排放因子下降速度的叠加（何建坤，2011）。

在2014年发布的《中美气候变化联合声明》中，中国也进一步提出在2030年左右实现CO_2排放达到峰值，并努力早日达峰，同时也计划到2030年非化石能源占一次能源的消费比重提高到20%左右。根据2020年和2030年减排目标和新能源发展目标，测算我国未来可能的强化低碳发展情景如表11－3所示。

表 11 -3　中国实现 2020 年和 2030 年目标可能的强化低碳发展情景

项目		年份					
		2005	2010	2015	2020	2025	2030
GDP 增长指数		1.00	1.70	2.49	3.41	4.45	5.55
能源消费指数		1.00	1.38	1.69	1.99	2.27	2.46
CO_2 排放指数		1.00	1.34	1.58	1.74	1.89	1.97
GDP 能源强度指数		1.00	0.81	0.68	0.59	0.51	0.44
能源 CO_2 强度指数		1.00	0.97	0.93	0.87	0.84	0.80
GDP CO_2 强度指数		1.00	0.79	0.63	0.51	0.43	0.36
能源结构	煤炭(%)	70.8	68.0	64.6	58.0	54.0	50.0
	石油(%)	19.8	19.0	17.0	16.0	16.0	16.0
	天然气(%)	2.6	4.4	7.0	11.0	12.0	14.0
	非化石能源(%)	6.8	8.6	11.4	15.0	18.0	20.0
单位能耗 CO_2 强度($kgCO_2/kgce$)		2.29	2.23	2.14	2.01	1.92	1.84
GDP 能源强度 5 年年均下降率(%)			4.13	3.43	2.97	2.75	2.75
GDP 的 CO_2 强度 5 年年均下降率(%)			4.66	4.22	4.21	3.63	3.52

注：数据基于《中国统计年鉴 2013》和情景设计计算得到。

从表 11 -3 的情景中可以看出，我国为实现 2020 年自主减排目标，从 2005 年起，每年的 GDP 能源强度下降率都要在 3% 左右，需要做出很大努力。不仅需要加大力度转变经济结构，同时也需要不断地提高能源利用效率和倡导节能。如果 2030 年中国实现了非化石能源比例达到 20% 的目标，其非化石能源供应量即达约 11.60 亿 tce，比 2011 年的 2.68 亿 tce 增长 3.3 倍，净增 8.92 亿 tce，年均增速为 8.0%。非化石能源这一持续高速的年增速是史上绝无仅有的，充分体现出我国在应对气候变化领域的决心和努力。

三　中美两国2020年后减排努力和效果比较

（一）单位 GDP 碳排放强度比较

美国到 2025 年在其减排目标分别为 26% 或 28% 情景下，单位 GDP 的 GHGs 排放强度比 2005 年下降幅度分别为 50.5% 和 51.8%，年下降率分别为3.45%和3.59%。而我国未来可能的强化低碳发展情景，单位GDP的CO_2排放强度到2030年比2005年下降64%，年下降率为4%。以单位GDP排放强度下降幅度衡量，我国未来单位GDP的减排目标将高于美国。

（二）新能源和可再生能源发展比较

美国《清洁电力计划（草案）》是其实现2030年减排目标的最主要措施，但其新能源和可再生能源的发展速度和规模则远不及中国。中国2030年非化石能源比例将达20%，届时非化石能源供应量约为11.60亿tce，比2011年净增8.92亿tce，年均增速达8.0%。美国2011年非化石能源供应量为4.38亿tce，到2030年将达5.5亿~6.0亿tce，净增长量不足2亿tce，年均增速仅为1.2%~1.7%。非化石能源供应量2011年美国是中国的1.6倍，而到2030年中国将是美国的2倍。中国2011年到2030年新增非化石能源装机容量将超过8亿kW，约为美国的4倍。美国未来能源替代的速度和规模远低于中国的水平。

（三）CO_2排放峰值比较

美国能源消费及相应CO_2排放均在2005年达到峰值（何建坤，2013），2005年美国人均GDP为4.72万美元（2010年不变价），一次能源消费为33.31亿tce，人均11.2tce，相应CO_2排放量为57.7亿吨CO_2，人均19.5吨。2005~2011年GDP年均增速为0.86%，其单位GDP碳排放强度下降率在只有2.05%的情况下就实现了绝对减排。中国如在2030年前后实现CO_2排放达到峰值的目标，由于达峰时所处发展阶段远早于美国达峰时所处的发展阶段，因此届时GDP潜在年增长率仍将达4%~5%，达峰后即使处于排放的平台期，单位GDP的CO_2强度年下降率也必须达4.5%左右，才能使CO_2排放不再增长。届时GDP的碳强度年下降率要远大于美国达峰时和以后的下降水平。我国CO_2排放达峰时人均排放约8吨，也远低于美国的人均排放水平。美国2005~2011年能源消费量已下降5.5%，即使按基准情景预测，到2020年能源需求量也基本与2005年持平，其节能和能源结构改

善的效果即可实现 CO_2 的绝对减排。而中国2030年后能源需求仍将持续上升，年均增速仍将维持在1.5%左右，需要非化石能源的快速增长以满足总能源需求的增加，而使化石能源消费不再增长，因此2030年前后每年需新增的非化石能源供应量即达约1亿tce。美国2005～2011年新增非化石能源供应量仅为0.54亿tce，年均不足0.1亿tce，到2030年也只比2011年新增不到2亿tce，年均也只增加约0.1亿tce。2030年前后，我国为实现 CO_2 排放达峰每年新增加的非化石能源的供应量将是美国达峰时和其后相当长阶段内每年新增非化石能源供应量的10倍左右。因此，中国 CO_2 排放达到峰值需比美国付出更大努力。

（四）电力部门减排目标和效果比较

2014年6月2日美国环保局发布了《清洁电力计划（草案）》，提出现有电厂减排 CO_2 的目标和措施：即到2030年全国电力部门的 CO_2 排放比2005年减少30%，并将由州与联邦合作实施，各州可以通过改善能源构成、提高能效和需求侧管理来实现各自的目标和满足需求。

美国2005年发电量为4.29万亿kWh，电力部门 CO_2 排放量为24.5亿吨 CO_2，CO_2 排放强度为574gCO_2/kWh。到2011年，发电量达4.35万亿kWh，比2005年增长1.4%。由于天然气和可再生能源发电比例增加，燃煤发电比重由2005年的50.2%下降为43.1%（何建坤，2015），CO_2 排放强度降低为503gCO_2/kWh，下降12.4%，超过发电量增长速度。因此，2005～2011年电力部门 CO_2 排放量由24.5亿吨 CO_2 下降到21.9亿吨 CO_2，下降10.7%。美国2030年实现比2005年下降30%的目标，实际上只需比2011年下降21.6%。

美国电力部门 CO_2 排放到2030年比2005年减排30%，需减排7.35亿吨 CO_2，2011年已比2005年减排2.62亿吨 CO_2，因此从2012年开始只需再减排4.73亿吨 CO_2。其途径主要有：①节能和需求管理，降低电力需求，减少煤电供应量；②进一步用天然气和可再生能源电力替代煤电，降低发电部门的 CO_2 强度。这些都将通过减少燃煤发电来实现。

2005～2011 年美国能源总需求下降 5.5%，但电力需求则上升了 1.4%。美国的《清洁电力计划（草案）》中也提到通过电力系统提高能效和减少需求可减少 8% 的电费，因此 2030 年电力总需求应低于 2011 年，发电量下降应该能够为实现减排做出贡献。为分析未来新能源发展需求，假设 2030 年其发电量与 2011 年相当，那么必须用天然气和非化石能源替代煤电。美国 2011 年燃煤发电 1.875 万亿 kWh，比 2005 年的 2.154 万亿 kWh 已下降 13.0%。如果 2011～2030 年煤电减少量由天然气和非化石能源各自承担 50% 的替代比例，那么到 2030 年天然气和非化石能源的发电量分别要增加 0.336 万亿 kWh，减少煤电装机容量约 1.5 亿 kW，煤电发电量要比 2011 年下降 35.8%，煤电在发电量中的比例也将下降到 28%，天然气和非化石能源发电装机容量分别需增加 0.5 亿～1.0 亿 kW。如果全部用非化石能源替代煤电，则新能源和可再生能源装机容量则需增加 1.5 亿～2.0 亿 kW，减少煤电装机容量约 1.2 亿 kW，燃煤发电量比 2011 年下降 28.1%，煤电在发电量中的比例也将下降到 31%。

中国 2005 年发电量为 2.50 万亿 kWh，电力部门 CO_2 排放量为 21.7 亿吨 CO_2，CO_2 排放强度为 869gCO_2/kWh。到 2011 年，发电量达 4.72 万亿 kWh，比 2005 年增加近 90%。燃煤发电比重由 2005 年的 81.8% 上升到 82.5%，由于大型发电机组的推广和节能减排技术的实施，CO_2 排放强度降低为 764gCO_2/kWh，下降 12%，远低于发电量增长速度。因此，2005～2011 年电力部门 CO_2 排放量从 21.7 亿吨 CO_2 升高到 36.1 亿吨 CO_2，增长了 66%。

2030 年中国发电量需求将达 8 万亿～10 万亿 kWh，为中国 2011 年发电量的 2 倍，年均电力需求增加量为 2.8%～4% 的水平，分别由煤电和非化石能源发电来共同实现。其中煤电在发电中的比重将下降到 60% 左右的份额，这意味着非化石能源供应量将保持更高的发展速度，年均增速达到约 8% 的水平。届时中国单位电量的碳强度将低于 500gCO_2/kWh，但由于煤电比例仍然很高，其单位电量的碳强度高于美国。中美两国电力部门 CO_2 排放相关指标比较如表 11－4 所示。

表 11-4　中美电力部门 CO_2 排放相关指标比较

项目	美国			中国		
	2005 年	2011 年	2030 年	2005 年	2011 年	2030 年
发电量(万亿 kWh)	4.29	4.35	约 4.35	2.50	4.72	8~10
燃煤发电量(万亿 kWh)	2.154	1.875	1.20~1.35	2.05	3.90	5.0~6.0
煤电比例(%)	50.2	43.1	28~31	81.8	82.5	约 60
非化石能源发电比例(%)	约 28	30	38~42	18.0	17.5	约 40
非化石能源供应(亿 tce)	3.84	4.38	5.5~6.0	1.38	2.78	11.6
单位电量 CO_2 排放强度(gCO_2/kWh)	574	503	约 400	869	764	<500
电力部门 CO_2 排放(亿吨 CO_2)	24.5	21.9	17.1	21.7	36.1	40~50
非化石能源供应年增长率(%)	—	2.2	1.2~1.7	—	8.85	约 8.0
单位电量 CO_2 排放强度年下降率(%)	—	2.2	1.3	—	2.12	2.20
电力部门 CO_2 排放年增长率(%)	—	-2.17	-1.20	—	8.8	0.5~1.7
新增非化石能源装机容量(亿 kW)	—	—	1~2	—	—	8~10

注：数据基于 EIA 网站电力部门统计、《中国能源统计年鉴 2013》以及情景设计计算得到。

从上述分析可见，美国所制定的目标对能源替代的速度要求是较缓慢的。与 2011 年相比，中国 2030 年非化石能源供应量将增加约 9 亿 tce，年均增速将达 8% 左右；水电、核电、风电、太阳能发电等装机容量将增加 8 亿~10 亿 kW；每度电的 CO_2 排放强度将下降约 35%（见图 11-2），年下降率达 2.2%，均远高于美国的设想。尽管我国新能源和可再生能源发展的速度和规模远大于美国，但由于 2030 年电力需求将约为 2011 年 2 倍，今后相当长时期内非化石能源新增供应量尚不能满足电力总需求的增长，且又无充足的天然气供应，所以未来煤电仍会有所增加。即使 2011~2030 年期间新增非化石能源装机容量达到美国新增装机容量的 4~6 倍，能源结构调整力度远大于美国，但 CO_2 排放仍会增长约 30%，增速也将逐渐趋缓，电力部门 CO_2 排放将在 2030 年左右趋于峰值。

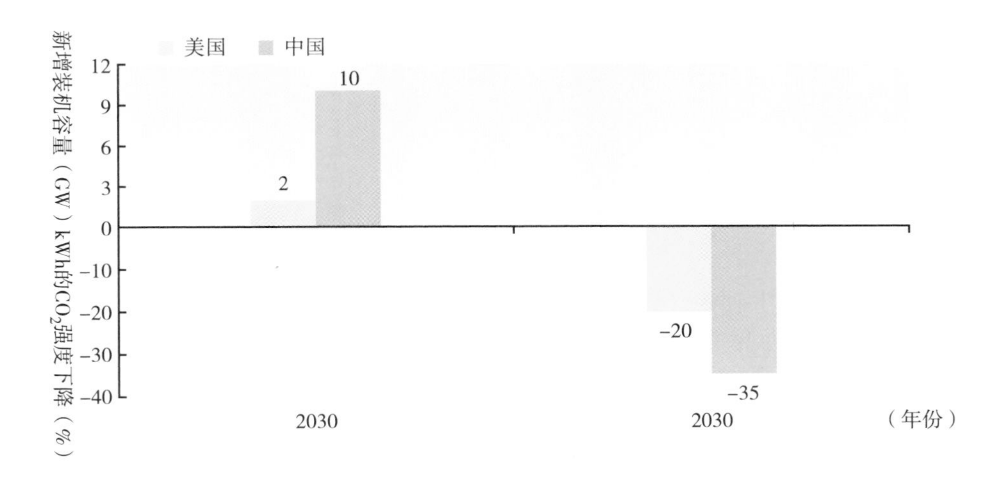

图 11－2　中美两国 2030 年新增装机容量和单位 kWh 的 CO_2 排放强度与 2011 年的比较

注：此图的正向纵坐标轴为“新增装机容量（GW）”，负向纵坐标轴为“kWh 的 CO_2 强度下降（%）”。

四　结论

中国人口众多，能源资源以多煤少油少气为主，但在应对气候变化减排温室气体的努力方面，展现出了非凡的积极性和主动性。我国提出 CO_2 排放尽早达到峰值的目标，需要中国在完成工业化和城市化进程中实现跨越式发展，在经济保持较高速的增长过程中实现碳排放达到峰值，该过程早于美国等发达国家 CO_2 排放达到峰值所处的发展阶段；中国提出的新能源和再生能源发展目标，即要在相当长一段时期内实现新能源和可再生能源年均约8%的增长水平，这在人类历史中是绝无仅有的。在单位 GDP 碳排放下降强度以及电力部门减排努力等方面，中国也需要比美国付出更大的努力。为实现这一目标，中国政府不仅要统筹好全局，全面完善和落实新能源和可再生能源的发展规划，将 CO_2 减排目标逐级分解和细化到各省、区、市，而且要持续推进新能源技术的普及和推广，倡导更加低碳的生活方式和消费模式。在这样的共同努力下，中国将会早日实现从工业文明到生态文明的跨越式发展。

参考文献

1. EDMC，"Handbook of Energy and Economic Statistics 2013"，Japan：The Energy Conservation Center，2014.
2. IEA，"CO_2 Emissions From Fuel Combustion 2013"，France：Paris Cedex，2014.
3. IPCC，AR5 Synthesis Report，http：//www. ipcc. ch/report/ar5/syr/ ，2013－3－5.
4. World Bank："CO_{2e} missions"，http：//databank. shihang. org/data/views/reports/tableview. aspx#，2014－12－1.
5. 何建坤：《我国 CO_2 减排目标的经济学分析与效果评价》，《科学学研究》2011 年第 1 期。
6. 何建坤：《CO_2 排放峰值分析：中国的减排目标及对策》，《中国人口资源与环境》2013 年第 12 期。
7. 何建坤：《中国能源革命与低碳发展的战略选择》，《武汉大学学报》（哲学社会科学）2015 年第 1 期。
8. 《中美气候变化联合声明（全文）》，新华网，http：//news. xinhuanet. com/energy/2014－11/13/c_ 127204771. htm，2014－12－04.
9. 中华人民共和国国家统计局编《中国统计年鉴 2013》，中国统计出版社，2014。

数据指标

Indicators

B.12
低碳发展指标

李惠民*

一 能源消费和二氧化碳排放总量

表 12-1 能源消费总量及其构成

年份	电热当量计算法								
	能源消费总量（万吨标准煤）	能源消费总量（万吨标准煤）	占能源消费总量的比重（%）						
			煤炭	石油	天然气	一次电力及其他能源	其中	
							#水电	#核电
1990	95384	98703	76.2	16.6	2.1	5.1	5.1	—
1991	100413	103783	76.1	17.1	2.0	4.8	4.8	—
1992	105602	109170	75.7	17.5	1.9	4.9	4.9	—
1993	111490	115993	74.7	18.2	1.9	5.2	5.1	0.1
1994	118071	122737	75.0	17.4	1.9	5.7	5.2	0.5
1995	123471	131176	74.6	17.5	1.8	6.1	5.7	0.4

* 李惠民，北京建筑大学讲师，主要研究领域为气候变化政策。

续表

年份	电热当量计算法							
	能源消费总量（万吨标准煤）	能源消费总量（万吨标准煤）	占能源消费总量的比重(%)					
			煤炭	石油	天然气	一次电力及其他能源	其中	
							#水电	#核电
1996	129665	135192	73.5	18.7	1.8	6.0	5.6	0.4
1997	130082	135909	71.4	20.4	1.8	6.4	5.9	0.4
1998	130260	136184	70.9	20.8	1.8	6.5	6.1	0.4
1999	135132	140569	70.6	21.5	2.0	5.9	5.5	0.4
2000	140993	146964	68.5	22.0	2.2	7.3	5.7	0.4
2001	148264	155547	68.0	21.2	2.4	8.4	6.7	0.4
2002	161935	169577	68.5	21.0	2.3	8.2	6.3	0.5
2003	189269	197083	70.2	20.1	2.3	7.4	5.3	0.8
2004	220738	230281	70.2	19.9	2.3	7.6	5.5	0.8
2005	250835	261369	72.4	17.8	2.4	7.4	5.4	0.7
2006	275134	286467	72.4	17.5	2.7	7.4	5.4	0.7
2007	299271	311442	72.5	17.0	3.0	7.5	5.4	0.7
2008	306455	320611	71.5	16.7	3.4	8.4	6.1	0.7
2009	321336	336126	71.6	16.4	3.5	8.5	6.0	0.7
2010	343601	360648	69.2	17.4	4.0	9.4	6.4	0.7
2011	370163	387043	70.2	16.8	4.6	8.4	5.7	0.7
2012	381515	402138	68.5	17.0	4.8	9.7	6.8	0.8
2013	394794	416913	67.4	17.1	5.3	10.2	6.9	0.8
2014		426000	66.0	17.1	5.7	11.2		

资料来源：《中国统计年鉴2015》。

表12－2　能源生产总量及其构成

年　份	能源生产总量（万吨标准煤）	占能源生产总量的比重(%)			
	发电煤耗计算法	原　煤	原　油	天然气	一次电力及其他能源
1978	62770	70.3	23.7	2.9	3.1
1980	63735	69.4	23.8	3.0	3.8
1985	85546	72.8	20.9	2.0	4.3
1990	103922	74.2	19.0	2.0	4.8
1991	104844	74.1	19.2	2.0	4.7
1992	107256	74.3	18.9	2.0	4.8
1993	111059	74.0	18.7	2.0	5.3
1994	118729	74.6	17.6	1.9	5.9

续表

年 份	能源生产总量（万吨标准煤）	占能源生产总量的比重（%）			
	发电煤耗计算法	原 煤	原 油	天然气	一次电力及其他能源
1995	129034	75. 3	16. 6	1. 9	6. 2
1996	133032	75. 0	16. 9	2. 0	6. 1
1997	133460	74. 3	17. 2	2. 1	6. 4
1998	129834	73. 3	17. 7	2. 2	6. 8
1999	131935	73. 9	17. 3	2. 5	6. 3
2000	138570	72. 9	16. 8	2. 6	7. 7
2001	147425	72. 6	15. 9	2. 7	8. 8
2002	156277	73. 1	15. 3	2. 8	8. 8
2003	178299	75. 7	13. 6	2. 6	8. 1
2004	206108	76. 7	12. 2	2. 7	8. 4
2005	229037	77. 4	11. 3	2. 9	8. 4
2006	244763	77. 5	10. 8	3. 2	8. 5
2007	264173	77. 8	10. 1	3. 5	8. 6
2008	277419	76. 8	9. 8	3. 9	9. 5
2009	286092	76. 8	9. 4	4. 0	9. 8
2010	312125	76. 2	9. 3	4. 1	10. 4
2011	340178	77. 8	8. 5	4. 1	9. 6
2012	351041	76. 2	8. 5	4. 1	11. 2
2013	358784	75. 4	8. 4	4. 4	11. 8
2014	360000	73. 2	8. 4	4. 8	13. 6

资料来源：《中国统计年鉴 2015》。

表 12－3　与能源相关的二氧化碳排放量

单位：$MtCO_2$

时间	LCD 2015～2016	IEA	EIA	CDIAC	WRI/CAIT	EDGAR
1996	2894	3091	3006	3218	3372	3583
1997	2867	3063	2918	3214	3336	3551
1998	2877	3139	2916	3057	3405	3603
1999	3000	3040	2933	3032	3297	3521
2000	3067	3310	3165	3107	3559	3520
2001	3211	3396	3227	3158	3672	3592

续表

时间	LCD 2015～2016	IEA	EIA	CDIAC	WRI/CAIT	EDGAR
2002	3506	3605	3422	3332	3909	3857
2003	4145	4177	3960	4095	4507	4458
2004	4826	4837	4597	4804	5195	5237
2005	5501	5403	5116	5256	5788	5811
2006	6013	5913	5575	5797	6308	6462
2007	6552	6316	5908	6112	6720	6965
2008	6675	6490	6167	6337	6902	7739
2009	6977	6793	6816	6872	7215	8210
2010	7389	7253	7389	7349	7684	8693
2011	8243	7955	8127	8012	8392	9541
2012	8392	8206	8106	8520	8650	9868
2013	8661					10281
2014	8672					

资料来源：IEA 数据来源于 CO_2 Emissions from Fuel Combustion（2014 Edition），部门法；

EIA 数据来源于 http：//www. eia. gov/beta/international/，International Energy Statistics；

CDIAC 数据来源于 http：//cdiac. ornl. gov/trends/emis/meth_ reg. html，固体燃料、液体燃料、气体燃料排放量之和；

WRI/CAIT 数据来源于 http：//cait. wri. org，CAIT Climate Data Explorer，能源相关的碳排放；

EDGAR 数据来源于 http：//edgar. jrc. ec. europa. eu/overview. php？ v = CO_2ts1990～2013，包括能源燃烧碳排放和工业过程碳排放。

数据获取时间：2015－10－20。

2014 年数据为估算数据。

表 12－4　森林碳汇

时期	森林覆盖率（%）	森林面积（万 hm^2）	森林蓄积量（亿 m^3）	人工林面积（万 hm^2）	人工林蓄积量（亿 m^3）
1973～1976	12. 7	12186	86. 6	1139	1. 6
1977～1981	12. 0	11528	90. 3	1273	2. 7
1984～1988	13. 0	12465	91. 4	1874	5. 3
1989～1993	13. 9	13370	101. 4	2137	7. 1
1994～1998	16. 6	15894	112. 7	2914	10. 1
1999～2003	18. 2	17491	124. 6	3229	15. 0
2004～2009	20. 4	19545	133. 6	6169	19. 6
2009～2013	21. 6	20800	151. 37	6900	24. 8

资料来源：历次森林普查数据。

表 12－5　分部门能源消费总量

单位：万吨标准煤，电热当量法计算

用能部门　年份	2000	2005	2010	2011	2012	2013
1 能源工业用能和加工、转换、储运损失	40678	65544	94994	94740	95843	99400
1.1 能源工业用能	5858	7477	10970	11561	12009	12160
1.2 加工、转换、储运损失	34820	58067	84024	83179	83834	87240
其中:火力发电损失	－28547	－48284	－65927	－74693	－74097	－80061
供热损失	－2211	－3354	－4680	－4911	－5284	－5081
2 终端能源消费	107197	197530	265955	293932	305503	316177
2.1 农业	2482	4325	4646	4965	5106	5302
2.2 制造业	65880	129268	173646	193353	197304	201776
#用作原料、材料	6883	12240	17349	18508	19830	20783
2.3 交通运输	14854	23741	33919	37018	40364	43297
2.4 建筑	17099	27956	36396	40088	42898	45020
#服务业	5057	9282	12919	14838	16216	16815
#居民生活	12042	18673	23477	25249	26682	28205
一次能源消费总计	140993	250835	343601	370163	381515	394794

表 12－6　分部门终端二氧化碳排放量

单位：百万吨二氧化碳

部门　年份	2000	2005	2010	2011	2012	2013
能源工业	189	247	330	357	364	369
农业	126	224	174	185	151	156
制造业	1886	3610	4984	5599	5639	5759
交通	325	513	723	790	857	917
建筑	541	906	1178	1312	1381	1460
合计	3067	5500	7389	8243	8392	8661

表 12－7 能源工业分行业终端能源消费量

单位：万吨标准煤，电热当量法计算

用能部门 \ 年份	2000	2005	2010	2011	2012	2013
煤炭开采和洗选业	2487	3298	5417	6077	6434	6398
石油和天然气开采业	2524	2451	2930	2819	2843	3046
石油加工、炼焦及核燃料加工业	197	627	1323	1205	1164	1271
电力、热力的生产和供应业	205	431	466	563	578	589
燃气生产和供应业	445	671	834	897	989	856
合计	5858	7478	10970	11561	12008	12160

注：根据《中国能源统计年鉴》中“工业分行业终端能源消费量（标准量）”的相关数据计算得出，已将各行业汽油消费的95%，柴油消费的35%划分到交通部门。

1996～1999 年数据来自《中国能源统计年鉴 2009》，2000～2013 年数据来自《中国能源统计年鉴 2014》。

表 12－8 能源工业分行业二氧化碳排放量

单位：百万吨二氧化碳

行业 \ 年份	2000	2005	2010	2011	2012	2013
煤炭开采和洗选业	8514	11095	16522	18449	19262	19357
石油和天然气开采业	7060	7079	7130	7062	6985	7346
石油加工、炼焦及核燃料加工业	830	2511	4563	4569	4289	4649
电力、热力的生产和供应业	923	1778	2057	2510	2486	2579
燃气生产和供应业	1602	2257	2704	3137	3340	2999

表 12－9 制造业部门分行业能源消费量

单位：万吨标准煤

用能部门 \ 年份	2000	2005	2010	2011	2012	2013
钢铁工业	17266	38696	58026	64011	66824	69661
有色金属	2401	4728	7613	8379	8809	9123
化学工业	11263	23611	30878	34552	35871	37192
建筑材料	9736	23328	28251	33505	33290	31697
纺织工业	2109	4370	4808	5071	5015	4914
造纸	1571	2949	3246	3388	3117	2967

续表

用能部门 \ 年份	2000	2005	2010	2011	2012	2013
食品、饮料、烟草	1613	2754	2576	2764	2681	2787
其他工业	18390	26342	34304	37406	37182	38431
建筑业	1529	2489	3943	4278	4514	5004
合　计	65878	129267	173645	193354	197303	201776

注：根据《中国能源统计年鉴》中“工业分行业终端能源消费量（标准量）”、“中国能源平衡表（标准量）”的相关数据计算得出，已将各行业汽油消费的95%，柴油消费的35%划分到交通部门。

钢铁工业对应于“黑色金属矿采选业”和“黑色金属冶炼及压延加工业”两个部门；有色金属对应于“有色金属矿采选业”和“有色金属冶炼及压延业”两个部门；化学工业对应于“橡胶和塑料制品业”和“化学原料及化学制品业”两个部门；建筑材料对应于“非金属矿采选业”和“非金属矿物制品业”两个部门；纺织工业对应于“纺织业”和“纺织服装、服饰业”；造纸对应于“造纸及纸制品业”；“食品、饮料、烟草”对应于“食品制造业”、“酒、饮料和精制茶制造业”、“烟草制品业”；建筑业对应于《中国能源平衡表》中的建筑业；其他工业为工业部门中扣除能源工业和以上工业部门之外的其他工业。

表 12－10　制造业部门分行业二氧化碳排放量

单位：百万吨二氧化碳

行业 \ 年份	2000	2005	2010	2011	2012	2013
钢铁工业	48867	110020	168421	186078	192525	199811
有色金属	10152	19436	31151	35072	35776	37237
化学工业	34802	71426	90061	100978	104633	108632
建筑材料	29097	66441	81180	97097	95653	91842
纺织工业	7639	15705	17793	19020	18744	18601
造纸	5364	9689	10543	11157	10216	9837
食品、饮料、烟草	5203	8257	8038	8673	8371	8680
其他工业	57190	79727	115771	127700	126185	130766
建筑业	4311	6682	10938	12122	12589	13895

表 12－11　分产业能源消费总量

单位：万吨标准煤，发电煤耗法

年份	能源消费总量	第一产业	第二产业	第三产业	生活消费
2000	146965	4233	105221	20816	16695
2001	155548	4553	112008	21686	17301
2002	169576	4929	122375	23630	18642
2003	197082	5683	142120	27831	21448

续表

年份	能源消费总量	第一产业	第二产业	第三产业	生活消费
2004	230282	6392	166577	32568	24745
2005	261370	6860	191400	35537	27573
2006	286466	7154	210426	38784	30102
2007	311441	7068	230038	41444	32891
2008	320612	6873	235953	44097	33689
2009	336126	6978	248279	45696	35173
2010	360647	7266	266910	50001	36470
2011	387043	7675	284100	55684	39584
2012	402139	7804	291049	60980	42306
2013	416913	8055	298147	65180	45531
2014	426000				

资料来源：《中国能源统计年鉴 2014》。

表 12－12　分产业二氧化碳排放量

单位：百万吨二氧化碳

年份	碳排放总量	第一产业	第二产业	第三产业	生活消费
2000	3066	134	2114	442	376
2001	3212	150	2221	458	383
2002	3507	165	2427	502	413
2003	4146	185	2885	597	479
2004	4826	212	3372	695	547
2005	5501	239	3896	758	608
2006	6013	266	4261	827	659
2007	6553	298	4659	883	713
2008	6675	270	4761	927	717
2009	6977	294	4985	955	743
2010	7388	188	5367	1045	788
2011	8244	201	6006	1175	862
2012	8392	167	6050	1270	905
2013	8663	173	6176	1351	963

注：根据各类能源的排放因子计算得出；各产业碳排放计算过程中未进行交通用能调整，以便与国家统计结构一致。

二　能源和二氧化碳排放效率

表 12－13　不变价万元增加值能耗强度和碳排放强度

年份	万元国内生产总值能源消费量（吨标准煤/万元）	万元增加值能耗（吨标准煤/万元）			万元国内生产总值能源消费量（吨 CO_2/万元）	万元增加值碳排放（吨 CO_2/万元）		
		第一产业	第二产业	第三产业		第一产业	第二产业	第三产业
2000	0.976	0.160	1.654	0.334	2.037	0.508	3.324	0.709
2001	0.954	0.168	1.624	0.315	1.969	0.551	3.219	0.665
2002	0.953	0.177	1.615	0.311	1.971	0.590	3.203	0.660
2003	1.007	0.199	1.665	0.334	2.118	0.647	3.379	0.717
2004	1.069	0.211	1.756	0.356	2.240	0.699	3.555	0.759
2005	1.090	0.216	1.801	0.345	2.293	0.750	3.665	0.737
2006	1.060	0.215	1.746	0.330	2.225	0.798	3.535	0.704
2007	1.009	0.205	1.659	0.304	2.123	0.862	3.361	0.648
2008	0.948	0.189	1.550	0.293	1.973	0.743	3.127	0.616
2009	0.909	0.185	1.482	0.277	1.888	0.778	2.975	0.580
2010	0.882	0.185	1.414	0.277	1.807	0.479	2.843	0.578
2011	0.865	0.187	1.361	0.281	1.841	0.489	2.877	0.594
2012	0.834	0.182	1.289	0.285	1.740	0.391	2.678	0.594
2013	0.803	0.181	1.224	0.282	1.667	0.388	2.534	0.584
2014	0.764							

注：2010 年不变价。

表 12－14　历年电力结构及单位电力碳排放指标

指标	发电量	火电发电量	水电发电量	核电发电量	风电发电量	太阳能发电量	火力发电碳排放总量	火力发电度电排放	全国平均度电碳排放
单位	亿 kWh	亿 kWh	亿 kWh	亿 kWh	亿 kWh	亿 kWh	$MtCO_2$	gCO_2/kWh	gCO_2/kWh
2000	13556	11142	2224	167			1087	976	802
2001	14808	11834	2774	175			1142	965	771
2002	16540	13381	2880	251			1278	955	772
2003	19106	15804	2837	433			1487	941	778

续表

指标	发电量	火电发电量	水电发电量	核电发电量	风电发电量	太阳能发电量	火力发电碳排放总量	火力发电度电排放	全国平均度电碳排放
单位	亿 kWh	亿 kWh	亿 kWh	亿 kWh	亿 kWh	亿 kWh	$MtCO_2$	gCO_2/kWh	gCO_2/kWh
2004	22033	17956	3535	505			1666	928	756
2005	25003	20473	3970	531			1884	920	754
2006	28657	23696	4358	548			2153	909	751
2007	32816	27229	4853	621			2405	883	733
2008	34669	27901	5852	692			2405	862	694
2009	37147	29828	6156	701			2505	840	674
2010	42072	33319	7222	747	446		2745	824	652
2011	47130	38337	6990	872	703	6	3127	816	663
2012	49876	38928	8721	983	960	36	3130	804	627
2013	54316	42470	9203	1115	1412	84	3390	798	624

资料来源：发电量数据来自中国电力企业联合会、《中国能源统计年鉴 2014》中“电力能源平衡表”；碳排放总量根据电力转换过程中各类能源消耗量计算得出。

表 12-15　历年主要电力技术经济指标

年份	发电设备平均利用小时（小时）	发电厂用电率（%）	线路损失率（%）	发电标准煤耗（克/千瓦时）	供电标准煤耗（克/千瓦时）
2000	4517	6.28	7.70	363	392
2001	4588	6.24	7.55	357	385
2002	4860	6.15	7.52	356	383
2003	5245	6.07	7.71	355	380
2004	5455	5.95	7.55	349	376
2005	5425	5.87	7.21	343	370
2006	5198	5.93	7.04	342	367
2007	5020	5.83	6.97	332	356
2008	4648	5.90	6.79	322	345
2009	4546	5.76	6.72	320	340
2010	4650	5.43	6.53	312	333
2011	4730	5.39	6.52	308	329
2012	4579	5.10	6.74	305	325
2013	4521	5.05	6.69	302	321
2014	4286		6.34	300	318

注：6000 千瓦及以上电厂数据；

资料来源：1958～2013 年数据来自中国电力企业联合会《2013 年电力统计基本数据一览表》；2014 年数据来自国家能源局 http://www.nea.gov.cn/2015-01/16/c_133923477.htm；2014 年发电煤耗根据《中国统计公报 2014》中相关表述计算。

表 12－16　6000 千瓦及以上电厂年利用小时

单位：小时

年　份	平均	火　电	水　电	核电	风电	太阳能
2008	4648	4885	3589	7679	2046	
2009	4546	4865	3328	7716	2077	
2010	4650	5031	3404	7840	2047	
2011	4730	5305	3019	7759	1875	
2012	4579	4982	3591	7855	1929	1423
2013	4521	5021	3359	7874	2025	1342
2014	4286	4706	3653		1905	

资料来源：2013 年之前数据来自中国电力企业联合会《2013 年电力统计基本数据一览表》；2014 年数据来自国家能源局 http：//www. nea. gov. cn/2015－01/16/c_ 133923477. htm. 。

表 12－17　制造业分行业单位工业增加值能耗

单位：吨标准煤/万元（2010 年不变价格）

行业＼年份	2000	2005	2010	2011	2012	2013
钢铁工业	6. 885	6. 303	5. 323	4. 698	4. 535	4. 304
有色金属	3. 087	3. 327	2. 747	2. 734	2. 598	2. 488
化学工业	3. 785	4. 165	3. 136	3. 039	2. 868	2. 727
建筑材料	5. 550	7. 741	4. 559	4. 544	3. 897	3. 460
纺织工业	1. 057	1. 336	0. 884	0. 845	0. 788	0. 753
造纸	3. 368	3. 297	2. 012	1. 821	1. 525	1. 401
食品、饮料、烟草	0. 615	0. 666	0. 393	0. 376	0. 328	0. 322
其他工业	0. 906	0. 698	0. 513	0. 473	0. 429	0. 405
建筑业	0. 288	0. 303	0. 233	0. 224	0. 213	0. 215
制造业部门平均	1. 860	2. 033	1. 470	1. 369	1. 262	1. 184

注：能耗采用发电煤耗法计算。

表 12－18　制造业分行业增加值

单位：亿元（2010 年不变价格）

行业＼年份	2000	2005	2010	2011	2012	2013
钢铁工业	3609	8014	14231	15313	16511	17926
有色金属	1638	3045	5864	6488	7193	8001
化学工业	4633	8087	14686	16297	17759	19342
建筑材料	2450	3990	8725	10075	10967	11931

续表

行业 \ 年份	2000	2005	2010	2011	2012	2013
纺织工业	3582	6020	9760	10492	11075	11982
造纸	784	1481	2524	2803	2965	3159
食品、饮料、烟草	3960	5675	9766	10977	11668	12686
其他工业	18338	36581	70322	79099	86547	93559
建筑业	8125	13373	27070	29691	32595	35753
合　计	47119	86266	162948	181235	197280	214339

表 12－19　能源工业分行业单位工业增加值能耗

单位：吨标准煤/万元（2010 年不变价格）

行业 \ 年份	2000	2005	2010	2011	2012	2013
煤炭开采和洗选业	2. 256	1. 510	1. 891	1. 948	1. 891	1. 718
石油和天然气开采业	0. 558	0. 602	0. 654	0. 630	0. 627	0. 651
石油加工、炼焦及核燃料加工业	3. 488	4. 875	6. 199	6. 037	6. 039	5. 932
电力、热力的生产和供应业	2. 129	2. 145	2. 038	2. 118	2. 042	2. 190
燃气生产和供应业	7. 826	3. 982	1. 566	1. 439	1. 368	1. 265
能源工业部门平均	1. 683	1. 913	2. 129	2. 152	2. 114	2. 127

注：能耗采用发电煤耗法计算。

表 12－20　能源工业分行业工业增加值

单位：亿元（2010 年不变价格）

行业 \ 年份	2000	2005	2010	2011	2012	2013
煤炭开采和洗选业	2028	3731	6576	7444	7975	8255
石油和天然气开采业	7103	6219	6099	6224	6213	6278
石油加工、炼焦及核燃料加工业	2281	2560	2883	3012	3118	3246
电力、热力的生产和供应业	4972	7390	10541	11268	11676	12006
燃气生产和供应业	79	174	401	440	504	551
合　计	16463	20074	26500	28388	29486	30336

表 12-21　不同运输方式的旅客周转量

单位：亿人公里

指标	旅客周转量	铁路	公路	水运	民航
2000	12262	4533	6657	101	971
2001	13155	4767	7207	90	1091
2002	14126	4969	7806	82	1269
2003	13811	4789	7696	63	1263
2004	16308	5712	8748	66	1782
2005	17467	6062	9292	68	2045
2006	19198	6622	10131	74	2371
2007	21593	7216	11507	78	2792
2008	23197	7779	12476	59	2883
2009	24834	7879	13511	69	3375
2010	27894	8762	15021	72	4039
2011	30984	9612	16760	75	4537
2012	33383	9812	18468	77	5026
2013	27572	10596	11251	68	5657
2014	30096	11605	12084	74	6333

注：2008 年公路、水路运输量统计口径有调整。

资料来源：《中国统计年鉴 2015》。

表 12-22　不同运输方式的货物周转量

单位：亿吨公里

指标	货物周转量	铁路	公路	水运	远洋	民航	管道
2000	44321	13770	6129	23734	17073	50	636
2001	47710	14694	6330	25989	20873	44	653
2002	50686	15658	6783	27511	21733	52	683
2003	53859	17247	7099	28716	22305	58	739
2004	69445	19289	7841	41429	32255	72	815
2005	80258	20726	8693	49672	38552	79	1088
2006	88840	21954	9754	55486	42577	94	1551
2007	101419	23797	11355	64285	48686	116	1866
2008	110300	25106	32868	50263	32851	120	1944
2009	122133	25239	37189	57557	39524	126	2022

续表

指标	货物周转量	铁路	公路	水运	远洋	民航	管道
2010	141837	27644	43390	68428	45999	179	2197
2011	159324	29466	51375	75424	49355	174	2885
2012	173804	29187	59535	81708	53412	164	3211
2013	168014	29174	55738	79436	48705	170	3496
2014	185398	27530	61017	92775	55935	186	3889

注：2008 年公路、水路运输量统计口径有调整。
资料来源：《中国统计年鉴 2015》。

表 12－23　铁路运输基本情况

指标	国家铁路蒸汽机车拥有量(台)	国家铁路内燃机车拥有量(台)	国家铁路电力机车拥有量(台)	内燃机车平均牵引总重(吨)	电力机车平均牵引总重(吨)	内燃机车万吨公里耗油(千克)	电力机车万吨公里耗电(千瓦小时)
1995	4347	8282	2517	2663	2840	24.0	109.0
1996	3781	8944	2678	2632	2865	25.0	110.0
1997	2931	9583	2821	2642	2856	25.0	112.0
1998	2061	10004	3111	2604	2861	26.0	113.0
1999	1015	10121	3344	2596	2870	26.2	113.6
2000	601	10355	3516	2608	2869	25.8	113.2
2001	381	10598	3976	2668	2985	25.7	113.1
2002	109	10752	3876	2648	3028	25.9	110.8
2003	94	10778	4584	2679	3071	25.4	110.0
2004	82	11135	4849	2768	3198	25.0	111.2
2005	94	11331	5122	2848	3335	24.6	111.8
2006	91	11348	5465	2887	3425	24.3	110.0
2007	89	11229	5993	2920	3528	24.6	109.5
2008	89	11041	6206	2970	3654	24.9	110.6
2009	83	10844	6898	3002	3736	25.2	107.9
2010	51	10041	8257	3584	4522	26.4	102.4
2011		10095	9495	2964	3790	26.5	100.6
2012		9578	10047	2988	3776	26.8	102.1
2013		8983	10703	2973	3768	27.3	101.9
2014				2998	3715	27.2	103.3

资料来源：《中国统计年鉴 2015》、国家统计局官方网站。

表 12－24　重点监测交通运输企业能源消耗状况

指标	单位	2011 年	2012 年	2013 年	2014 年
公路					
城市公交企业	吨标准煤/万人次	1.4	1.4	1.5	1.4
城市公交企业	千克标准煤/百车公里	48.8	46.3	47.6	48.1
天然气车	千克标准煤/百车公里	68.4	60.4	57.3	
液化石油气车	千克标准煤/百车公里	57.9	58.0	56.3	
柴油车	千克标准煤/百车公里	47.0	45.5	43.6	
双燃料车	千克标准煤/百车公里	42.6	39.3	38.9	
汽油车	千克标准煤/百车公里	39.4	36.6	34.2	
电车	千克标准煤/百车公里	20.5	19.5	18.0	
乙醇汽油车	千克标准煤/百车公里			31.8	
班线客运企业	千克标准煤/千人公里	11.3	11.7	11.6	12.1
15～30(含)客位	千克标准煤/千人公里	13.7	13.8	13.1	
30 客位以上	千克标准煤/千人公里	11.2	11.6	11.6	
专业货运企业	千克标准煤/百吨公里	2.2	1.7	1.9	2.0
集装箱车	千克标准煤/百吨公里	4.8	5.7	5.2	
牵引车	千克标准煤/百吨公里	2.0	1.6	1.7	
厢式车	千克标准煤/百吨公里	2.8	2.3	2.5	
水运					
远洋和沿海货运企业	千克标准煤/千吨海里	7.0	6.2	5.9	5.1
液化气船	千克标准煤/千吨海里	46.8	49.9	48.7	
多用途船	千克标准煤/千吨海里	9.5	10.2	8.4	
集装箱船	千克标准煤/千吨海里	9.0	7.5	7.0	
干散货船	千克标准煤/千吨海里	5.4	4.9	4.6	
油船	千克标准煤/千吨海里	4.3	3.9	3.7	
港口企业	吨标准煤/万吨	3.16	3.00	2.90	2.70
沿海港口企业	吨标准煤/万吨	3.27	3.10	3.00	
内河港口企业	吨标准煤/万吨	2.15	2.10	1.80	

三　能源消费结构

表 12－25　制造业部门能源消费结构

单位：%

年份	2000	2005	2010	2011	2012	2013
固体燃料	55.56	62.95	55.74	56.08	55.85	53.27
液体燃料	18.81	13.02	13.67	12.14	11.71	11.71
气体燃料	4.13	4.28	7.55	8.58	8.76	10.00
热力	5.79	4.38	4.15	3.99	4.16	4.30
电力	15.71	15.38	18.89	19.21	19.53	20.72

注：制造业能源消费结构根据《中国能源统计年鉴 2011》中“工业分行业终端能源消费量（标准量）电热当量法”计算，已将制造业内部汽油消费的 95%，柴油消费的 35% 划分到交通部门。固体燃料包括：煤合计、焦炭；液体燃料：油品合计；气体燃料包括：焦炉煤气、高炉煤气、转炉煤气、其他煤气、天然气、液化天然气。

表 12－26　交通运输部门能源消费结构

单位：%

年份	2000	2005	2010	2011	2012	2013
固体燃料	8.15	5.74	4.67	4.79	4.72	4.71
液体燃料	88.23	89.19	86.93	85.59	85.75	85.19
气体燃料	0.52	2.32	5.11	6.15	6.11	6.61
热力	0.25	0.20	0.22	0.25	0.26	0.24
电力	2.85	2.54	3.06	3.22	3.17	3.24

注：交通运输部门能源消费结构根据《中国能源统计年鉴 2014》中“工业分行业终端能源消费量（标准量）电热当量法”计算，已将能源工业、农业、制造业、建筑部门内部汽油、柴油消费，按相应比例划分到交通部门。

表 12－27　建筑部门能源消费结构

单位：%

年份	2000	2005	2010	2011	2012	2013
固体燃料	48.31	45.08	33.11	33.09	29.68	29.68
液体燃料	25.62	22.73	24.03	24.13	24.93	24.93
气体燃料	5.19	6.16	10.15	10.29	10.42	10.42
热力	4.74	6.33	6.41	6.05	6.16	6.16
电力	16.13	19.70	26.30	26.45	28.81	28.81

注：根据电热当量法计算，已将汽油、柴油消费按相应比例划分到交通部门。

表 12－28　历年发电装机容量

单位：万千瓦

年　份	总计	火电	水电	核电	风电	太阳能
2000	31932	23754	7935	210	34	
2001	33850	25301	8301	210	38	
2002	35657	26555	8607	447	47	
2003	39141	28977	9490	619	55	
2004	44250	32948	10524	696	82	
2005	51718	39138	11739	696	106	
2006	62370	48382	13029	696	207	
2007	71822	55607	14823	908	420	
2008	79293	60286	17260	908	839	
2009	87410	65108	19629	908	1760	3
2010	96641	70967	21606	1082	2958	26
2011	106253	76834	23298	1257	4623	212
2012	114676	81968	24947	1257	6142	341
2013	125768	87009	28044	1466	7652	1589
2014	137018	92363	30486	2008	9657	2486

资料来源：2000 年之前数据来自中国电力企业联合会；2000 ~ 2014 年数据来自《中国统计年鉴 2015》。

四　国际比较

表 12 - 29　火电厂发电煤耗国际比较

单位：克标准煤/kWh

年份	1995	2000	2005	2006	2007	2008	2009	2010	2011	2012	2013
中国[1]	379	363	343	342	332	322	320	312	308	305	302
日本[2]	315	303	301	299	300	297	294	294	295	294	

注：1. 6MW 以上机组；2. 九大电力公司平均。

资料来源：《中国能源统计年鉴 2014》。

表 12 - 30　火电厂供电煤耗国际比较

单位：克标准煤/kWh

年份	1995	2000	2005	2006	2007	2008	2009	2010	2011	2012	2013
中国	412	392	370	367	356	345	340	333	329	325	327
日本	331	316	314	312	312	310	307	306	306	306	
意大利	319	315	288	283	280	376	378	275	274		
韩国	323	311	302	300	301	301	300	303			

资料来源：《中国能源统计年鉴 2014》。

表 12 - 31　钢可比能耗国际比较

单位：千克标准煤/吨

年份	1995	2000	2005	2006	2007	2008	2009	2010	2011	2012	2013
中国	976	784	732	729	718	709	697	681	675	674	662
日本	656	646	640	627	610		612				

资料来源：《中国能源统计年鉴 2014》。大中型钢铁企业平均值，综合能耗中的电耗均按发电煤耗折算标准得出。

表 12 - 32　电解铝交流电耗国际比较

单位：kWh/吨

年份	1995	2000	2005	2008	2009	2010	2011	2012	2013
中国	16620	15418	14575	14323	14171	13979	13913	13844	13740
国际先进水平	14400	14400	14100	14100	13830	13830	13830	12900	12900

资料来源：《中国能源统计年鉴 2014》。

表 12－33　水泥综合能耗国际比较

单位：千克标准煤/吨

年份	1995	2000	2005	2006	2007	2008	2009	2010	2011	2012	2013
中国	199	172	149	166	164	154	136	134	129	127	125
日本	124	126	127	126	118			119			

资料来源：《中国能源统计年鉴 2014》。综合能耗中的电耗均按发电煤耗折算标准煤。

表 12－34　乙烯综合能耗国际比较

单位：千克标准煤/吨

年份	2000	2005	2006	2007	2008	2009	2010	2011	2012	2013
中国	1125	1073	1013	1026	1010	976	950	895	893	879
国际先进水平	714	629	629	629	629	629	629	629	629	629

资料来源：《中国能源统计年鉴 2014》。综合能耗中的电耗均按发电煤耗折算标准煤。中国主要用石油脑油做原料，国际先进水平是中东地区平均值，主要用乙烷做原料。

表 12－35　合成氨综合能耗国际比较

单位：千克标准煤/吨

年份	1990	1995	2000	2005	2008	2009	2010	2011	2012	2013
中国	2035	1849	1699	1650	1661	1591	1587	1568	1552	1532
美国	1000	1000	1000	990	990	990	990	990	990	990

资料来源：《中国能源统计年鉴 2014》。中国数据为大、中、小装置平均值，2010 年煤占合成氨原料的 79%。美国数据为以天然气为原料的大型装置的平均值，2010 年天然气占合成氨原料的 98%。

表 12－36　纸和纸板综合能耗国际比较

单位：千克标准煤/吨

年份	1990	2000	2005	2006	2007	2008	2009	2010	2011	2012	2013
中国	1550	1540	1380	1290	1255	1153	1090	1080	1170	1120	1114
日本	744	678	640	627	610		580	581	583		

资料来源：《中国能源统计年鉴 2014》。产品能耗为自制浆企业综合能耗平均值。

五 方法与数据

（一）指标构成

所谓低碳发展，指的是在保障经济社会持续发展的前提下，尽可能地减少温室气体排放。减少温室气体排放既包括绝对减排，也就是温室气体排放总量的减少；也包括相对减排，也就是温室气体排放效率的提高。提高温室气体排放效率也包括两条途径：提高能源效率和改善能源结构。在这样一个基本逻辑下，本报告把低碳指标大致归为三大类：总量指标、效率指标和能源结构指标。数据是衡量低碳发展的准绳。我们希望透过这些指标，尽可能地展现中国低碳发展的状态。

低碳发展指标包括三个层次。总量指标的第一层次是能源消费和温室气体排放总量，第二层次是分部门能源消费和碳排放总量，第三层次是部门内分行业、分类别的能源消费和碳排放总量。效率指标的第一层次是单位GDP 能耗和单位 GDP 碳排放，第二层次是分部门能源和碳排放效率，第三层次是分行业能源消费和碳排放效率。在反映效率的指标中，既包括以单位增加值衡量的效率指标、以实物量衡量的物理能效指标，也包括产业结构、行业结构、产品结构等方面的指标。能源结构指标的第一层次以单位能源的碳排放量来衡量，第二层次主要反映能源结构的变化，同时也包括了火力发电效率。

（二）部门划分

中国的能源平衡表中，各部门的能源消费量采用“工厂法”，与 IEA、IPCC 排放清单指南中的定义存在较大区别。为了便于国际能源消费比较，以及根据《2006 年 IPCC 国家温室气体清单指南》中的部门法计算能源燃烧的碳排放，有必要对中国的能源平衡表进行重新构建。

表 12－1 是二者“终端消费”下的表式对比。中国能源平衡表与 IEA

能源平衡表的差异突出地表现在交通部门。根据中国公开发布的能源统计数据，公路、水运、铁路、航空、管道等5类运输方式的能源消费量无法获得。而中国“交通运输、仓储及邮电通信业”的能源消费中，既包括了用于仓储等非交通运输的能源消费，也有大量用于交通运输的能源消费未被统计在内（如私人用车）。

表 12－37　中国的能源平衡表与IEA能源平衡表的差异

中国能源平衡表	IEA 能源平衡表
1. 农、林、牧、渔、水利业	1 工业
2. 工业	包含建筑业在内的13个行业
#用作原料、材料	2 交通运输
3. 建筑业	国内航空
4. 交通运输、仓储及邮电通信业	公路
5. 批发和零售贸易业、餐饮业	铁路
6. 生活消费	管道
城镇	国内航运
乡村	3 其他部门
7. 其他	居民消费
	商业和公共事业
	农林业
	渔业
	其他
	4 非能源使用
	用于工业的
	用于交通的
	用于其他部门的

中国能源平衡表中终端能源消费分为7个部门，本报告将这些部门合并为5个，即农业部门、能源部门、制造业部门、交通部门和建筑部门。具体合并方法为：将农、林、牧、渔、水利业归为农业部门；根据分行业终端能源消费量，将煤炭开采和洗选业，石油和天然气开采业，石油化工、炼焦及核燃料加工业，电力、热力的生产和供应业，燃气生产和供应业五个行业单独划分为一个能源部门；将除能源工业外的其他工业和建筑业归为制造业部

门；将交通运输、仓储及邮电通信业归为交通部门，其他行业归为建筑部门。

基于能源平衡表进行部门重新划分，还需要通过“油品分摊方法”，将农业、工业，建筑业，批发和零售贸易业、餐饮业，生活消费等产业用于交通的能源消费（主要是汽油和柴油）拆分出来，重新划入交通部门。具体做法为：将能源工业、制造业部门、建筑部门内除生活消费外，汽油消费的95%，柴油消费的35%划分到交通部门；将建筑部门内居民消费的全部汽油、95%的柴油划分到交通部门；将农业消费的全部汽油及25%的柴油划分到交通部门。此外，由于交通部门中包括了仓储业，将交通部门内15%的电力消费划分到建筑部门。

（三）碳排放计算方法

本报告主要基于《2006 年 IPCC 国家温室气体清单指南》中的参考方法来估算中国的碳排放。完整的温室气体排放清单中，包括能源活动、工业过程、农业活动、土地利用变化、废弃物管理等五大类活动，同时涉及二氧化碳，甲烷、氧化亚氮、氢氟碳化物、全氟化碳、六氟化硫等多种温室气体。为了研究方便，本报告仅涉及能源燃烧产生的二氧化碳排放。根据《气候变化第二次国家信息通报》，能源燃烧产生的二氧化碳排放可占到全部温室气体排放量的77%左右。

参考方法是一种自上而下的方法，根据各种化石燃料的表观消费量、各燃料品种的单位发热量、含碳量，以及消耗各种燃料的主要设备的平均氧化率，化石燃料非能源用途的固碳量等参数综合计算得出。用该方法估算燃料燃烧的二氧化碳排放量的计算公式为：

二氧化碳排放量 = [燃料消费量(热量单位) × 单位热值燃料含碳量—固碳量] ×
燃料燃烧过程中的碳氧化率

固碳率指各种化石燃料在作为非能源使用过程中，被固定下来的碳的比率。由于这部分碳没有被释放，需要在排放量计算中予以扣除。碳氧化率指各种化石燃料在燃烧过程中被氧化的碳的比率，表征燃料的燃烧充分性。一般来说，单位热值（也称低位发热量）、单位热值含碳量、固碳率、氧化率等参数与化石燃料的特性相关，相对精确的温室气体清单编制需要取得各种燃料的实测数据。本报告参照《2005 中国温室气体清单研究》、《省级温室气体排放清单指南》，采用的排放因子见表 12 -38：

表 12 -38　各类能源碳排放相关系数

能源品种	单位热值含碳量(吨碳/TJ)	氧化率(%)	非能源使用固碳率(%)
原煤	26.37	92	100
精洗煤	25.41	98	100
其他洗煤	25.41	96	100
型煤	33.56	90	100
煤矸石	33.56	90	100
焦炭	29.42	93	100
焦炉煤气	13.58	99	33
高炉煤气	12.00	99	33
转炉煤气	12.00	99	33
其他煤气	12.00	99	33
其他焦化产品	29.50	93	100
原油	20.08	98	50
汽油	18.90	98	50
煤油	19.60	98	50
柴油	20.20	98	50
燃料油	21.10	98	50
石脑油	20.00	98	75
润滑油	20.00	98	50
石蜡	20.00	98	75
溶剂油	20.00	98	75
石油沥青	22.00	98	100
石油焦	27.50	98	75
液化石油气	17.20	99	80
炼厂干气	18.20	99	33
其他石油制品	20.00	98	75
天然气	15.32	99	100
液化天然气	15.32	99	80
其他能源	12.20	98	100

燃料热值是反映燃料性能的重要参数，不同燃料之间存在巨大差异。《2006年IPCC国家温室气体清单指南》、《2005中国温室气体清单研究》、《省级温室气体排放清单指南》等文献中均给出了不同燃料热值的参考值。但值得注意的是，由于燃料特性不同，参考因子有时存在较大误差。如Liu et al在nature发表的文章就显示，IPCC缺省值比中国煤炭的平均热值高了40%左右。国际上煤炭热值的分类方法通常基于发热量，中国则主要依据挥发分含量、黏结指数和胶质层厚度等指标。中国能源统计年鉴在给出能源消费实物量的同时，也给出了标准量统计的能源消费总量。由于标准量根据能源品种的热值转化而来，本报告中直接采用中国能源平衡表中的标准量数据，尽可能地避免不同燃料热值因子所产生的误差。

（四）数据来源

能源统计是本报告最重要的数据来源。近十年来，中国的能源统计经过两次重大修订。第一次修订体现在《中国能源统计年鉴2009》，这次修订重点修订了1996～2007年的能源数据。2007年中国能源消费总量由26.558亿吨修订为28.051亿吨，增加了1.4925亿吨，5.6%的修正。第二次修订将体现在《中国能源统计年鉴2014》，这次修订主要修订了2000～2013年的能源数据。2007年能源消费总量数据再次由28.051亿吨修订为31.144亿吨，增加了近3.1亿吨标准煤；2013年能源消费数据则由37.5亿吨标准煤修订为41.691亿吨标准煤，增加了近4.19亿吨标准煤。能源数据的修订对单位GDP能耗数据和碳排放数据具有重大影响。从中国的5年规划来看，“十五”（2000～2005年）是受影响最大的一个时期，能耗强度增长了11.66%，而修订前只增长了1.82%。修订后中国的能源强度在2002～2005年之间出现增长趋势，而修订之前这一趋势发生在2002～2004年。这次数据修订后，中国节能政策的基准年（2005）能源强度有所提高，“十一五”时期中国单位GDP能耗下降率由19.1%修正为19.0%。本年度报告以《中国能源统计年鉴2014》中的数据为基准，对1996～2014年的中国能源消费状况进行了重新整理，并以此计算了分部门二氧化碳排放。

本报告中所用到的各种原始数据都来自官方统计，如《中国统计年鉴》、《中国能源统计年鉴》和国家统计局网站近年来更新后的数据。此外，本报告也采用了来自中国电力企业联合会、中国钢铁协会等行业协会的数据以及其他文献数据。各种来源的数据都在指标中予以注明。

附　　录

Appendices

B.13
附录一　名词解释

名　　词	含义解释
联合国气候变化框架公约	United Nations Framework Convention on Climate Change，UNFCCC，是1992年5月9日联合国政府间谈判委员会就气候变化问题达成的公约，于1992年6月4日在巴西里约热内卢举行的联合国环发大会（地球首脑会议）上通过。《联合国气候变化框架公约》是世界上第一个为全面控制二氧化碳等温室气体排放，以应对全球气候变暖给人类经济和社会带来不利影响的国际公约，也是国际社会在应对全球气候变化问题上进行国际合作的一个基本框架。
京都议定书	Kyoto Protocol，全称《联合国气候变化框架公约的京都议定书》，是《联合国气候变化框架公约》的补充条款，于1997年12月在日本京都由联合国气候变化框架公约参加国制定，其目标是“将大气中的温室气体含量稳定在一个适当的水平，进而防止剧烈的气候改变对人类造成伤害”。
巴黎协定	Paris Agreement，2015年12月12日巴黎气候变化大会通过的对2020年后全球应对气候变化做出的制度性安排协议。协议规定各方将以“自主贡献”的方式参与全球应对气候变化行动，把全球平均气温较工业化前水平升高控制在2摄氏度之内，并为把升温控制在1.5摄氏度之内而努力。发达国家将继续带头减排，并加强对发展中国家的资金、技术和能力建设支持，帮助后者减缓和适应气候变化。从2023年开始，每5年将对全球行动总体进展进行一次盘点，以帮助各国提高力度、加强国际合作，实现全球应对气候变化长期目标。

续表

名　词	含义解释
气候变化南南合作基金	2015 年 9 月中国在《中美元首气候变化联合声明》中宣布出资 200 亿元人民币建立“中国气候变化南南合作基金”，支持其他发展中国家应对气候变化，包括增强其使用绿色气候基金的能力。
能源强度	能源强度是用于对比不同国家和地区能源综合利用效率的最常用指标之一，体现了能源利用的经济效益。能源强度最常用的计算方法有两种：一种是单位国内生产总值（GDP）所需消耗的能源；另一种是单位产值所需消耗的能源。而后者所用的产值，由于随市场价格变化波动较大，因此若非特别注明，能源强度均指代单位 GDP 能耗，最常用的单位为“吨标准煤/万元”。
碳强度	碳强度是指单位国内生产总值的二氧化碳排放量。
碳汇	从空气中清除二氧化碳的过程、活动、机制，一般是指森林吸收并储存二氧化碳的能力。
节能量	满足同等需要或达到相同目的条件下，使能源消费减少的数量。企业节能量的多少是衡量其节能管理成效的一个主要指标。
风险投资（VC）	根据美国全美风险投资协会的定义，风险投资是由职业金融家投入到新兴的、迅速发展的、具有巨大竞争潜力的企业中一种权益资本。
私募股权投资（PE）	指投资于非上市股权，或者上市公司非公开交易股权的一种投资方式。从投资方式角度看，私募股权投资是指通过私募形式对私有企业，即非上市企业进行的权益性投资，在交易实施过程中附带考虑了将来的退出机制，即通过上市、并购或管理层回购等方式，出售持股获利。
融资租赁	融资租赁是一种由出租方融资，为承租方提供设备，承租方只需要按期交纳一定的租金，并在合同期后可以灵活处理残值的现代投融资业务，是一种具有融资和融物双重功能的合作。
基准利率	基准利率是金融市场上具有普遍参照作用的利率，其他利率水平或金融资产价格均可根据这一基准利率水平来确定。在中国，以中国人民银行对国家专业银行和其他金融机构规定的存贷款利率为基准利率。
授信额度	银行向客户提供的一种灵活便捷、可循环使用的授信产品，只要授信余额不超过对应的业务品种指标，无论累计发放金额和发放次数为多少，均可快速向客户提供短期授信。
特许权招标	在没有出台统一的上网电价之前，由政府组织，以单个发电项目进行招标的形式来确定上网电价的行为。

B.14
附录二　单位对照表

单位符号	含　义
MJ	10^6J(兆焦)
GJ	10^9J(吉焦)
tce	吨标准煤
gce	克标准煤
kgce	千克标准煤
MW	10^6W(兆瓦)
GW	10^9W(吉瓦)
kW	千瓦
kWh	千瓦时
TWh	10^9 千瓦时

B.15
附录三　英文缩略词对照表

英文缩略词	含　义
GDP	Gross Domestic Production
FYP	Five Year Plan
IPCC	Intergovernmental Panel on Climate Change
INDC	Intended Nationally Determined Contributions
WHO	World Health Organization
EIA	US Energy Information Administration
CCER	China Certified Emission Reduction
IEA	International Energy Agency
PPP	Public – Private – Partnership
ETS	Emissions Trading System
REN21	Renewable Energy Policy Network for the 21st century
UNEP	United Nations Environment Programme
EPIA	European Photovoltaic Industry Association
BOT	Build – Operate – Transfer
HKEx	Hongkong Exchanges and Clearing Limited
CDM	Carbon Development Mechanism
EB	Executive Board
IPO	Initial Public Offerings
APEC	Asia – Pacific Economic Cooperation
MRV	Monitoring, Reporting and Verification
CCS	Carbon Capture and Storage
WTO	World Trade Organization
tCO_2e	Carbon Dioxide Equivalent

B.16

图表索引

皮书起源

“皮书”起源于十七、十八世纪的英国，主要指官方或社会组织正式发表的重要文件或报告，多以“白皮书”命名。在中国，“皮书”这一概念被社会广泛接受，并被成功运作、发展成为一种全新的出版形态，则源于中国社会科学院社会科学文献出版社。

皮书定义

皮书是对中国与世界发展状况和热点问题进行年度监测，以专业的角度、专家的视野和实证研究方法，针对某一领域或区域现状与发展态势展开分析和预测，具备原创性、实证性、专业性、连续性、前沿性、时效性等特点的公开出版物，由一系列权威研究报告组成。

皮书作者

皮书系列的作者以中国社会科学院、著名高校、地方社会科学院的研究人员为主，多为国内一流研究机构的权威专家学者，他们的看法和观点代表了学界对中国与世界的现实和未来最高水平的解读与分析。

皮书荣誉

皮书系列已成为社会科学文献出版社的著名图书品牌和中国社会科学院的知名学术品牌。2011 年，皮书系列正式列入“十二五”国家重点出版规划项目；2012~2015 年，重点皮书列入中国社会科学院承担的国家哲学社会科学创新工程项目；2016 年，46 种院外皮书使用“中国社会科学院创新工程学术出版项目”标识。

中国皮书网

www.pishu.cn

发布皮书研创资讯，传播皮书精彩内容

引领皮书出版潮流，打造皮书服务平台

栏目设置：

- □ 资讯：皮书动态、皮书观点、皮书数据、皮书报道、皮书发布、电子期刊
- □ 标准：皮书评价、皮书研究、皮书规范
- □ 服务：最新皮书、皮书书目、重点推荐、在线购书
- □ 链接：皮书数据库、皮书博客、皮书微博、在线书城
- □ 搜索：资讯、图书、研究动态、皮书专家、研创团队

中国皮书网依托皮书系列“权威、前沿、原创”的优质内容资源，通过文字、图片、音频、视频等多种元素，在皮书研创者、使用者之间搭建了一个成果展示、资源共享的互动平台。

自 2005 年 12 月正式上线以来，中国皮书网的 IP 访问量、PV 浏览量与日俱增，受到海内外研究者、公务人员、商务人士以及专业读者的广泛关注。

2008 年、2011 年中国皮书网均在全国新闻出版业网站荣誉评选中获得“最具商业价值网站”称号；2012 年，获得“出版业网站百强”称号。

2014 年，中国皮书网与皮书数据库实现资源共享，端口合一，将提供更丰富的内容，更全面的服务。

法律声明